医疗设备质量控制检测技术丛书（十七）

医用X射线计算机体层摄影设备(CT)质量控制检测技术

徐桓　孙钢　张健　主编

中国质量标准出版传媒有限公司
中　国　标　准　出　版　社
北　京

图书在版编目(CIP)数据

医用X射线计算机体层摄影设备(CT)质量控制检测技术/徐桓,孙钢,张健主编.—北京:中国质量标准出版传媒有限公司,2022.12

(医疗设备质量控制检测技术丛书;17)

ISBN 978-7-5026-5026-1

Ⅰ.①医… Ⅱ.①徐… ②孙… ③张… Ⅲ.①计算机X线扫描体层摄影—质量检验 Ⅳ.①TH774

中国版本图书馆CIP数据核字(2021)第276542号

中国质量标准出版传媒有限公司
中 国 标 准 出 版 社 出版发行
北京市朝阳区和平里西街甲2号(100029)
北京市西城区三里河北街16号(100045)
网址:www.spc.net.cn
总编室:(010)68533533 发行中心:(010)51780238
读者服务部:(010)68523946
中国标准出版社秦皇岛印刷厂印刷
各地新华书店经销

*

开本787×1092 1/16 印张13 字数294千字
2022年12月第一版 2022年12月第一次印刷

*

定价 69.00 元

“医疗设备质量控制检测技术丛书”
编写委员会

主　任　勉闻光

副主任　刘文丽　李　杰　李晓亮

委　员　孙志辉　赵彦忠　李咏雪

徐　桓　孙　钢　张　健

编审者名单

主　编　徐　桓　孙　钢　张　健

副主编　张　磊　敖国昆　王军良　陆建荣　李咏雪

编　者　刘　卓　赵庆军　杨　艳　李孟飞　李晓亮

赵彦忠　李岩峰　张秋实　王　涛　黄呈凤

毛　岩　王先文　王　朝　刘国平　李　涛

姬　军　董　辛　全昌斌　张　帅　谢　宇

葛剑徽　李　巍　王　翠　张　玲　徐　佳

赵　盼　刘　蕊　张　辉　武文君　王　俭

宋　洁　刘文娟　吴承铂　张良才

主　审　孙志辉　李　毅

审　核　郭　彬　晁　勇　田林怀　刘　文

序

自 20 世纪 70 年代以来，伴随着众多新技术、新设备的涌现，医学影像设备，如 CT(医用 X 射线计算机体层摄影设备)、MRI(医用磁共振成像系统彩色多普勒超声诊断仪)等已经成为临床诊疗的主要手段、现代化医院的主要标志、医学研究的主要工具。医学影像设备最大的优势是它的无创性、便捷性和直观性。它可以诊断、检查、确定疾病损伤造成的功能失常及其原因，获取人体内部结构的有关信息，用于了解人体内部病变是否存在，以及病变的大小、形状、范围，与周围器官的关系。医学影像设备的广泛应用更是极大地推动了临床医学的进步，在健康管理，重大疾病筛查，疾病的早期诊断、鉴别诊断、确定诊断、严重程度评价、治疗方法选择，疗效和康复情况评价等方面发挥着无可替代的作用。

医学影像设备可以显著地提高临床诊断和治疗的效果，但前提是其质量能得到保证。如果医学影像设备质量差或使用不当，不仅增加了受检者的经济负担，更严重的是可能给受检者的健康带来极大的损害。例如，图像质量差可能会造成误诊、漏诊，剂量过大会造成正常组织器官损伤等。因此，必须保证医学影像设备质量合格、性能优良，以达到最佳的诊断效果，最大限度地减轻对受检者的损害。

自 20 世纪 90 年代末以来，军队卫生系统一直致力于大型医疗设备应用质量检测与保障工作，积极实施全军范围内 CT、MRI 的周期性检测，给卫生行业带了个好头，也确实取得了很好的质量保障效果。军队开展质量检测有三个特点：一是认真学习，按照国家计量检定规程要求，建立相应的计量标准，在放射剂量、辐射标准方面不放松，抓住了“安全”这个关键；二是善于创新，始终以临床诊治需求为牵引，在评价图像质量方面下功夫，盯住了“质量”这个重点；三是贵在坚持，在持续拓展大型医疗设备应用质量检测能力的基础上，坚持周期性的全军范围巡检，守住了计量工作的“底线”。或许就是这三点，让军队大型医疗设备的计量工作走在了同行的前列。

2015 年，全军医学计量测试研究中心组织军内外专家，总结了军队二十多年来积累的计量检测经验，编写了“医疗设备质量控制检测技术丛书”，包括《医用磁共振成像设备质量控制检测技术》和《医用 X 射线计算机体层摄影设备(CT)

质量控制检测技术》等，从医疗设备结构、质量控制原理、检测设备、检测方法、检测技巧、注意事项等方面，对医院中常用机型的检测问题进行逐一介绍，具有很强的实用性和可操作性。

丛书的出版，对提高广大医务工作者的质量安全意识，提高医学工程人员的检测技术水平，保障医疗设备使用安全有效，降低医疗诊断漏诊、误诊概率，促进医疗诊治水平提高，将起到积极的作用。

郭洪涛

2022年6月1日

前言

为加强医疗器械临床使用管理，保障医疗器械临床使用安全、有效，2021 年国家卫生健康委员会颁布了《医疗器械临床使用管理办法》。本书作为“医疗设备质量控制检测技术丛书”的一个分册，旨在配合卫生行业内医疗设备质量控制工作的实施和推广，并为《医疗器械临床使用管理办法》和 WS/T 654《医疗器械安全管理》等卫生行业标准的实施提供一些技术支持。本书主要介绍了 CT 的原理、结构特点和质量控制检测方法。

从 1971 年第一台医用 CT 应用于临床开始，CT 技术不断取得巨大进展，在临床上的应用日益广泛，已经成为医院中不可或缺的临床诊断工具和科研手段。当前，临床医师大部分的诊断信息来自医学影像，而 CT 作为应用最广泛的医学影像设备之一，其图像质量和使用安全日益受到人们的重视。CT 图像是经过数学方法反演得到的人体的特定部位的信息在某一时刻的可视化表达，不是人体信息的镜像，成像过程中还可能夹带很多虚假信息，如伪影和噪声。同时还应该注意到，CT 检查可能给患者和医务工作者带来不同程度的电离辐射风险。因此，为了加强 CT 的规范化管理，提高 CT 成像质量，降低患者和医务人员所接受的辐射剂量，应当开展 CT 的质量控制检测工作。CT 的质量控制是提高医疗质量、保证设备的良好运行状态及诊断结果的准确可靠的必要手段。

本书共分六章。第一章介绍 CT 的历史发展过程、设备结构与组成、成像原理以及 CT 图像的一些基本概念。第二章主要介绍 CT 质量保证和质量控制的基础知识，并对国内外的 CT 质量控制现状进行了分析。第三章介绍 CT 质量控制中使用的主要技术参数及其相应的检测方法。该章内容是本书的核心内容，力求涵盖当前 CT 质量控制检测中的关键技术，对近年来新出现并已得到证实的检测方法也进行了介绍。第四章介绍 CT 质量控制中常用的检测设备和模体。第五章介绍依据现行的 CT 质量检测技术标准实施 CT 检测的流程，并进行了检测实例分析。第六章介绍 CT 诊断质量管理及影像评价标准。CT 诊断质量是 CT 质量控制的目的，也是最终环节，是 CT 质量控制不可缺少的内容。

本书全面系统地介绍了 CT 质量控制检测技术，既具有理论基础知识，也具有很强的可操作性，适合从事 CT 使用与管理、质量检测、设备研发和工程技术应用的人员使用，对于开展 CT 质量控制方法研究的人员也有一定帮助，还可供医学工程及相近专业的师生学习参考。如果是初学者，想快速开展 CT 质量控制工作，可通过先学习第一章了解CT设备的基本原理，再学习第五章，即可开展CT质量控制检测实践。如果想全面系统地了解CT质量控制检测技术，建议认真阅读第三章。

参与本书编写的人员有临床一线工作人员、CT质量检测人员和CT维修人员，他们在CT质量控制检测中都积累了丰富的经验。本书编写过程中，得到了联勤保障部队药品仪器监督检验总站、中国计量科学研究院、四川省食品药品检验检测院等单位的大力支持，在此一并表示感谢！

由于作者水平有限，加之时间仓促，书中难免存在疏漏，敬请读者批评指正。

编者

2021年10月

目 录

第一章　CT 的基本原理及结构组成

X 射线计算机体层摄影设备简称 CT。CT 可利用 X 射线穿透人体获得的投影数据重建图像，使得人类首次通过断层成像的方式看到自身的内部结构。CT 的发明是医学影像学发展史上的一次革命，被认为是自 1895 年伦琴发现 X 射线以来，在放射、医学、医学物理学和相关学科中又一次伟大的发明。本章将对 CT 的发展历史、结构与组成、成像原理以及 CT 图像的基本概念进行介绍。

第一节　CT 的历史与发展

自从人类发现 X 射线后，医学上就开始用 X 射线来探测人体疾病。传统 X 射线摄影技术的原理是：人体不同组织之间的密度和厚度存在差别，当 X 射线透过人体不同组织结构时，被吸收的程度不同，导致到达荧屏或胶片上的 X 射线剂量有差异，从而形成明暗或黑白对比不同的影像。传统 X 射线摄影是将三维物体投影到二维平面成像，虽然能显示骨、软组织和空气的图像对比，但投射方向上各层面影像重叠，容易造成相互干扰。而 CT 克服了传统 X 射线摄影的上述局限性，实现了真正意义上的人体断层图像。CT 以拉东变换（Radon transform）原理为数学基础，通过测定 X 射线穿过人体后的投影数据，利用计算机求解处在人体某断层上的衰减系数值的二维分布，然后按照 CT 值的定义将各体素的衰减系数值转换为对应的 CT 值，再用图像重建与显示技术将 CT 值转变为灰度图像。与传统的 X 射线摄影技术相比，CT 是通过人体组织衰减系数重建的断层图像，具有很高的图像对比度和分辨力。

一、CT 技术的发展简史

CT 虽然是在 20 世纪 60 年代才首次发展成为实用的医学断层成像技术，但其依据的基础数学原理可以追溯到 1917 年。当时，奥地利数学家拉东提出了只要已知穿过同一物体层面的各方向的投影数据，用数学方法就可以计算出一幅二维或三维的重建图像的理论。

1957 年和 1963 年，阿兰·麦克莱德·科马克（Allan Macleod Cormack）教授（图 1-1）两次用实验证明了关于放射线投影重建图像的数学方法，指出计算放射线吸收系数在人体分布的重要性。在 1963 年的实验中，科马克使用一个不对称铝-塑料模体，其外圈用一个铝圆环表示骨骼，内部填充树脂表示软组织，用树脂内的两个圆盘表示肿瘤，采用准直的 γ 射线束对其进行扫描，并计算出了组成模体材料的衰减系数。

1967 年，高弗雷·纽博尔德·亨斯菲尔德（Godfrey Newbold Hounsfield）教授（图 1-2）开始了第一台临床 CT 的研制，在英国 EMI 实验中心进行了相关的计算机和重建技术的研究，用 9 天时间获得数据组，花费 2.5 h 成功地重建出一幅图像。亨斯菲尔德被公认为 CT 的发明人。他和科马克分别独立地提出了可以通过测量穿过人体不同方向的 X 射线重建人体内部结构的理论。

图 1-1　阿兰·麦克莱德·科马克教授　　**图 1-2　高弗雷·纽博尔德·亨斯菲尔德教授**

1971 年 9 月,第一台可用于临床的 CT 装置安装在英国温布尔登的阿特金森-莫雷(Atkinson Morley)医院。同年 10 月 4 日在安布罗斯(Ambrose)医师的指导下使用该设备做了临床实验。当时,每一幅图像的处理时间减少到 20 min 左右。后来,借助微处理器使一幅图像的处理时间减少到 4.5 min,CT 的临床实验获得了成功。

1972 年 4 月,亨斯菲尔德在英国放射学研究院年会上发表了关于 CT 的第一篇论文,宣告了 CT 的诞生。同年 11 月,在北美放射学会年会(RSNA)上,他向全世界宣布了这一在放射学史上具有划时代意义的发明。

1974 年,美国乔治城(George Town)医学中心的工程师莱德利(Ledley)设计出了全身 CT,进一步扩大了 CT 的检查范围,为 CT 全面进入临床奠定了基础。

1979 年亨斯菲尔德和科马克因其对医学影像诊断学的重大贡献共同获得了诺贝尔医学生理学奖。

自从第一台 CT 临床应用以来,CT 技术取得了巨大的进步,图 1-3 中显示了早期 CT 图像与当代 CT 图像的对比,可以看到当代 CT 图像的空间分辨力和对比度均有了非常明显的提升[1]。

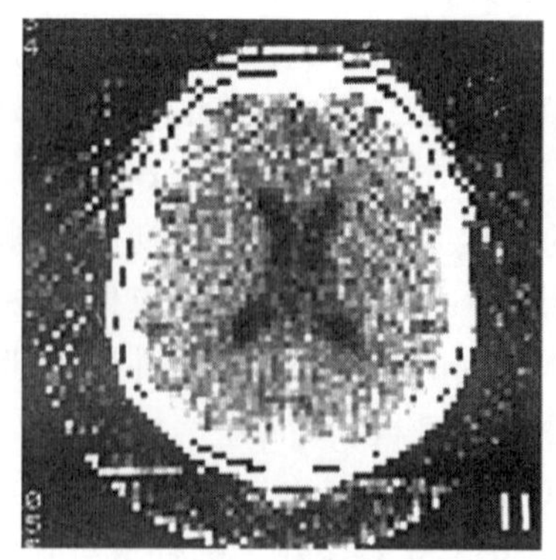

(a) 早期CT图像

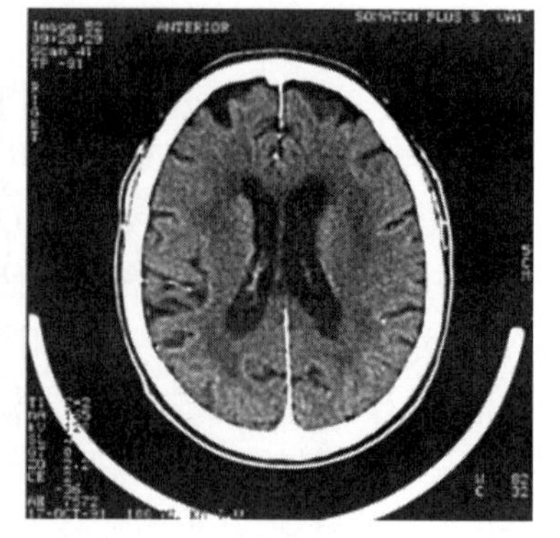

(b) 当代CT图像

图 1-3　头部 CT 图像质量的比较

二、CT扫描方式的发展与变化

CT自问世以来，根据其发展的时序和扫描方式的不同，大致可分成五代。20世纪80年代末，螺旋CT问世以后，已不再称呼几代CT，取而代之的是螺旋CT、多层（排）螺旋CT等。接下来对CT各个阶段的发展与变化进行介绍。

1. 第一代CT（平移-旋转扫描方式）

第一代CT多属于头部专用机，由一个X射线管和一个晶体探测器组成，可将X射线束准直成为像铅笔芯粗细的线束，故第一代CT称为笔形束装置。如图1-4(a)所示，X射线管与探测器环绕人体的中心做同步平移-旋转扫描运动。扫描首先进行同步平移扫描，当平移扫描完一个选定断层后，同步扫描系统转一个角度，再同步平移扫描。如此重复下去，直到扫描系统旋转到与初始位置呈180°角为止。

第一代CT的X射线利用率很低，扫描时间长，扫描一个断面通常需要3 min～5 min的时间，重建一幅图像的时间为5 min。所以在做CT检查时，计算机软件重建上一幅图像的同时收集下一幅图像的数据。如果患者需要扫6个层面，则需要35 min的时间。第一代CT基本能够满足临床对人体头部的扫描图像需求，被称为头颅专用机。由于扫描时间比较长，用于对腹部等器官进行扫描时，很难抑制图像中的运动伪影。

2. 第二代CT（平移-旋转扫描方式）

第二代CT的扫描方式仍为平移-旋转扫描方式。改进的是把第一代CT的笔形X射线束改为小角度的扇形束，探测器数目也增加到6～30个，如图1-4(b)所示。每次扫描后的旋转角由1°提高到3°～30°，这样扫描时间就缩短到20 s～90 s。第二代CT扫描技术使扫描时间大幅缩短。虽然扇形X射线束可以照射到更大的体积范围，但同时也导致产生了更多的散射线。由于第二代CT的X射线源和探测器之间的每束X射线没有分别被准直，因此投向患者的部分射线照射在探测器的间隔中而没有得到有效利用。此外，探测器的排列为直线形状，对于扇形束而言，中心射束和边缘射束的投影值存在差异，需要进行校正，否则会产生伪影。

3. 第三代CT（旋转-旋转扫描方式）

为了减少运动时间，第三代CT取消了平移运动，使得X射线管和探测器只围绕患者做旋转运动，称为旋转-旋转扫描方式，如图1-4(c)所示。第三代CT中，X射线束改为30°～45°宽扇形束，能够覆盖整个被扫描体的截面，探测器数目增至数百至上千个，探测器排列成弧形，这种排列使扇形束的中心和边缘射束到探测器的距离相等，减少了中心射束和边缘射束的测量值误差。探测器与X射线管固定在同一个旋转机架上，位置与X射线管相对应。

早期的第三代CT中，X射线管的电源和探测器信号都是经过电缆传输的。电缆的长度限制使得X射线管和探测器做360°旋转扫描后，仍需反向回到初始扫描位置，再进行第二次扫描，机架的加速和减速过程限制了扫描速度的提高。滑环技术的出现使得机架能够在扫描过程中连续旋转，扫描时间可以减少到0.5 s以下。第三代CT目前仍是临床应用最为广泛的一种CT机型。

4. 第四代CT（旋转-静止扫描方式）

1976年，美国科学工程（AS&E）公司首先推出了第四代CT，它将600个探测器排成环形。扫描方式是探测器静止而只有X射线管围绕人体做360°旋转，如图1-4(d)所示。其扇形线束角度也较大，单幅的数据获取时间缩短。第四代CT的缺点是对散射线极其敏感，因此在每只探测器旁加一小块翼片做准直器。但这却浪费了空间，增加了病人所受的辐射剂量。第四代CT的另一个问题是探测器数量较多，探测器的数量及相关的数据采集系统的规模相当大，加大了设备的制造成本。而同时一个角度内只有部分探测器工作，造成了浪费。目前第四代CT基本被淘汰。[2]

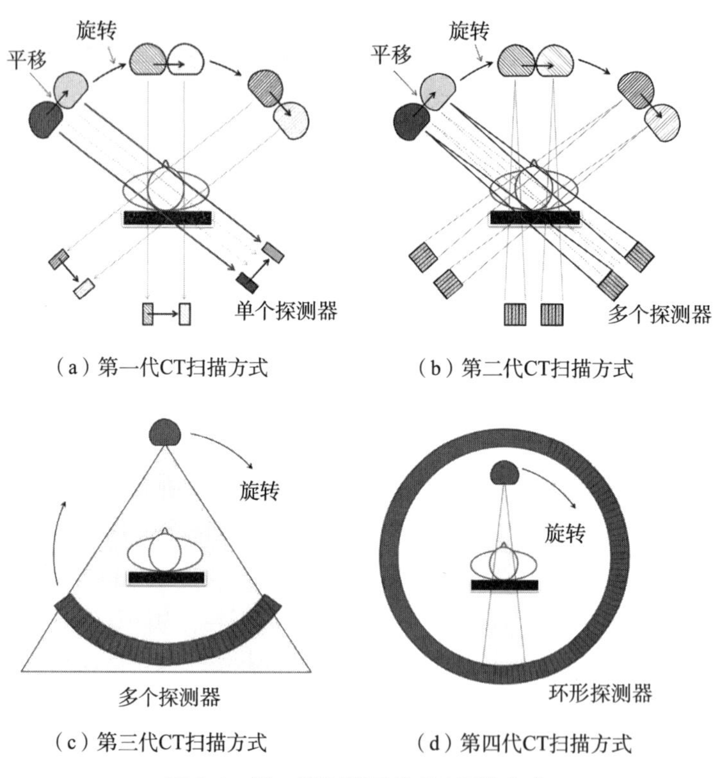

图1-4 第一代至第四代CT扫描方式

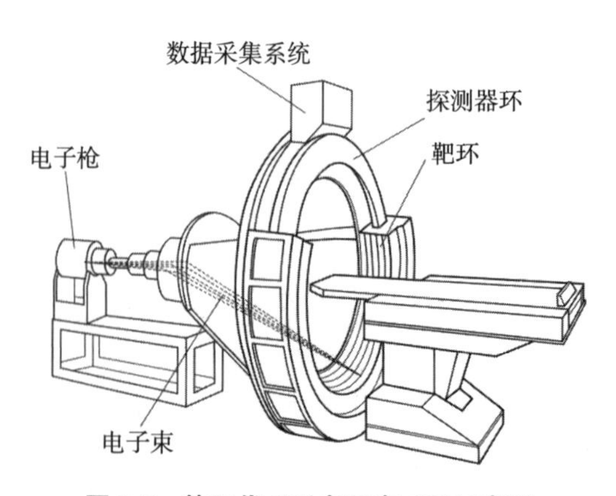

图1-5 第五代CT(电子束CT)示意图

5. 第五代 CT(电子束 CT)

第五代 CT 一般是指电子束 CT,如图 1-5 所示。电子束 CT 中,射线源的旋转是由电子束扫描运动来完成的,代替了 X 射线管的机械运动,因此电子束 CT 具有非常高的时间分辨力,其采集一套完整的投影数据能够在 20 ms 至 50 ms 内完成,能有效减少运动伪影,可进行形态学分析,在解决心脏成像问题上曾一度被认为是非常好的解决方案。但是电子束 CT 机架笨重、结构复杂、价格昂贵,而且低对比度分辨力和空间分辨力不及多层螺旋 CT。随着多层螺旋 CT 扫描的速度越来越快,其优势更加明显,电子束 CT 一直未得到广泛应用。

6. 多层(排)螺旋 CT

目前应用最广泛的多层螺旋 CT(MSCT)或称多排螺旋 CT(MDCT),根据其扫描方式仍可归类为第三代 CT。螺旋 CT 工作时,机架连续旋转的同时被扫描物体在 z 轴方向上连续移动,形成螺旋扫描。螺旋扫描在 z 轴方向上是连续采样,在数据采集过程中 X 射线管的焦点相对被扫描物体呈螺旋轨迹,如图 1-6 所示。由于螺旋 CT 是连续扫描,扫描数据不再是单独的切片,而是可以看作三维容积数据,因此也被称为容积 CT。螺旋 CT 的实现基于滑环技术,该技术不再受 X 射线管高压电缆长度的限制,从而使得机架能够连续旋转。

在 1992 年秋举行的北美放射学会年会上,第一台双层螺旋 CT 正式发布,标志着 CT 发展到多层螺旋 CT 时代。多层螺旋 CT 指的是探测器在 z 轴方向由一排发展到了多排,如图 1-7所示。基于多排探测器,能够实现机架旋转一圈可以同时扫描得到多层的图像。多层螺旋 CT 在设计原理和构造上与单排 CT 明显不同,多层螺旋 CT 拥有多个数据采集通道,图像重建所采用的计算方法也不同,扫描架、探测器、数据采集系统、图像重建系统及计算机系统等都有较大的改进。多排探测器利用 X 射线输出的效率大幅度提高,可以显著缩短身体大范围扫描的时间。经过多年的发展,多层螺旋 CT 的探测器排数逐渐增加,一次扫描得到的图像层面也逐渐增加,从 2 层、8 层、16 层增加至 64 层,高端 CT 更是增加至 128 层、256 层、320 层、640 层。对于 64 层以上的 CT 来说,X 射线束由扇形束变成了锥形束,重建算法也由扇形束重建演变为锥形束重建[3]。

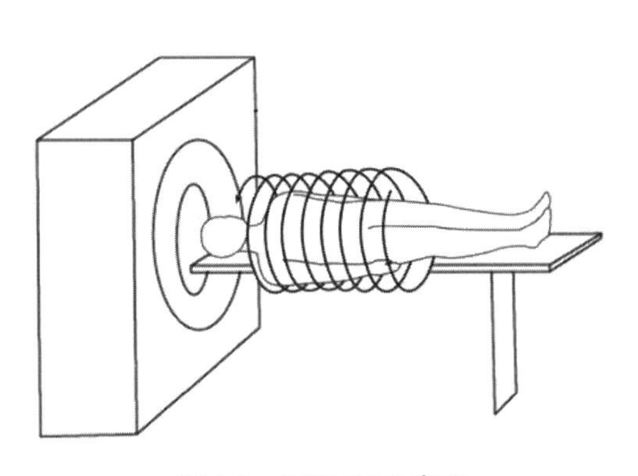

图 1-6　螺旋 CT 示意图

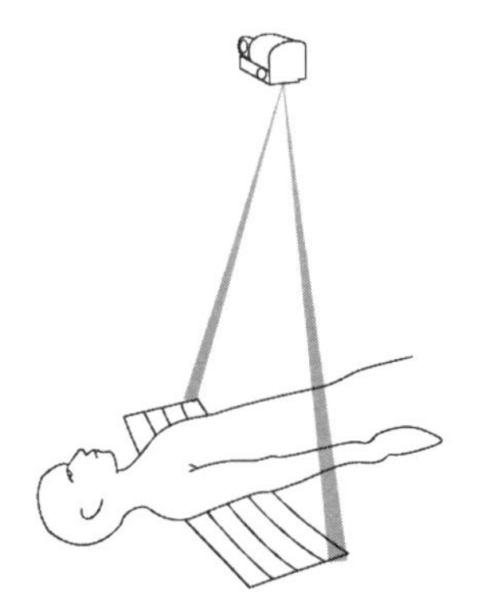

图 1-7　多层螺旋 CT 示意图

7. 双源 CT

多层螺旋 CT 的总体目标是提高体积覆盖速度,同时提供更好的空间和时间分辨力。尽管目前的 64 层螺旋 CT 能够产生 0.4 mm 的各向同性的空间分辨力和亚秒级(为零点几秒,CT的最快扫描速度一般在0.2 s～0.5 s)的时间分辨力,但仍然无法有效处理心脏及冠状动脉成像的问题。为了进一步提高CT的时间分辨力,减少旋转时间,提出了双源CT的概念。双源CT由两个X射线管和两组探测器组成,在机架内以大约90°的角度偏移放置,如图1-8所示。两套X射线系统同时在患者的相同解剖水平(相同的z位置)获取扫描数据,能够实现大约1/4机架旋转时间的时间分辨力,在心脏CT成像中有明显优势,可实现在高心率和复杂心率下对心脏和冠脉成像。

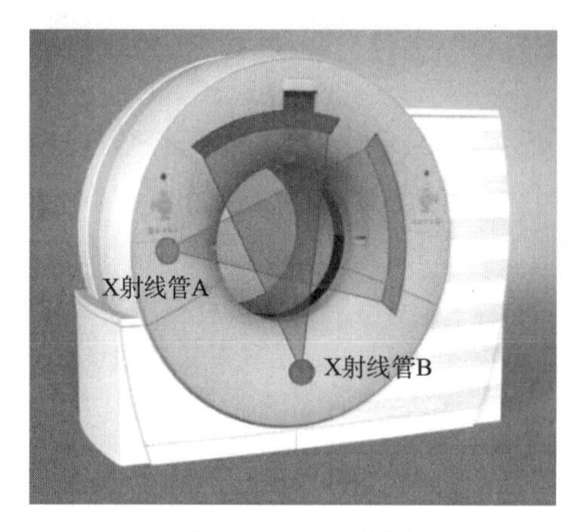

图1-8 双源示意图

8. 能谱CT

CT问世至今,无论是探测器加宽,还是CT转速加快,CT的升级换代一直侧重于图像质量的优化以及检查成功率的提升。但常规CT在物质鉴别和精确定量方面受到限制,因为常规CT图像是基于CT值进行定量分析,而CT值与物质组成并不直接相关,这就造成了临床诊疗过程中,往往要用常规CT协同其他多种影像设备才能达成精准诊断的目标。

早在1973年,CT的发明人亨斯菲尔德就提出可以利用不同能量范围内的数据来判断物质组成。实现物质鉴别的基本原理是不同能级X射线穿过物质后所得的衰减系数不同,且具有一定规律,从而根据不同能级X射线的衰减系数,能够计算得出相应物质。近年来,各个主流CT生产厂家均研发出了能谱CT技术,生产出的能谱CT能够实现物质分离、单能量成像、能谱曲线绘制等功能,能够发现常规CT难以识别的病灶,在去除金属伪影方面也有很好的应用价值,同时,用于肿瘤的定性诊断也是其潜在的临床优势。

目前,能谱CT技术的实现方法有很多种,大致可以分为两类,一类是基于X射线管端的实现,一类是基于探测器端的实现。具体包括如下实现方法。

(1) 双能量两次连续采集方法

双能量两次连续采集方法是利用宽体探测器进行两次连续的全器官覆盖扫描,两次扫描的管电压不同,允许投影空间对齐和基于投影数据的材料分解。当需要更长的扫描长度时,也可以使用以相同轨迹执行的两次螺旋扫描。在管电压切换时,通过调整管电流值,实现了对低能量和高能量采集噪声水平的独立控制。

双能量两次连续采集方法的优点是,在没有患者运动的情况下,该方法能够实现原始数据投影的理想对齐。此外,这种方法允许用户利用自动曝光控制(AEC)系统根据患者身体不同部位的衰减来调整管电流。这进一步允许在低能量和高能量数据采集之间匹配图像噪声级。最后，该方法在采集过程中具有稳定的管电压值。

双能量两次连续采集方法的主要限制是时间对准，因为在两次采集之间从一个管电压切换到另一个管电压可能需要500 ms。这限制了在两次采集之间有明显移动的患者（如在心脏应用中）或对比剂浓度快速变化的组织的时间分辨力。由于两次采集不同步，所以需要图像配准技术。

(2) 管电压快速切换方法

扫描过程中，利用管电压在低管电压值和高管电压值之间快速切换实现双能量。管电压的快速切换使得CT能够从两个在时间和空间上紧密排列的不同能量数据集当中获取数据。在管电压的快速切换中，获取的投影数据集是交错的。由于低能量和高能量投影的时间偏移，可采用数据插值实现低能量和高能量投影之间的数据一致性，从而实现投影空间的物质分解。为了保持空间分辨力并减少视图混淆伪影，与单管电压扫描相比，每次机架旋转采集的视图数增加了一倍以上。当机架每旋转一圈采集2000多个视图时，相邻低能量和高能量投影之间的角度差小于0.18°。这确保了用不同管电压采集的相邻视图对应于在几乎相同方向观察的相同患者解剖结构。相邻视图也会在几毫秒内收集，以确保由于患者运动导致的患者解剖结构发生变化的程度最小。这两个特性为在投影空间中进行材料分解提供了可行性。

原始的交错低能量和高能量投影可以分为两部分：管电压为80 kV的投影和管电压为140 kV的投影。通过不同管电压值下的投影进行投影空间材料分解，生成水（碘）和碘（水）密度投影。然后对这些投影进行层析重建，生成水（碘）和碘（水）密度图像。其他图像，例如虚拟单能图像、不同的基材料对或有效的原子序数图像，可以从水和碘对中计算出来。

由于投影空间材料分解被用于快速管电压值切换，因此可以显著减少线束硬化引起的伪影，这对于精确的双能材料量化具有重要意义。此外，快速管电压值切换技术可几乎同时采集低能量和高能量投影，最大程度减少运动相关问题。由于这两组投影都是由常规CT成像使用的同一个探测器获得的，因此整个50 cm的视野（FOV）都可被覆盖。最后，能够根据每个能量投影的积分时间独立调整测量的低能量和高能量通量，从而通过两个管电压之间的患者衰减特性的差异来优化系统噪声性能。

管电压快速切换方法也存在一定的局限性，在目前商业上实现的快速管电压值切换中，X射线管电流在数据采集过程中不能动态变化，因此无法实现管电流调制。这会降低CT检查的剂量效率，并限制CT系统适应患者衰减和增加扫描范围的能力。

管电压快速切换的采集方法具有出色的时间和空间配准特性，而且经济高效。总而言之，管电压快速切换方法同源、几乎同时（间隔25 ms～50 ms）、几乎同向（角度偏差小于0.18°），需要图像配准技术。

(3) 双源双能量实现能谱功能

利用双源CT实现能谱功能。双源CT具有两套X射线系统，扫描时两个X射线管同时产生X射线，一个X射线管产生高管电压值的X射线，另一个X射线管产生低管电压值的X射线。两套系统分别独立采集数据信息，并在图像空间匹配，进行双能减影分析。利用双源CT，两套X射线系统的扫描参数（如管电流和管电压）都可以单独调整，从而在低能量和高能量扫描之间实现辐射剂量均衡分布。双源CT有多种常规扫描协议可供选择，扫描参数（如机架旋转时间）的选择没有限制，能够使用TCM（tube current modulation，管电流调制）装置根据患者的解剖结构调节辐射剂量。混合图像（低能量和高能量图像的加权平均）是常规可用的，允许在常规临床实践中进行双能量CT扫描，类似于常规成像协议，需要时提供双能量信息。

与其他能谱方式相比，双源CT实现能谱的扫描视野（SFOV）偏小，最新一代双源CT的扫描视野为35 cm，而其他能谱方式的扫描视野可达50 cm。双源CT的另一个问题是两组垂直角度的X射线管和探测器组合存在X射线的交叉散射问题，必须进行交叉散射的校正。由于双源CT扫描时，两套能谱数据不同源、不同向（相差90°左右），需要进行图像配准。

（4）利用滤片分离技术实现能谱功能

滤片分离技术通过设置不同的X射线管准直器实现能谱分析功能。该技术允许使用标准CT系统，对X射线管或高压发生器无特殊要求。X射线管准直器有两个不同的预过滤器用于分离光束，分别为纳米金（Au）和纳米锡（Sn）。在多排探测器中，一半探测器接收0.6 mm锡过滤的X射线束，与标准120 kV光谱相比，过滤后的X射线束的平均能量增加。另一半探测器接收金过滤的X射线束，由于金的K边界在80.7 keV，相对于标准120 kV光谱，该光谱的平均能量降低。因此，通过双重能谱纯化技术，可获得同源双光谱成像。

滤片分离技术的缺点包括：一是光谱分离的效果不如利用两种不同的管电压的能谱技术所产生的效果。二是由于预过滤吸收了X射线通量的很大一部分，该技术需要大功率的X射线管才能实现。三是对螺距有一点限制，最大螺距因子为0.5时在一定程度上限制了最大螺距覆盖速度，使用0.28 s或0.3 s的旋转时间通常可以弥补这一限制。最后，高低能谱中的散射光子容易产生交叉影响。总之，单源滤片分离技术同源、同时、同向时，不需要图像配准技术。

（5）基于双层探测器技术实现能谱功能

该技术使用立体双层能量积分闪烁探测器结构设计，探测器搭配双重感光材料，分别接收高、低能量X射线光子，从而实现探测器对连续光谱X射线的高低能量的区分。上层探测器采用低密度石榴石闪烁体，底层探测器采用Gd_2O_2S。每一层的厚度和材料决定了记录的低能量和高能量数据集的能量分离和相对噪声。X射线管产生的是连续光谱，其最大光子能量等于用户选择的峰值管电压。产生的X射线光谱中的低能光子被上部的低密度石榴石闪烁体选择性吸收，而高能光子穿过底部的Gd_2O_2S层被吸收。

双层探测器技术的优点之一是对双能量扫描无特殊要求，即常规扫描协议就可以“按原样”使用，无须增加剂量或改变工作流程。单次扫描即可完成前瞻性和回顾性光谱分析。这尤其有助于通过次优对比度增强提升检查效果，减少传统图像上模糊ROI（range of interest，感兴趣区）的伪影，改善病变可视化和病变特征，包括偶然发现的病变。一项针对118名患者的研究表明，光谱信息在大约80%的扫描中提供了额外的临床价值。但是如果需要预先选择的话，则只有20%的扫描会基于临床病史和检查指示进行双能量采集。

该技术的另一个优点是能够实现探测器级的能量分离，双能量数据能够实现空间和时间的完美配准，允许投影空间分解。投影空间分解能够减少射束硬化伪影。在头部成像、心肌灌注成像、冠状动脉支架成像和髋关节假体成像中，与传统图像相比，由双层光谱 CT 数据生成的虚拟单能图像上的射束硬化伪影减少。此外，双能量数据的配准还允许识别和去除基础材料原始数据集中的反向噪声，有助于在保留信号的同时抑制噪声。双层探测器技术对视野、机架旋转时间无特殊限制，并且能够使用管电流调制降低剂量水平。

该技术的缺点是能量分离较低，因为闪烁体吸收特性不能提供明显的区别，只能在 120 kV和 140 kV 下进行光谱分析。此外，由于采用了双层探测器，每次读取都基于两个数据通道，电子噪声会加倍，但探测器的优化设计有助于降低噪声。

第二节　CT 的结构与组成

CT 主要由硬件和软件两大部分组成。本节重点对 CT 的硬件系统进行介绍。按照 CT 图像形成的不同阶段，CT 一般分为 CT 采集成像系统和图像处理系统。CT 采集成像系统主要是实现 CT 扫描数据的采集，由扫描机架、X 射线管、高压发生器、探测器、准直器、过滤器、数据采集系统(data acquisition system，DAS)、滑环检查床控制台、电源框等组成。其中，X 射线管、高压发生器、探测器、准直器、过滤器、数据采集系统等均安装于扫描机架内。图像处理系统实现图像的重建、显示和存储，主要由计算机系统、图像显示器、激光胶片打印机等组成。不同的 CT 配置可能有差别，但构成原理基本相同。

一、扫描机架

扫描机架是中心设有扫描孔的机械结构，其内部由固定部分和转动部分两部分组成。前者主要包括旋转控制和驱动、冷却系统、机架倾斜和层面指示等，见图 1-9；后者主要包括 X 射线管、高压发生器、探测器、准直器、过滤器、滑环以及数据采集系统等。扫描机架主要用来完成特定扫描方式的扫描，以获得患者扫描层面的原始数据供计算机系统进行图像处理。

扫描机架的结构形式和运动状态直接影响采样数据的精确性和采样速度，而在精度上扫描机架的结构形式和运动状态又必须满足 CT 采样所要求的平稳性和正确性，同时对临床操作简易性及对环境的低噪声等也有要求。

图 1-9　扫描机架内部结构

扫描机架的两个主要性能参数为：机架孔径大小和转速。绝大多数的机架孔径为70 cm。转速指X射线管和探测器旋转一圈所需要的时间。提高转速可以增加扫描速度，可以减少对运动伪影的敏感性，一般在心脏扫描中我们会使用设备的最快转速，以此来增加时间分辨力。目前高端CT旋转一圈的时间在0.2 s至0.3 s。此外，扫描机架一般还可根据诊断的需要进行±20°或±30°的倾斜。

二、X射线管

1. X射线管的基本结构与组成

X射线管是产生X射线的部件，一般由真空管(玻璃管或金属管)、阴极、阳极三个部分组成，如图1-10所示。阴极是发射电子的灯丝，阳极是接收电子束轰击的，又叫作阳极靶面。产生X射线的原理是管内高速运动的电子轰击在靶面上，电子运动骤然受阻，这时就辐射出X射线[4]。CT上使用的X射线管与一般X射线机使用的X射线管的结构基本相同，分为固定阳极X射线管和旋转阳极X射线管。固定阳极X射线管主要用于第一代、第二代CT，当前CT使用的均为旋转阳极X射线管。螺旋CT的出现对X射线管提出了新的要求，在连续扫描过程中，X射线管必须能够持续产生X射线，这就要求X射线管必须具备足够的功率，对阳极热容量也提出了更高的要求。

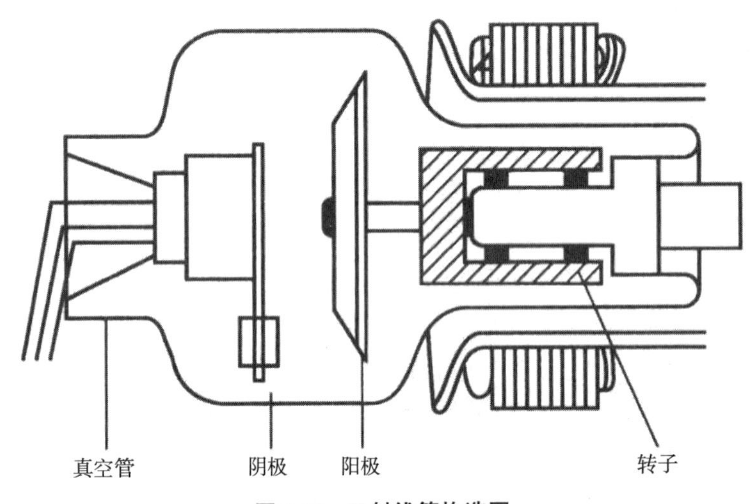

图1-10 X射线管构造图

(1) 真空玻璃管(或真空金属管)

X射线管的外壳需要耐高温且绝缘，常见的外壳有真空玻璃管或者真空金属管。真空管的作用是保证电子在真空管内能够自由加速，运动不受阻挡，同时也起到绝缘的作用，保证了X射线管阴极和阳极之间以及阴极和阳极与真空管壳之间不会发生电击穿。真空玻璃管壳内的真空度一般在6.7×10^{-5} Pa，真空玻璃管外壳的主要成分是硼硅酸盐(borosilicate)，具有较好的隔热和绝缘性能。真空玻璃管壳的厚度一般在0.18 mm～0.30 mm之间。CT中一般采用真空金属管外壳代替真空玻璃管外壳，一是可以加大外壳强度；二是真空金属管外壳的真空密封性能更好。真空金属管外壳接地可以捕获杂散电子，能有效避免打火及裂纹产生。同时，真空金属管用陶瓷作电极支座，可以提高绝缘性能。因此，真空金属管不仅有更长的寿命，还可将灯丝加热到较高温度以提高X射线管的负荷。

(2) 阴极

阴极是真空电子管的负极，由一个直流供电系统供电，它的作用是发射电子。阴极由很细的呈螺旋状的钨丝构成，钨丝的直径为0.2 mm～0.3 mm，作用是在被电流加热时在灯丝附近处释放电子。钨丝中含有微量元素钍可以增加电子的发射率和延长灯丝的寿命。阴极内还有一个韦内电极(又称为聚焦杯)，其作用是把到达阳极的电子聚焦为一个窄束。阴极发射电流的大小由一个灯丝电路来控制，这个电路提供大约10 V的电位差，形成在一定范围内变化的电流，其变化范围从几安培到十几安培不等。阴极发射电子的发射率取决于发射时的温度和灯丝电流。发射电子时，灯丝达到非常高的温度，在如此高的温度下发射电子的过程称为热电子发射，为了产生曝光时所需的大电流(100 mA～2 A)，需要将灯丝加热至2700 K左右，为了不使灯丝熔化，在曝光时加热的时间越短越好。

一般阴极有2个甚至3个灯丝，不同的灯丝可以获得不同大小的焦点，使用者可以根据工作的需要进行选用。

(3) 阳极

阳极又称为靶电极，在X射线管中处于正电位，是真空电子管的正极，它是X射线管的一个非常关键的部件。在X射线管内，电子被加速到达阳极，并在阳极受阻，电子和靶材料的相互作用主要是韧致辐射，由于电子和靶材料之间的碰撞，使得阳极产生热和电离辐射。其中热量对成像没有影响，但是对提高设备的功率是一个障碍；而电离辐射得到的产物X射线才是用于成像的，其能量谱范围很宽。在这个辐射谱中，只有部分的X射线能用于医学成像。因此，设计X射线管的目的是能更多地产生用于成像的X射线，但是实际上从电子转化成X射线的转换效率极低，大约只有1%左右，其余的都转化成热量。冷却问题是阳极设计中要解决的一个关键问题。

阳极分为固定阳极和旋转阳极两种。固定阳极X射线管结构简单，成本低。但是电子束长时间轰击阳极靶某一点会产生巨大热量，这些热量不易扩散，所以固定阳极不能长时间连续工作，否则会出现阳极靶被烧蚀的现象。一般采用油冷或者水冷方式强制冷却X射线管。现代CT的X射线管对X射线管负载要求极高，固定阳极往往不能满足要求。

旋转阳极X射线管的构造在1897年就由伍德发明，但直到1929年旋转阳极X射线管才投入使用。现代旋转阳极X射线管(如图1-11所示)使用一个圆形区域作为阳极，材料一般是钼，在钼上有1 mm～2 mm厚的钨和5%～15%的铼合金。合金中铼成分的作用使得材料更加具有弹性。好的弹性材料可以防止表面破裂，同时也可以延长X射线管的寿命。采用钼作为阳极材料是因为钼的热容量是同样质量纯钨的2倍。由于X射线管需要非常高的热容量，因此在钼圆盘的后面附有一层石墨材料，这是因为对同样质量的钼和石墨，石墨的热容量是钼的2倍。尽管如此，X射线管内热量的散发仍然很慢。因此，在CT设备用的X射线管中，阳极有一个大的石墨基底以适应大的瞬时X射线管负载。但附有石墨的阳极有一个缺点：当温度超过一定的数值时，石墨层与金属盘面间会因为热膨胀系数不同而产生裂纹。与固定阳极X射线管相比，旋转阳极的负载要高很多，在阳极表面一般能够达到10000 W/mm^2。

采用旋转阳极，从偏离管子中心轴线的阴极发射出来的电子，轰击在运动的靶面上。由于热量被均匀地分布在一个转动的圆环面积上，就使单位面积上的热量大大减小，因而大大提高了X射线管的功率。或者说，在一定的功率负载下，阳极倾角可以大大减小，从而使有效焦点变小，就提高了图像的清晰度。因此，旋转阳极的特点是功率大、焦点小。

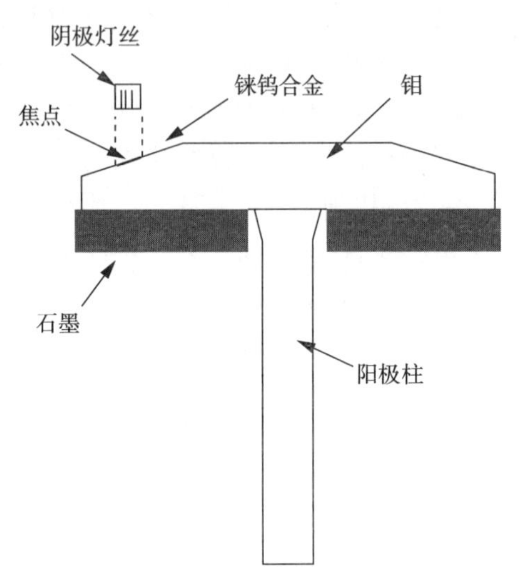

图 1-11　旋转阳极结构示意图

2. X射线管技术指标

X射线管的技术指标主要包括焦点尺寸(焦点宽度和焦点长度)、热容量、最大冷却速率、最高管电压、最大管电流、最长曝光时间等。

(1) 焦点尺寸

X射线管焦点直接影响成像质量，分实际焦点和有效焦点。实际焦点是指灯丝辐射的热电子在靶面上的轰击面积；有效焦点是指X射线管的实际焦点在垂直于X射线管轴线方向上投影的面积。实际焦点面积越大，散热率越高，但图像清晰度会下降。焦点的大小直接影响图像的平面空间分辨力和层厚，现代CT大都采用双焦点的设计，对于功率要求较高的软组织或对比度分辨力要求较高的扫描，使用大焦点；小电流、低功率时使用小焦点。小焦点主要用于薄层和高分辨力扫描。

飞焦点技术可以在扫描期间控制阳极上焦点位置。某些CT的X射线管的这一特性采用电磁方法控制焦点的位置，如果位于阳极上的焦点在X射线管移动的同时向相反的方向移动，那么就可以在两次连续的测量过程中使焦点的空间位置保持不变。此后，焦点“飞”回阳极的启动位置，并重复上述过程。因为探测器是连续移动的，所以在每个焦点的空间位置上两次测量会产生交替的投影结果，从而可以得到两倍的采样频率。

(2) 热容量

由于影响X射线管性能最关键之处在于对热量的处理，因此，评价一个X射线管的好坏通常与X射线管热容量相关。热容量的单位通常用HU表示，HU与焦耳(J)的换算关系为：1 HU=0.74 J。

热容量的计算方法是管电压(单位为kV)、管电流(单位为mA)和曝光时间(单位为s)三者的乘积。例如在120 kV、300 mA、曝光时间30 s，则X射线管储存了1080 kJ的能量，其对应的热容量为 1459 kHU。

最大热容量是指阳极能承受的最大热量，超出此值时阳极就可能熔化，使用时不能超出此值。最大热容量常用 kHU 或 MHU 表示，1 MHU=1×10^3 kHU=1×10^6 HU。

(3) 最大冷却速率

冷却速率的单位用 HU/min 表示。但它不是固定值，阳极温度越高，冷却速率越大，反之越小。因此在技术指标中，通常只给出最大冷却速率，分别标明 X 射线管和装入管套以及管套带有风扇时的最大冷却速率，最大冷却速率还可以用生热和冷却曲线表示。

(4) 电参数

电参数指 X 射线管的额定功率、最高管电压、最大管电流、最长曝光时间、灯丝加热电压和电流、阳极转速和 X 射线管连续负载等。

最高管电压指加于 X 射线管两极间的最高电压峰值，单位为千伏(kV)。此值由管长、形状、绝缘介质的种类以及管套的形式决定。在使用中，若超过最高管电压值，可导致管壁放电或击穿。

最大管电流指在某一管电压和曝光时间内所允许的最大电流平均值，单位为毫安(mA)。在调整管电流时不得超过额定值，否则将导致焦点面过热或灯丝的寿命缩短。

最长曝光时间指在某一管电压和管电流条件下所允许的最长曝光时间，单位为秒(s)。使用中若超过此值，由于热量的积累，将使焦点面过热而损坏。

3. X 射线管技术的发展

多层螺旋 CT 的出现，对 CT 的 X 射线管性能提出了更高的要求。影响 X 射线管性能的最大问题是热量的管理，CT 的 X 射线管的设计也逐渐走向大热容量和高散热速率。

(1) 液态金属轴承

传统 CT 的 X 射线管的阳极是用机械滚珠轴承与阳极座连接的，工作时阳极旋转，如电动机的转子，因滚珠与阳极间接触面积小，所以热传导性很差，主要靠阳极盘辐射热量来散热。为提高阳极靶的散热率，阳极转速越来越快。但随之产生两个问题：一是 10000 r/min 的滚珠轴承转速已接近物理极限，很难再提高；二是转速越快，轴承部分产生的热量越高，噪音也跟着增加，轴承的磨损也随之加剧。因此，很多 X 射线管故障的原因并不是灯丝断了，而是阳极卡死，或者转速不达标，导致无法曝光。

最新的 X 射线管开始采用液态金属轴承代替阳极的滚球轴承。液态金属指的是常温下是液体的低熔点合金，一般是镓、铟或锡的合金。液态金属轴承是在转子和轴承之间的缝隙填充液态金属，以取代钢珠，从滚动轴承变成滑动轴承。液态金属轴承有两个特点：

① 更高的散热率。液态金属的导热率可达 100 W/(m·K)级别，液态金属能够紧密地填充转子和轴承之间的缝隙，增加热传导面积，实现 360°全方位散热，热传导率可达滚珠轴承的 1000 倍。

② 零磨损零震动。阳极转动时，由于没有金属表面的接触，噪音、摩擦、振动及热量都比传统的滚珠轴承少很多。液态金属滑动轴承几乎无摩擦式工作，理论上，液态金属轴承的寿命应该是无限长的；实际上，液态金属轴承的使用寿命也可达到滚珠轴承的数倍。西门子和飞利浦最早使用了该技术，液态金属轴承技术的普及大大提高了 X 射线管的平均寿命。以经典的飞利浦 MRC800 为例，该 X 射线管的寿命通常在 150 万 s～200 万 s 左右，最长的

寿命超过500万s。

(2) 阳极直接冷却技术

传统X射线管的阳极和轴承被封装在真空中，真空管外面的冷却液无法将热量带出，通过热辐射散热，辅以和阳极连接的固定轴进行热传导。尽管液态金属轴承X射线管非常优秀，但是依然隔着真空金属管，冷却效率依然不高。为了进一步提高冷却效率，提出了阳极直接冷却技术。目前主流的阳极直接冷却技术主要有两种，分别是阳极直接油冷和阳极直接水冷。

西门子采用阳极直接油冷技术，设计出了“0兆X射线管”。所谓“0兆X射线管”，是通过阳极直接油冷，从而大幅提高X射线管的阳极散热率，使散热率和产热率几乎相等，即使在最大负载条件下，X射线管仍可以及时冷却下来，这样X射线管就始终不会过热。因此，对热容量的要求也就变得不再重要。X射线管阳极和阴极一起固定在转子上，阳极轴承和阳极靶面一侧直接浸泡在冷却油里。X射线管工作时，不再是只有阳极旋转，而是在发动机的带动下整个X射线管在旋转。由于单侧阳极靶的靶面直接与冷却油接触，散热面积足够大，散热效果非常好，可以认为X射线管产生的热量可以随时通过冷却油发散，不存热。图1-12显示了阳极直接油冷技术与传统阳极冷却方式的对比。按照传统X射线管热容量计算方法换算，“0兆X射线管”的热容量可达到30 MHU。

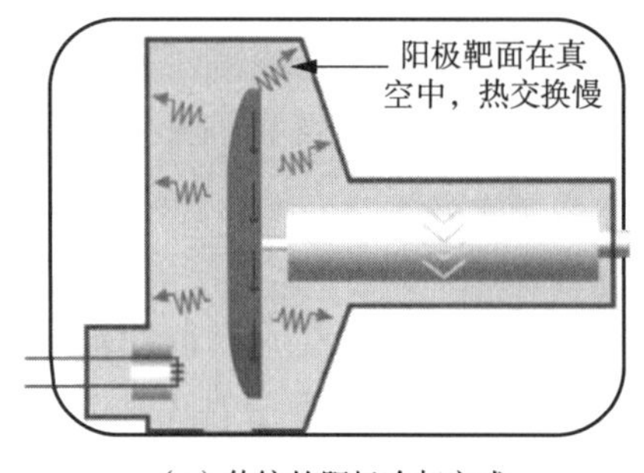

(a) 传统的阳极冷却方式

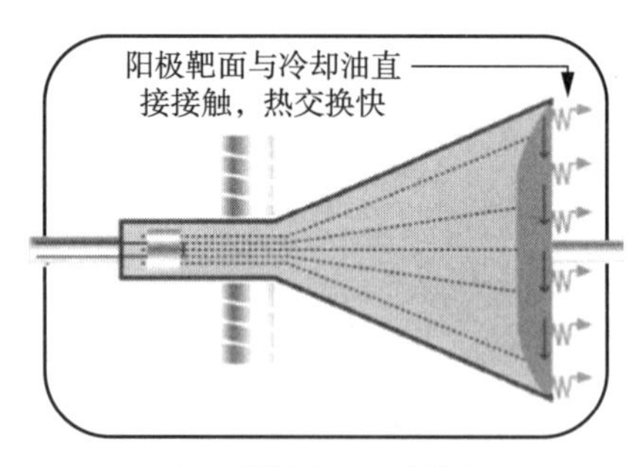

(b) 阳极直接油冷技术

图1-12 西门子阳极直接油冷技术与传统的阳极冷却方式对比

飞利浦公司采用阳极直接水冷技术。之所以采用水冷代替油冷，是因为水的比热容比油更大。比热容表示物质吸热或散热本领，比热容越大，物质的吸热或散热能力越强。为了提高散热效率，利用水冷代替油冷，将阳极靶的固定轴做成中空的，水循环直接进入阳极靶固定轴进行散热。但是水冷带来了两个问题，一是水是导电的，在高压条件下会被击穿；二是阳极旋转时，中空轴的强度降低，阳极靶容易产生轻微摆动。采用了以下办法来解决：

① 单极高压。将X射线管的阳极和管外壳接地，阴极接负高压(如：−140 KV)。这样阳极和管外壳就成为等电势，不存在绝缘问题。

② 双轴承。通常X射线管的阳极靶与轴承连接，轴承是单侧固定的。为了解决中空轴承带来的阳极旋转时轻微摆动问题，采用长轴承，将轴承的两侧固定在管芯金属外壳上，阳极靶在中间。双轴承解决了阳极旋转的稳定问题，同时更容易提高旋转阳极的转速。图1-13为采用阳极直接水冷技术的飞利浦iMRC型X射线管的结构图。

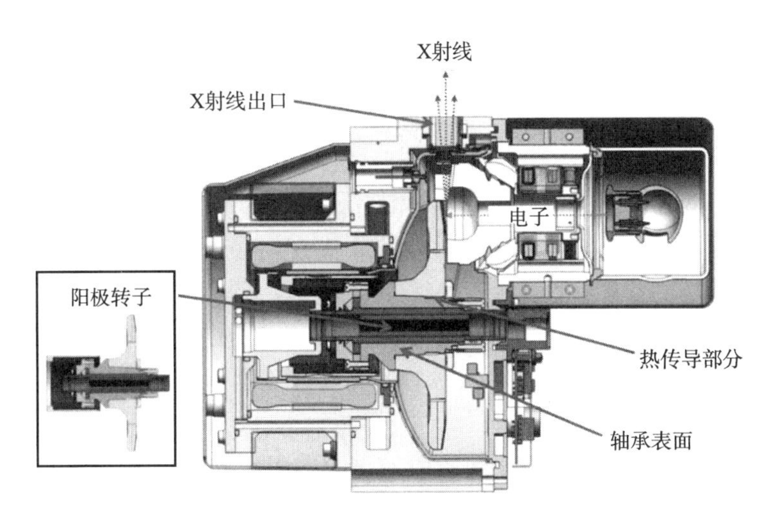

图 1-13　飞利浦 iMRC 型 X 射线管结构图

三、高压发生器

高压发生器为X射线管产生X射线提供电压和电流，以驱动X射线管产生X射线束，并在规定时间内保持X射线的恒定输出。过去，CT的高压发生器为工频高压发生器，由于体积比较庞大，是放置于CT机架外的，由高压电缆连接到机架上的X射线管。当前，CT使用的为高频高压发生器，体积小、重量轻、结构紧凑，可将高压发生器安装于CT机架内，高压发生器与X射线管一起旋转。高压发生器一方面提供X射线管所需的高压电场，另一方面提供给X射线管灯丝加热的电流。

高压发生器的功率决定了X射线曝光技术参数的范围，高压发生器的功率一般在20 kW～100 kW。高档CT一般在50 kW～100 kW，中档CT一般在30 kW～45 kW，低档CT一般在20 kW～30 kW。

CT设备对高压的稳定性要求很高。因为高压的波动会影响X射线能量，而X射线能量与物质的衰减系数密切相关，所以电压的波动必然会影响到图像质量。一般来说，CT值的精度要求在0.5%以下，这就要求高压发生器的高压稳定度变化必须在千分之一以下。因此，CT的高压系统必须采用高精度的反馈稳压措施。

高压发生器的主要电路组成及功能包括：①灯丝电路：为灯丝提供电源，加热阴极灯丝，释放电子。②高压电路：加速电子从阴极到阳极，为电子提供电源，产生X射线。③时控电路：控制X射线产生的时间长度。

四、探测器

探测器是CT的重要组件。探测器系统的作用是接收穿透人体的X射线，将其按照强度比例转换为可供记录的光电信号，输出给数据采集系统进行处理，使计算机系统得以识别并计算出相应的衰减信息。

1. 探测器的特性

探测器最重要的特性是自身的转换效率、稳定性、响应率和准确性。

(1) 转换效率

转换效率是指探测器将X射线光子俘获、吸收和转换成电信号的能力。一般情况下,探测器的转换效率受探测器的量子探测效率(DQE)和几何效率的影响。

量子探测效率又称吸收效率,是探测器吸收X射线光子与射入探测器总的X射线光子的比值。吸收效率与X射线光子的能量、探测器的材料、探测器的厚度有关。量子探测效率能够很好地描述到达探测器的X射线的吸收效率,但是并不能表示X射线向探测器运动过程中实际到达探测器的光子数的百分比。后者由几何效率表示。

几何效率是探测器有效宽度/(探测器有效宽度+失效的空间)。因探测器间有间隔,射入间隔的射线不能被探测器接收而失效,所以尽量使探测器单元所占范围比间隔大得多,有助于几何效率的提高。

探测器的总转换效率是几何效率与吸收效率的乘积。临床应用中,总的转换率大概在50%～80%,探测器总的转换效率越高,可以越有效地减少患者受照剂量。

(2) 稳定性

稳定性是指从某一瞬时到另一瞬时探测器的一致性和还原可能性。探测器需经常进行校准以保证其稳定性。第一代CT每次线性运行结束后都要校准探测器;第二代CT也是每次线性运动结束时校准探测器;第三代CT探测器的响应偏离正常情况时,环状的伪影在该断层扫描图像中产生。

在扫描和数据采集过程中保证系统的稳定性是非常重要的。为防止探测器零位漂移,在扫描过程中需对探测器的变化进行校准,使得在每个X射线脉冲到来之前所有探测器的输出皆为零。此外,每天还应对系统漂移进行校正,保证系统在全部动态范围内的线性和稳定性。热稳定性的好坏直接影响探测器的性能,固体探测器受周围温度的影响很大。当CT扫描时间过长时,机架内的温度会发生变化,这种温度的变化会导致探测器增益发生改变从而产生伪影。确保热稳定性的主要方法是在CT机内采用精密的温度控制装置。

(3) 响应率

探测器的响应时间是指探测器接收、记录和抛弃一个信号所需的时间。一个探测器应瞬时地响应一个信号,然后立即迅速地抛弃该信号并为响应下一个信号做好准备。对于某些探测器,信号通过以后,余辉(指一个读数对另一个读数的存储响应)是个严重的问题。当扫描时间短的射线入射到探测器上时,响应的速度越快,就可以越好地消除余辉的影响,因此,探测器存在一个响应速度的问题。为了避免余辉造成的畸变及假象,需要仔细选择闪烁物质并利用一些软件进行校正。

(4) 准确性

由于人体软组织及病理取样所得的样本衰减系数的变化是很小的,所以由它们引起的对穿过人体的射束强度的变化也很小。然而,图像重建的过程对衰减测量值的微小差异是十分敏感的,因此,测量中的小误差可能被误认为是信号的变化。

探测器的准确性要求探测系统必须具有如下特点:低电子噪声、线性、各探测器的均匀一致及瞬时稳定性。

2. 探测器的类型

目前,CT中常用的探测器类型有两种。一种是气体探测器,它收集电离作用产生的电子和离子，记录由它们的电荷所产生的电压信号。产生电离的物质一般为惰性气体。另一种是固体探测器，包括半导体探测器和闪烁探测器。

(1) 气体探测器

气体探测器利用的是气体(一般采用化学性能稳定的高压惰性气体，如氙气)电离的原理，入射的 X 射线使气体产生电离，通过测量电流的大小来测得入射 X 射线的强度。

气体探测器的结构如图 1-14 所示，电离室的上下夹面由陶瓷拼成。每个电离室两侧用薄的钨片构成，而 X 射线入射面由薄铝板构成，所有隔板相互连通，加 500 V 直流加速电压，各个中心收集电极的引线连至相应的前置放大器，电离室内充满高压氙气。当入射 X 射线进入电离室后使气体电离，正离子由中心收集电极接收，通过前置放大器放大后送入数据采集系统。电离电流会产生高温，因而隔板和收集电极均采用钨片。钨片排列方向与 X 射线入射方向一致，起到后准直器的作用，它可防止由被测人体产生的散射线进入电离室。气体探测器的优点：①稳定性好，②响应时间快，③一致性好，④几何利用率高(95%)，⑤无余辉。气体探测器的缺点：①吸收效率低(45%)，②工艺上只能做成单排探测器，无法应用于多排螺旋 CT。

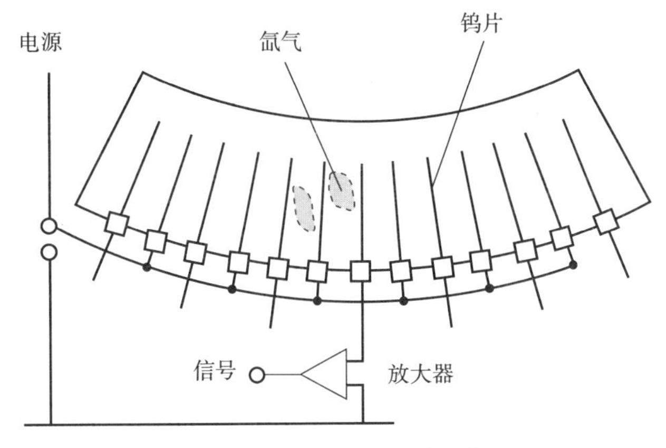

图 1-14　气体探测器的结构

(2) 固体探测器

人们很早就发现，当 X 射线照射于某些物质上时，这些物质会瞬间发出可见光，这类物质被称为闪烁体。固体探测器是将闪烁体材料和光电二极管耦合在一起，起到光电转换作用，其原理如图 1-15 所示。闪烁体吸收 X 射线光子的能量，然后释放出能量较低的可见光，进而由光电倍增管或高灵敏度光电二极管接收，变成电信号传输至信号采集处理器。通过探测器后的电信号实现了辐射能到电能的转换。

早期的闪烁探测器用铊激活碘化钠晶体，即 NaI(T_1)，将碘化钠晶体材料和光电倍增管耦合在一起，起到光电转换作用，这种晶体对 X 射线有很好的阻止本领，透明度和发光度很高，但是极易潮解且有余辉，后来被锗酸铋(BGO)和锗酸镉($CdWO_4$)等取代。

现代 CT 广泛使用的是稀土陶瓷探测器，它实际上是掺杂了钇之类金属元素的超快速氧化陶瓷，采用光学方法使这些材料和光电二极管耦合在一起。其特点是稳定性好、光电转换效率高、X 射线的吸收率达 99%、余辉小且容易进行较小的分割(闪烁体是阵列探测器小单元的组成部分，尺寸越小，空间分辨力越高）。

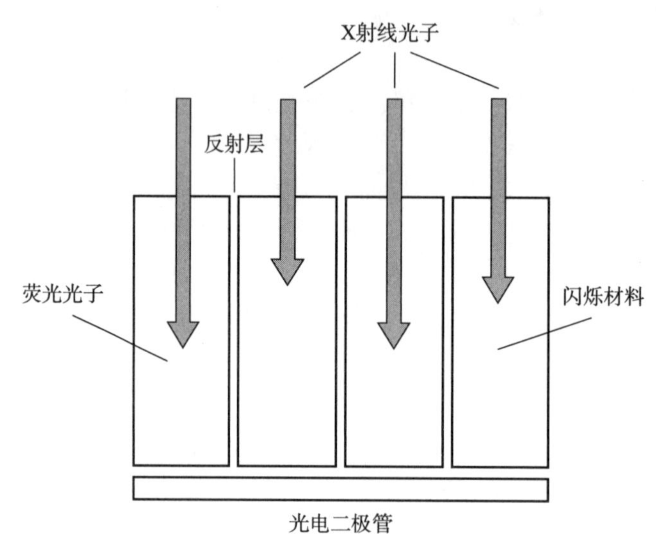

图 1-15 固体探测器的原理

由于固体探测器的探测效率高，分辨时间短，既能探测带电粒子又能探测中性粒子，既能探测粒子的强度，又能测量它们的能量和鉴别它们的性质，所以固体探测器在 CT 中得到了广泛的应用。目前多层螺旋 CT 选用的基本都是固体探测器。

3. 多层(排)螺旋 CT 探测器

1998 年北美放射学会年会上，主流 CT 生产厂家相继推出了 4 层螺旋 CT。多层螺旋 CT 的出现被认为是 CT 技术发展的第二次革命。CT 发展进入了一个探测器迅速变宽的时期，平均每 18 个月，探测器的排数就增加一倍，有学者总结这是 CT 的“摩尔定律”。但是这种趋势在 2007 年北美放射学年会上东芝公司展出了 320 层 CT Aquilion One 后终止了，该设备由 320 排 0.5 mm 的探测器单元构成，是世界上第一台探测器宽度达到了 16 cm 的 CT。宽探测器的 CT 为临床研究带来了一些崭新的应用，但是随之而来的是宽锥形束所带来的问题，在人体同一层面的细节部分，由于其投影角度不同，会使它们投影在不同的探测器排上。在一次 360°的旋转过程中，非中心探测器排上记录的数据不再像单排探测器那样代表同一个层面。在多层面螺旋 CT 中，一排探测器所记录的数据组，随着探测器距离中心平面越远，数据组之间的差别会变得越来越大。如果在重建方法上不加以特别的考虑，当锥角变大时会产生严重伪影。

“多层”和“多排”是两个不同的概念，图 1-16 是多排探测器示意图。为便于理解，一般人为定义探测器有三个方向，即 x、y、z，如图 1-16 所示。x 轴为探测器长度方向，体现每排探测器的采集单元数；y 轴表示 X 射线方向；z 轴为探测器的宽度，体现探测的排数。“排”是指 CT 探测器在 z 轴方向的物理排列数目，反映的是 CT 硬件结构。“层”是指 CT 数据采集系统同步获得图像的能力，即机架每旋转一周能够同时采集几层图像。比如，我们常说的 16 层 CT 和 64 层 CT，就是表示扫描一圈能够分别获得 16 层图像和 64 层图像。可以说“层”是一个功能性参数。“多层 CT”也更加符合人们通常的理解。

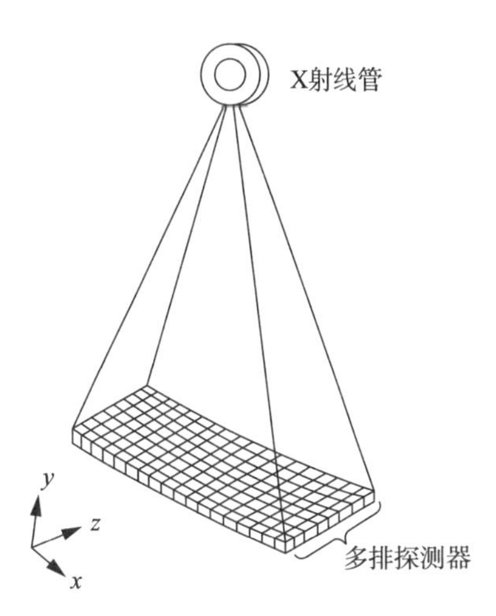

图 1-16　多排探测器示意图

不同厂家应用了不同的探测器设计理念，比如：探测器的排列有对称和非对称之分，2001 年推出的 16 层螺旋 CT 中，GE、西门子、飞利浦的探测器排列均为 24 排，而东芝公司的 16 层 CT 的探测器为 40 排。图 1-17 显示了某厂家的 16 层、40 层、64 层 CT 的探测器排列，可见 64 层以下 CT 的探测器排列一般是不等宽的，探测器排数也往往比一次采集获得的图像层数要多，如：16 层 CT 的 z 方向探测器排数为 24 排，40 层 CT 的 z 方向探测器排数为 52 排。而 64 层以上 CT，探测器排列一般都用等宽的排列方式，一般来说是有多少排探测器，则一次扫描至少可以同时获得多少层图像。由于探测器的物理排布、组合方式及设计理念的不同，“排”数相同的 CT 得到的“层”数可能并不一样。如通过“飞焦点”技术可以实现每排探测器一次采集获得 2 幅图像，那么一排实际上对应的是 2 层。又如，某设备为 128 层 CT，实际的探测器为 64 排，但是一次采集可以同时获得 128 幅图像，所以该 CT 也可以叫作 128 层 CT，也可以叫作 64 排 CT。实际上，在多层 CT 中，数据采集系统控制着数据的采集和传输，是决定同步多层扫描能力的真正技术因素。

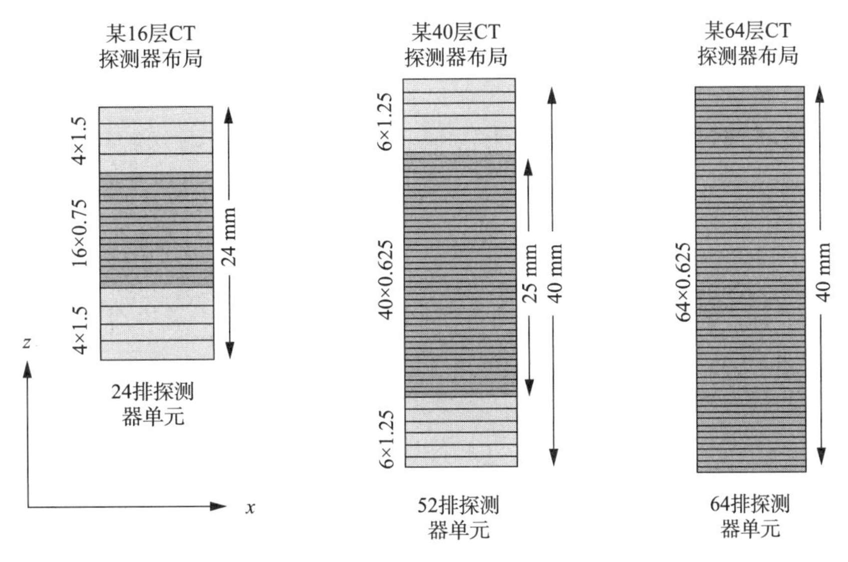

图 1-17　不同的探测器排列

五、准直系统

准直(collimation)系统在 CT 中的位置如图 1-18 所示。准直系统的作用有两个：一是降低患者所受的辐射剂量，二是确保好的图像质量。

CT 中的准直系统采用了两种准直器，一种是 X 射线管侧准直器，又叫前准直器；另一种是探测器侧准直器，又叫后准直器。

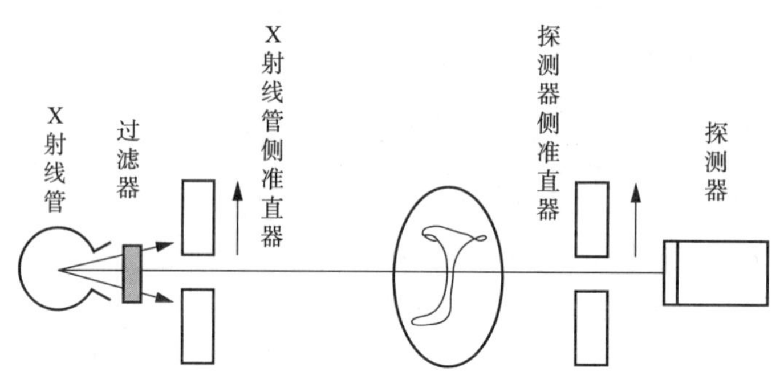

图 1-18 准直器的位置

1. 前准直器

正如名称所言,前准直器放置在X射线管和受检患者所在的位置之间。因为从X射线管发射出的X射线光子在z轴的分布范围很宽,前准直器的作用是将X射线束限制在一定的范围内。对于单层CT而言,前准直器除了约束X射线宽度外,图像的层厚也由前准直器确定。而对于多层CT而言,确定层厚的是探测器的孔径宽度而不是准直器。

在单层CT中,前准直器的作用是控制X射线束与人体平行方向上的宽度,从而控制扫描层厚度。图像的层厚灵敏度剖面线取决于X射线管探测器,因此,准直器缝隙决定了被检体的厚度,层厚正是通过调节准直器的缝隙来改变的。它的狭缝分别对准每一个探测器,使探测器只接收垂直于探测器方向的射线,而尽量减少来自其他方向的散射产生的干扰。为了在剂量不增加的前提下有效地利用X射线,探测器孔径宽度要略大于前准直器宽度。有些CT没有安装后准直器,其原因是认为X射线管的焦点足够小。前后两组准直器必须精确地对准,否则会产生条形伪影。

由于几何因素的限制,X射线束在通过前准直器后,在z轴方向被划分为两个区域:一是本影区域,二是半影区域。在本影区域X射线束是均匀的,而且准直器不会阻挡本影区域的X射线束到达人体。与其对应的是,在半影区域X射线束不是均匀的,大部分的X射线被前准直器阻挡掉了。

对单层CT而言,在设计前准直器时必须确保层灵敏度剖面线良好。而对于多层CT,本影和半影相对区域的大小对剂量的优化起着关键的作用。在大多数的商业化多层CT中,只有X射线的本影区域用来形成图像(有效的探测器单元被放置在本影区域内),而X射线的半影区域代表对受检者不利的剂量。为了提高CT的剂量效率,必须减少没有用的X射线光子。

2. 后准直器

后准直器有两种:一种是平面准直器,另一种是横断面准直器。平面准直器主要用于第三代CT机中阻挡散射线。这种类型的准直器由对射线吸收很强的材料组成,并且被加工得很薄。它们被放置在探测器的前端。横断面准直器的作用是加强对z轴的准直,从而提高CT的层灵敏度剖面线。叶片开口一般等于或大于扫描的最大层厚,每片叶片开口的缝隙对准一个探测器,使探测器只接受垂直入射探测器的射线,以减少散射线的干扰。为了有效利用X射线,一般探测器宽度略大于后准直器。后准直器可以有效控制患者的辐射剂量。

前后准直器同时使用时,必须保持高度协调,不然容易产生条形伪影。在第三代CT以后，随着焦点尺寸的变小，经过滤器和前准直器的调整，可以很好地控制 X 射线束的方向，所以都不再使用后准直器。

六、过滤器

CT 中，X 射线管产生的 X 射线不是单一能量的，而是由不同波长的射线组成的连续光谱。为了满足 CT 扫描和重建的要求，需要将 X 射线转换为能量相对均匀的硬射线束，因此需要使用特殊的过滤器。CT 过滤器的作用主要包括两点：

一是过滤掉 X 射线中的低能射线，优化 X 射线的能谱，减少患者的 X 射线剂量，因为这些低能射线在 CT 成像过程中不起作用。通过过滤之后，X 射线束的平均能量增加，射线束变“硬”。CT 中，总过滤等于固有过滤和附加过滤的总和。固有过滤的厚度约为 3 mm Al 当量；附加过滤是由铜片制成的扁平过滤器或形状过滤器组成的，其厚度可以从 0.1 mm Cu 当量到 0.4 mm Cu 当量。

二是通过一定形状的过滤器对 X 射线进行过滤，以产生能量分布均匀的硬射线束。X 射线穿过物体时，射束的能量分布会受到影响。人体截面类似于圆形或椭圆形，中间厚两边薄，造成 X 射线衰减信号差别大。如图 1-19 所示，A、B、C 三个区域的 X 射线衰减是不同的。在 A、B 区域内，吸收软射线多而线束硬化，在物体厚度不同的区域吸收软射线的程度不同，厚区吸收软射线多，薄区吸收软射线少，导致输出的 X 射线束不均匀。图中，粗箭头表示 X 射线的穿透性强。为了纠正这种差别需要使用专用的形状过滤器。过滤器设计为不同形状，如“蝴蝶结形”过滤器。这种过滤器通常是由低原子序数但是密度高的材料制成，如特氟隆（Telfon），这样就不会对射束硬化产生很大的影响。过滤器放置于 X 射线管和病人之间，由于从中心到边缘楔形过滤器的厚度在逐步增加，这样就可以在探测器端得到更加均匀的射线束[5]。两种不同形状的过滤器如图 1-20 所示。

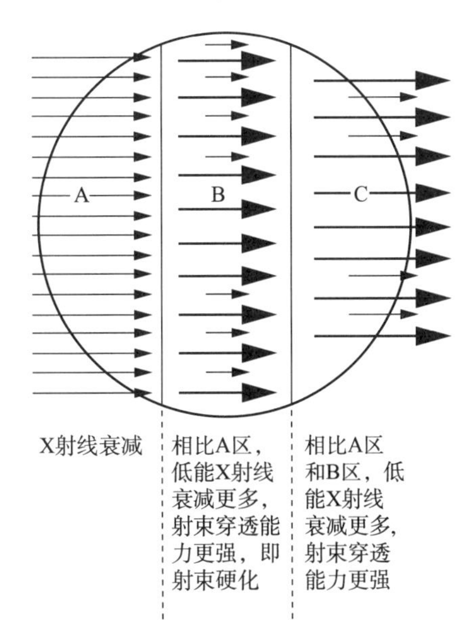

图 1-19　X 射线穿过圆形物体后的衰减变化

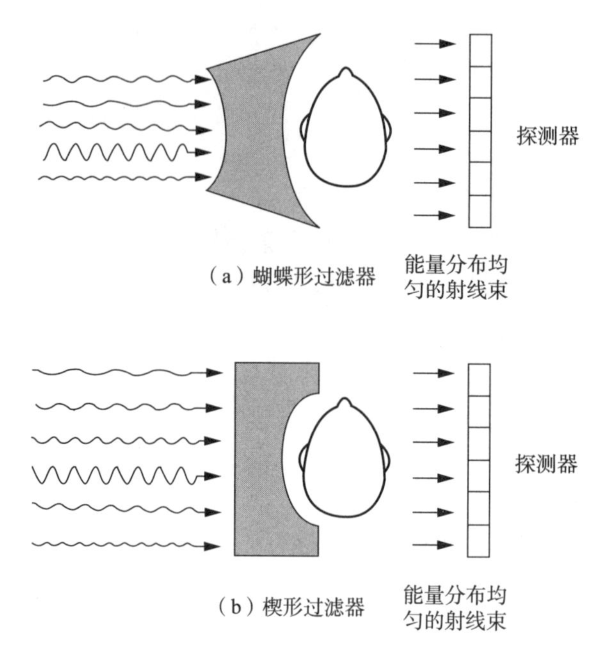

图 1-20 两种不同形状的过滤器

七、数据采集系统

数据采集系统的作用是将探测器的输出信号放大，积分后多路混合成一路用模/数转换器(A/D 转换器)变为数字信号送入计算机进行处理。数据采集系统的基本组成包括以下部分。

1. 前置放大器(对数放大器)

从探测器接收到的信号，首先要经过对数压缩，以使后面的电路只需工作在一个较窄的范围内。固体探测器和气体探测器的输出阻抗是很高的，输出信号又很小，必须使用高输入阻抗的前置放大器进行放大和阻抗变换。前置放大器被精密地屏蔽并置于探测器的旁边，安置在旋转机架上。

2. 积分器

CT 扫描过程中测量的是每个测量角度下的 X 射线光子的总和，因此每次检测采集(在脉冲工作时就是每个脉冲)的信号要积分起来并计算光子的总和，一般在放大器后接有积分器。

3. 多路转换器

各路积分器输出信号经多路混合器变成一路，再使用共同的 A/D 转换器转变为数字信号。由于 CT 中信号变化动态范围很大，要求 A/D 转换器的位数达 16 bit 以上。数字采集系统除采集转换测量探测域的数组信号外，还采集来自参考测量探测器的信号。

4. A/D 转换器

A/D 转换器是将连续模拟时域信号转变为离散的数字序列。A/D 转换的方法有多种，最常用的有逐次逼近式 A/D 转换器和双积分式 A/D 转换器。

八、滑环

20 世纪 80 年代中期，CT 扫描当时已经发展到了一个通过现有技术无法再有重大改进的阶段。一方面，需高压供电的 X 射线管和灯丝所需的高压电缆与外界高压器连接；另一方面，电脑进行数据接收等需要控制电缆、数据电缆以及电源电缆，这些电缆的缠绕使得扫描架旋转的角度范围很小，并且逆程返回时，诸多电缆会绕在一起，甚至脱落。

滑环技术的出现被称为 CT 技术的一次革命。滑环技术出现后，机架静止和旋转部分之间的供电和信号传输由滑环来完成。滑环技术替代了 CT 机架内的供电电缆和数据电缆，使 CT 机架能够实现连续旋转，这使螺旋 CT 的出现成为可能。此外，滑环技术不但可以提高扫描速度，还可以使设备运行更加平稳、安静，同时与之前启动-停止的运行方式相比，机械磨损更少。

滑环作为 CT 系统的关键部件有以下 3 个主要作用：

(1) 为旋转部分供电，即将电力从固定部分输送到旋转部分，为旋转部分的各部件提供动力；

(2) 提供双向控制信号的通信链路，一般是通过 CAN 总线或者 Ctrl link 方式实现该通信功能；

(3) 提供单向高速的数据通信，将探测器采集到的数据同步传输到机架固定部分，以进行存储和后续数据的处理。

目前主流的 CT 滑环技术主要分为水平式 CT 滑环和垂直式 CT 滑环，二者各有优缺点。水平式滑环的设计为圆柱体结构，不同的导电环沿旋转轴方向排列，形成圆柱体结构，如图 1-21 所示。受其水平布置和空间位置的限制，难以形成独立的工作区域。一般来说，它与 X 射线管、发生器、数据采集和扫描电路共用一个工作区。水平式滑环采用金属丝刷，金属丝刷的电接触性能和耐用性不如碳刷，而且金属丝刷本身容易积聚灰尘。运行期间的通信故障通常是由电刷环接触不良引起的。

图 1-21　水平式滑环

垂直式CT滑环的导电环在旋转平面上按同心圆方式排列，如图1-22所示。垂直式滑环一般使用碳刷，运行中刷环摩擦产生的碳粉很容易对同一区域的其他电气工作部件造成碳粉污染，发生打火，从而导致机器故障。

根据滑环供电电压的不同，滑环又可以分为高压滑环和低压滑环。在低压滑环系统中，交流电和X射线控制信号通过低压电刷传送到滑环。然后由滑环为高压发生器供电，高压发生器随后将高压传输到X射线管。低压滑环系统中，X射线高压发生器、X射线管和其他控制装置随机架一起旋转。在高压滑环系统中，交流电直接给高压发生器供电，高压发生器再向滑环提供高压。高电压通过滑环传输到X射线管上。高压滑环系统中，高压发生器不随X射线管旋转。

图1-22 垂直式滑环

九、检查床

检查床的作用是准确地把患者送到预定或适当的位置上，其设计必须满足两个要求：一是床面要能够降到尽可能低的位置，使患者能够舒适地躺在上面，摆好位置然后上升到检查位置；二是检查床的水平定位和运行速度要有很高的精度。床的水平运动由计算机控制，其位置的精度、位置的重复性是床运动的一个重要指标。检查床的材料要求结实，并且对X射线的吸收要非常小，一般选用碳化纤维材料。检查床还包括相关的附件：床垫、头托、头垫(侧部)、延长板、绑带、点滴架、膝关节垫等。

十、控制台

CT控制台主要包括控制面板计算机系统、显示器、鼠标键盘和CT控制盒。

1. CT中的计算机系统

计算机系统在CT中的功能主要有以下两个：

(1) 控制整个CT系统

当操作者选用适当的扫描参数及启动扫描之后，程序就在计算机的控制下运行。计算机协调并安排扫描期内发生的各种事件的时序，其中包括X射线管和探测器在适当时刻的开和关、传递数据以及系统操作的监控等，接收初始参数，执行患者台及机架的操作并监视这些操作以保证所有的数据相符合。

（2）数据处理

一幅 CT 图像的重建需要计算机数万次的数学运算，这些数学运算的程序组成了重建算法。每一幅图像大约由十几万个像素组成，每个像素对应一个数值，这些数值将转换为灰度编码。计算机必须能操纵、分析、修改这些数字以提供更有用的可见信息。信息包括：放大倍数、测量区域或距离、标志轮廓的确定以及两个图像的比较。从 CT 图像中也可以建立直方图。

2. CT 控制盒

CT 控制盒的作用包括对 X 射线发射的控制、扫描床运动的控制、机架的倾斜运动。CT 控制盒包括对讲系统（与扫描室的对讲系统双向通话）、曝射指示显示、发出曝射警告音响；还包括紧急停止按钮，以在紧急情况下停止机架、扫描床的运动以及 X 射线的发射。CT 控制盒可以是独立的设备，也可以和键盘集成到一起。

十一、电源柜

电源柜用以将医院输入的网电源转换为 CT 系统所需的电源。电源柜既可以作为独立的设备，也可以集成到机架中。在电压不稳的医院，可以在电源柜输入端安装稳压设备，确保电源柜的输入在要求范围内，以保证 CT 系统的正常运行。

第三节　CT 的成像原理

CT 成像的原理是由于人体的厚度不同，组织间的密度不同，组成成分不同，使得 X 射线穿透人体后发生衰减，这时用探测器接收 X 射线穿过人体后携带不同物质密度的衰减量信号，衰减量信号可转变为可见光，再由光电转换器转变为电信号，再经模数转换器转变为数字信号，最后经计算机重建出可视灰度的数字图像。CT 成像需要经过 5 个过程，分别为数据采集、数据预处理、图像重建、图像后处理、图像显示。数据采集获取一组完整的投影数据，每个投影值都代表沿着特定 X 射线路径上物体衰减系数的线积分。CT 图像重建则是基于投影数据来确定各体素的衰减系数，重建图像的过程是 CT 成像的核心。本节重点对 CT 图像重建进行介绍。

一、CT 成像的物理原理

CT 成像的基础是不同密度的物质结构对 X 射线的衰减量有差异，这种差异源于 X 射线的衰减系数（attenuation coefficient），假定入射 X 射线是单能（monoenergetic）的，作用于均匀物质后入射线与出射线的强度变化呈指数衰减规律（如图 1-23 所示），即朗伯-比尔定律（Lambert-Beer Law），见公式（1-1）。

$$I=I_0e^{-\mu\Delta x} \tag{1-1}$$

式中，I_0 和 I 分别为入射 X 射线强度和出射 X 射线强度，Δx 是物质厚度，μ 是该物质的 X 射线衰减系数。μ 随物质的密度的增大而增大，也与射线能量有关，能量越高的射线穿透能力越强，μ 相应减小。显然，μ 越大则表明该物质对X射线的衰减作用也越大，在人体中，骨的密度比软组织高，其 μ 值相对较高，所以X射线不易穿透；反之，空气的 μ 值接近于0，对射线基本不起衰减作用。

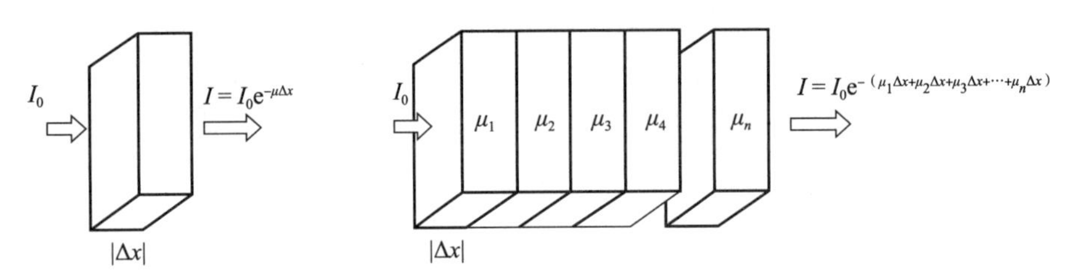

图1-23 物质对X射线的衰减规律

当X射线作用于非均匀物质时，由于物质中每一部分的密度不同，衰减系数 μ 也不同。将沿X射线穿透路径上的物质分成许多很小的单元，其厚度为 Δx，以至于每一单元均可看作均匀物质，具有相同的 μ 值。这样，X射线在其中的衰减过程可以看作被不同物质连续的作用。由X射线路径上的每一单元所产生的对总的衰减程度的贡献取决于局部衰减系数 μ_i，对这条路径中的所有的部分进行累加，可以得到公式(1-2)。

$$I=I_0e^{-(\mu_1\Delta x+\mu_2\Delta x+\mu_3\Delta x+\cdots+\mu_n\Delta x)} \tag{1-2}$$

当 $\Delta x\to 0$ 时，上式可表示为 μ 沿射线穿透路径上的线积分，可得到公式(1-3)。

$$P=-\ln\frac{I}{I_0}=\sum_{i=1}^{n}\mu_i\Delta x=\int\mu(x)\mathrm{d}x \tag{1-3}$$

式中，P 即为CT扫描过程中采集到的投影数据，它是出射X射线强度与入射X射线强度比值的对数，在数值上等于沿射线方向上物质的衰减系数的线积分。人体断层图像是二维的，因此衰减系数 μ 应是平面坐标 (x,y) 的函数 $\mu(x,y)$，投影函数 P 也应设定为二维的形式，即投影 P 应是断层图像所在平面坐标 (x,y) 的函数 $P(x,y)$。所以CT重建问题可以描述如下：已知物质的X射线衰减系数的线积分，如何计算它的射线衰减系数分布。

二、CT成像的数学原理

1917年，奥地利数学家拉东证明：一个二维或三维的物体可通过它的投影的无限集合单一地重建出来。这一定理的证明奠定了CT的数学基础。人体断层的组织不是均匀的，CT成像需要求得每个体素的 μ 值与该点所处的坐标系中的位置的函数，即 $\mu(x,y)$。扫描区域中的任何一点的 μ 值都是在整个系统不断地旋转运动中进行测量的，处于 x-y 坐标系中的 P 点的 μ 值为 $\mu(x,y)$。当系统围绕旋转中心旋转一个角度 ϕ 时，处于 ξ-η 坐标系中的 P 点的 μ 值为 $\mu(\xi,\eta)$，它的强度可以表示为公式(1-4)。

$$I(\phi,\eta)=I_0e^{-\mu(\xi,\eta)\mathrm{d}\xi} \tag{1-4}$$

$$\ln[I_0/I(\phi,\eta)]=\int\mu(\xi,\eta)\mathrm{d}\xi \tag{1-5}$$

图像重建的核心问题就是由这个线性积分方程求解 μ 值。公式(1-5)即为公式(1-3)的另一种表达方式，二者是等同的，代入已知的 I 和 I_0，便可求出X射线所贯穿各组织元素总的衰减系数 μ。因为重建一幅CT图像，必须求解每个小的单元的衰减系数 $\mu_1,\mu_2,\mu_3,\cdots$，

μ_n。由于几个未知的 μ 不可能从一个方程中解出，故必须从不同的方向进行扫描，收集足够多的投影数据，建立足够多的方程，即 N 个未知数需要建立 N 个联立方程组，从而求解出衰减系数 μ。这就是 CT 图像重建的基本原理。

三、CT 图像重建方法

CT 图像重建的基本方法可以分为直接反投影法、解析法和迭代重建法 3 大类。其中，解析法包括傅里叶变换法和滤波反投影（FBP）法。迭代重建法包括联立迭代重建法（SIRT）、代数重建法（ART）和迭代最小二乘法（ILST）等。目前大多数 CT 扫描机采用滤波反投影法，这种方法计算速度快，图像质量符合临床需要。然而，近年来降低扫描辐射剂量成为业界关注和研究的热点，基于滤波反投影法的基础图像迭代法以及多模型双空间迭代法相继问世，并有取代传统滤波反投影法成为 CT 扫描机主流重建算法的趋势。

1. 直接矩阵变换法重建 CT 图像

为了理解 CT 图像重建常用的若干算法，让我们从最简单的直接矩阵变换法开始。通过由测量投影得出的 n 个独立方程式，计算出 $N \times N$ 图像矩阵中的 N^2 个未知数。当投影测量值的个数 $n \geqslant N^2$ 时，就能够计算出 X 射线衰减系数 μ_i。举例如下，假定某物质在扫描平面上由 4 个均匀的部分组成，X 射线衰减系数分别为 $\mu_1, \mu_2, \mu_3, \mu_4$，分别沿水平、竖直和对角线方向进行投影，积分值即为投影测量值，见图 1-24。那么，选择其中 4 个投影的方程组成独立方程组，方程组有 4 个方程和 4 个未知数，见公式(1-6)。由基本代数知识可知，该方程组有唯一解。推而广之，假如把物质的扫描面分成 $N \times N$ 等份，只要投影数据（即方程数量）足够，同样可求解得到每一等份的 X 射线衰减系数。

$$\begin{cases} p_1 = \mu_1 + \mu_2 \\ p_2 = \mu_3 + \mu_4 \\ p_3 = \mu_1 + \mu_3 \\ p_4 = \mu_2 + \mu_4 \end{cases} \tag{1-6}$$

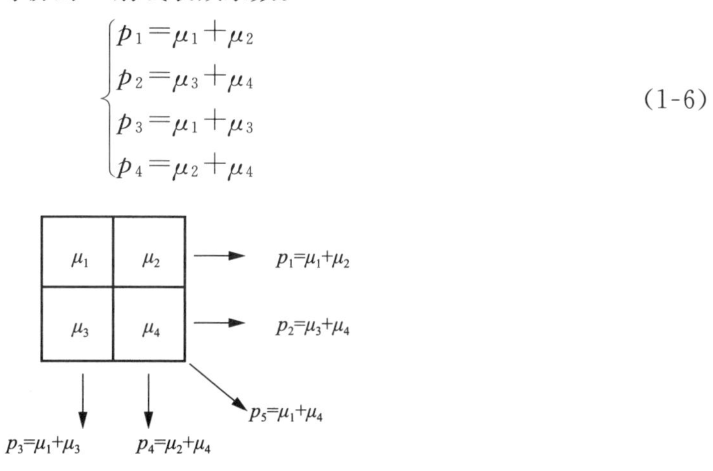

图 1-24　物体和投影示例图

1967 年第一台 CT 研发时使用的方法正是直接矩阵变换法。当时为算得一幅图像，需要求解超过 28000 个并行方程式。不难想象，当把物质的扫描面分成越来越细的单元时，方程组的规模也越来越大，即使使用当今的计算机技术，解一组方程式其工作量也是很大的。此外，为获得足够数量的独立方程，必须采集远远多于 N^2 个的投影数据。因为其中有许多方程是相关的，即产生了冗余。而当方程的数量超过未知数的数量时，方程组的解未必收敛，因为线积分（即射线投影值）的测量难免存在误差。因此，必须研究不同的重建技术[6,7]。

2. 傅里叶变换重建法

当布雷斯韦尔(Bracewell)第一次运用傅里叶变换分析法重建图像时,运算十分复杂,使得他转向考虑用迭代法重建图像。但是随着快速傅里叶变换法和高速计算机的出现,二维傅里叶变换法得以广泛应用(快速傅里叶变换利用正弦和余弦函数的重复特性,大大减少了计算一个傅里叶积分时所要求的相乘次数)。快速傅里叶变换既简单又迅速,用此方法重建图像,有助于提高重建速度。

傅里叶变换重建图像的基本原理是傅里叶切片定理(见图1-25),也称为中心切片定理,它描述了图像与它在频率域中的投影数据之间的关系。为了表述方便,我们将要重建物体的目标函数表示为 $f(x,y)$,用 $p(t,\theta)$ 表示在角度 θ 获取的 $f(x,y)$ 的一个平行投影,如图1-25所示。其中,t 表示投影射线到对称中心(即旋转中心)的距离。定义好了这些函数,下面我们定义傅里叶切片定理。它表述如下:目标物体 $f(x,y)$ 在角度 θ 得到的平行投影的傅里叶变换,等于在同一角度下进行的 $f(x,y)$ 二维傅里叶变换的一条直线。理论的证明是简单易懂的。首先看看投影平行于 y 轴的情况。投影 $p(x,0)$ 与原始函数 $f(x,y)$ 关系见公式(1-7)。

$$p(x,0)=\int_{-\infty}^{\infty}f(x,y)\mathrm{d}y \tag{1-7}$$

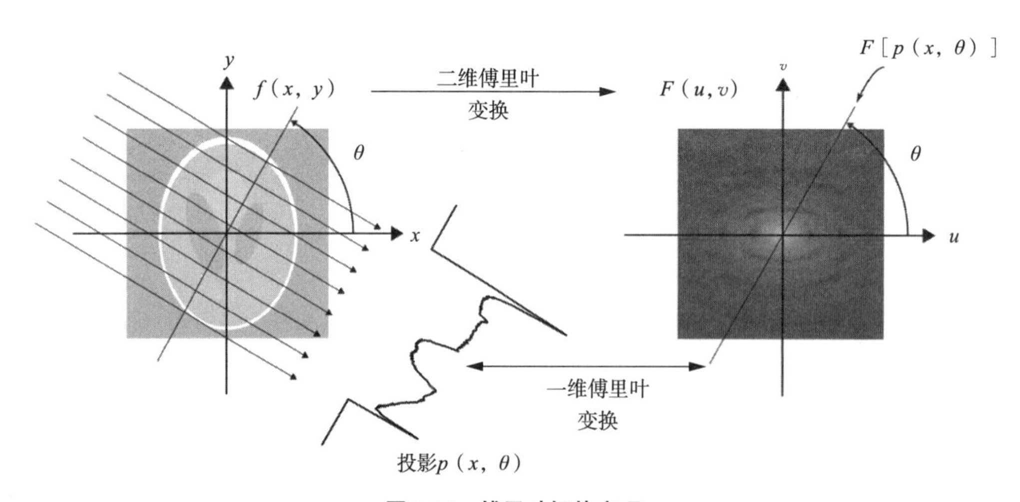

图1-25 傅里叶切片定理

在公式(1-7)两边同时进行 x 的傅里叶变换,得到公式(1-8)。

$$P(u)=\int_{-\infty}^{\infty}p(x,0)\mathrm{e}^{-\mathrm{j}2\pi ux}\mathrm{d}x=\int_{-\infty}^{\infty}\int_{-\infty}^{\infty}f(x,y)\mathrm{e}^{-\mathrm{j}2\pi ux}\mathrm{d}x\mathrm{d}y \tag{1-8}$$

考虑原始函数 $f(x,y)$ 的二维傅里叶变换,当 $\nu=0$ 时:

$$F(u,v)\mid_{v=0}=\int_{-\infty}^{\infty}\int_{-\infty}^{\infty}f(x,y)\mathrm{e}^{-\mathrm{j}2\pi(ux+vy)}\mathrm{d}x\mathrm{d}y\mid_{v=0}=\int_{-\infty}^{\infty}\int_{-\infty}^{\infty}f(x,y)\mathrm{e}^{-\mathrm{j}2\pi ux}\mathrm{d}x\mathrm{d}y \tag{1-9}$$

比较等式(1-8)与等式(1-9),可以发现,两个等式右侧是相同的。这说明一个物体在0°投影的傅里叶变换与该物体二维傅里叶变换中 $v=0$ 的直线相同。因为坐标系是任意选择的,上述结论在坐标系旋转一个角度时是同样正确的。换句话说,一个物体在任何角度下投影的傅里叶变换等于同一物体二维傅里叶变换在同一方向上得到的直线。

傅里叶切片定理说明，通过在投影上执行傅里叶变换，从每个投影都可以得到目标函数的二维傅里叶变换的一条直线。如果在 0 到 π 的范围内采集获得足够多的投影，那么就可以得到所要重建的目标函数的傅里叶空间的所有值，只要取二维傅里叶反变换，就能得到要重建物体的目标函数。断层重建的过程就成了一系列的一维傅里叶变换之后的二维傅里叶反变换。

傅里叶变换图像重建技术，由于得到了快速傅里叶算法的支持，曾被广泛应用过。但近年来，傅里叶变换图像重建算法已被滤波反投影法所替代，原因是傅里叶变换法存在下述缺点。首先，在傅里叶空间中所采取的采样模式不是基于笛卡尔坐标系的。因此要将极坐标系下的投影 $P(\omega,\theta)$ 转化成直角坐标系下的 $F(u,v)$。投影数比较少时，还需要进行内插。傅里叶切片定理表明单位投影的傅里叶变换刚好是对应的二维傅里叶空间中的一条直线，投影的样本就构成了极坐标网格。因此，在做傅里叶逆变换之前必须对这些样本进行插值使之转换成用笛卡儿坐标系表示。在实空间，插值误差位于像素所在的小区域，但是在二维傅里叶空间的每个样本表示特定空间频率的强度，也就是说，傅里叶空间中某一样本的误差将影响整个图像。

此外，在傅里叶变换重建方法中，对断层的投影做正交变换是一维的，但在求物体图像的逆变换时却是二维的，因此必须将 $F(u,v)$ 数据都存储起来，等到全部 $F(u,v)$ 数据变换完整之后才能进行二维逆变换，这就要求硬件内存大、等待的时间长，难以实现实时的图像重建要求。

难以实现目标重建是傅里叶重建法的又一缺点。目标重建是 CT 中常用的一种技术，用于研究细小区域的精细结构。采用直接傅里叶重建法，$F(u,v)$ 中必须补上大量的 0，以完成在频域中的插值运算。这样，逆傅里叶变换的尺寸就反比于 ROI 的尺寸，对于很小的 ROI，会导致矩阵太大而难以处理。尽管出现了一些可以解决这一问题的方法，但效果并不理想[7]。

3. 反投影法

(1) 直接反投影法

直接反投影法是一种基础的重建方法，库尔(Kuhl)和爱德华斯(Edwards)首先将直接反投影法应用在放射性同位素成像中，完成了一个患者体层扫描的图像重建，并成功地运用于透射成像中。直接反投影法的基本思想是将原始图像在各个方向测得的投影值直接反向投影到矩阵单元中，然后在各个矩阵单元中叠加起来，重建一幅图像。

下面利用如图 1-26 所示的四体素矩阵的重建对直接反投影法进行说明。设 $\mu_1=1$，$\mu_2=2$，$\mu_3=3$，$\mu_4=4$，分别从 0°，45°，90°和 135°进行 4 个方向的投影，得到投影值，再将投影值投回原体素的对应位置上。由于重复了 4 次，等于在每个体素上多加了基数值，基数值等于某投射角度下各投影值之和，需要从图像中减掉，再将结果除以最大公约数进行化简，即可解出 4 个体素吸收系数的 μ_i 值。

直接反投影法的效率较高，但存在一定问题。直接反投影法利用穿过某些像素的所有射线的投影值反过来估算该像素的吸收系数值。这样就把从各个方向上得到的投影看作这个方向上的像素具有同等的贡献，邻近结构对反投影图像中所有点的密度都要产生影响。

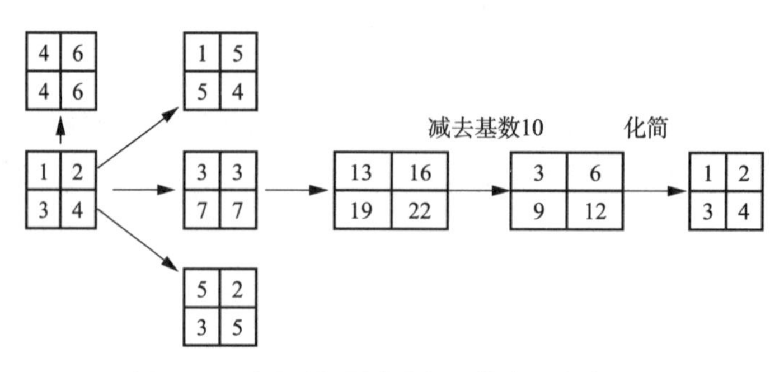

图 1-26 利用反投影法进行四体素矩阵的重建

真实图像上的一个物体重建后，物体周围有模糊阴影存在，阴影的浓淡程度随着与高密度物体的距离远近成反比例减少，从而造成重建后图像的模糊，如图 1-27 所示。因此反投影法的重建必须加以改进，其中最常用的就是滤波反投影法。

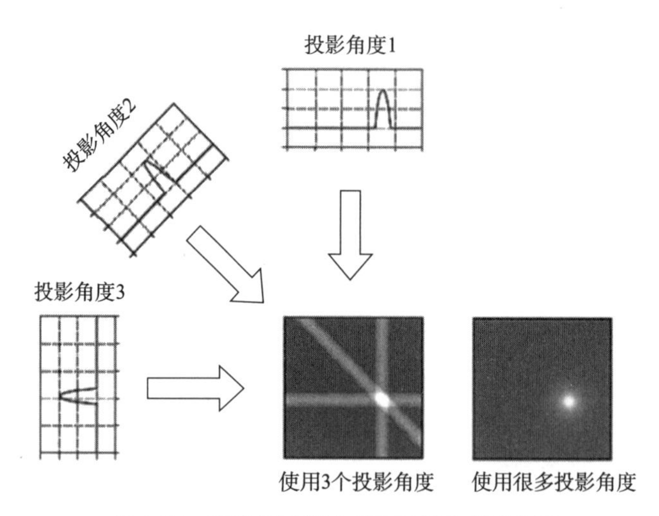

图 1-27 直接反投影法重建图像的星形伪影

(2) 滤波反投影法

滤波反投影法的定义：利用卷积的方法，先对反投影函数进行修正，然后用反投影的方法重建图像。也就是说，在反投影相加之前先用一个卷积函数进行滤波，以修正图像，所以滤波反投影法也称为卷积反投影法。卷积反投影法与反投影法十分相似，其区别在于：反投影法是按照 X 射线投影的大小作正比例的投影，卷积反投影法则是使用一种专用的滤波函数把所得的投影进行修正后再作反投影。滤波反投影可以滤除直接反投影法产生的伪影。

从本质上讲，这是一种高通滤波法，通过滤波消除边缘模糊。滤波后在物体的边界产生正向和负向脉冲凸起。这种分布在主信号脉冲两侧的正负交替脉冲，在与其他滤波反投影信号叠加时，具有正、负抵消的作用，拉平由反投影引起的图像边缘的影响，消除了模糊现象，从而使图像更加相近于实际的目标。图 1-28 显示了滤波反投影后的重建图像，相比直接反投影法，图像中目标物体的模糊现象被消除。

不同的滤波函数可以获得不同的滤波效果，从而最终影响图像的特性，不同的滤波函数可以提高空间分辨力或低对比度分辨力。滤波函数存在空间分辨力和信噪比之间的矛盾，

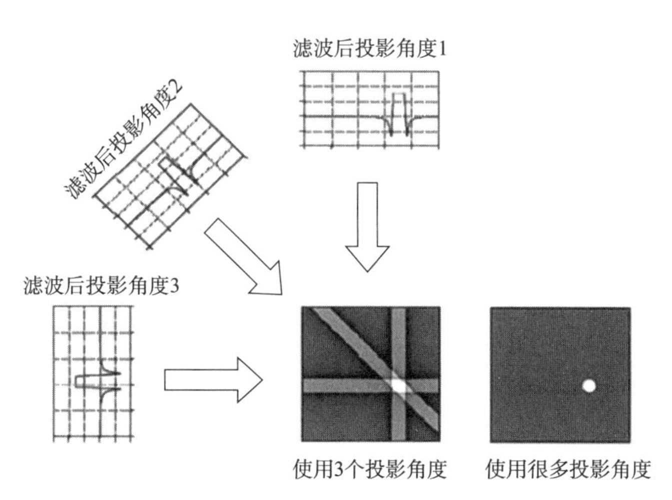

图 1-28　滤波反投影法重建图像

最终的选择应在它们之间进行权衡。

4. 迭代重建算法

迭代法也称“逐步近似法”，是在解矩阵方程时常用的方法。应用迭代法重建时，开始时可任意给出矩阵中的 μ 值（一般都假设图像是均匀的），然后将计算值与投影实测值比较，并对计算值与实测值之间的差加以修正，然后一遍遍地重复，直到假设值与测量值一样或在允许的误差范围内为止。修正时可以用加法因子，也可以用乘法因子，也有用最小二乘法的。迭代法重建有三种，取决于修正顺序包含的是整个模型（矩阵）、一条射线，还是一个点。

迭代是使用一系列重复多次的操作的计算过程。迭代重建算法使用更优的数学估计和多次迭代来减少图像噪声，同时保持空间分辨力和图像对比度。通过引入迭代重建算法，解决了滤波反投影算法中的问题。一个重要的区别是，与滤波反投影算法中使用数字滤波器进行过滤不同，迭代重建算法考虑 CT 系统的精确建模。此外，迭代重建算法有助于减少由金属植入物引起的伪影，以及由光子匮乏和线束硬化效应引起的伪影。各 CT 供应商均提供了几种不同的迭代重建算法，包括混合迭代重建算法和基于模型的迭代重建算法。一般来说，这些算法在测量投影数据和人工原始数据的比较方式以及对当前估计应用校正的方法上有所不同。混合迭代重建算法使用单个反向投影步骤，首先迭代地过滤原始数据以减少伪影，并在反向投影之后，迭代地过滤图像数据以减少噪声。基于模型的迭代重建算法是完全迭代算法，首先将数据反向投影到断层图像空间，然后对图像空间数据进行前向投影以计算人工原始数据。前向投影步骤是迭代重建的核心算法，能够对数据采集过程（包括系统几何结构和噪声模型）进行物理上正确的调制。将人工原始数据与真实原始数据进行比较，从而更新断层图像。同时，可以通过正则化步骤去除图像噪声。需继续重复前向和后向投影过程，直到真实数据和人工原始数据之间的差异最小化[8]。

迭代重建算法能够减少辐射剂量并改善 CT 图像质量。与滤波反投影算法相比，迭代重建算法的使用降低了目标图像的噪声，即使在剂量降低的情况下也能保持空间分辨力和低对比度探测能力，相关研究表明，迭代重建算法可以使 CT 的辐射剂量降低 23%～76%。

第四节　CT 图像的基本概念

CT 图像是通过计算机计算出来的 X 射线衰减值的二维分布图,即是由一定数目的像素按矩阵排列所构成的二维断层图像。为了更好地认识 CT 图像,以下介绍一些与 CT 图像有关的概念。

一、体素与像素

1. 体素

体素是一个三维的概念。由于被准直的 X 射线束是有一定厚度的,因而 CT 图像实际上是具有一定厚度的三维体层图像。体素为在受检体内待成像的层面上按一定的大小和一定的坐标人为划分的连续分布的小体积元,它是这一体层的最小单元。在每个体素中我们认为其吸收系数是均匀的。对划分好的体素进行空间位置编码,建立体素阵列中各体素的坐标。一般体素的尺寸长和宽约为 0.5 mm～2 mm,高(即体层的厚度)约为 0.5 mm～10 mm。随着 CT 技术的发展,分辨力越来越高,体素的尺寸也越来越小。

2. 像素

像素是构成图像的基本单元。对于 CT 图像而言,像素是按一定大小和一定坐标人为划分的图像平面上的面积元。一幅图像划分的像素数越多,像素就越小,画面就越清晰,携带的生物信息量就越大。对划分好的像素还要进行空间位置编码,即在平面上按像素的划分顺序进行编号,这样就形成了编好排序的像素阵列。像素阵列中的各像素的坐标排序要与体素的坐标排序相同,即像素与体素在坐标上要一一对应。

划分体素和像素非常重要,这是因为重建 CT 图像的核心思想是要使体素的坐标信息和特征参数(即线性衰减系数或吸收系数)信息被对应的像素所表现。图 1-29 直观地展示了体素和像素的概念。

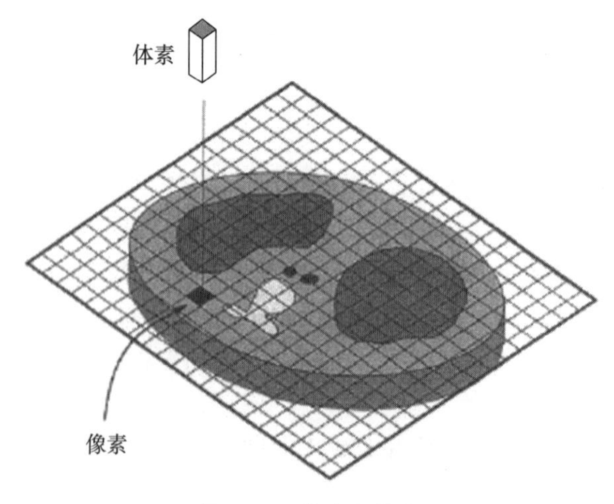

图 1-29　体素和像素

二、矩阵和视野

1. 矩阵

按照横行纵列排成的格栅状矩形阵列叫矩阵，可用计算机的图像存储器的硬件来实现。一个被测人体体层图像，通过加上一个栅格可以有规律地划分成许多大小相等的小单元体。严格地说，每个小单元体内部组织成分和密度是不均匀的。然而在CT图像中，如此小的单元体均假定为单质均匀体，这不仅减轻了计算机的负担，而且所建立的CT图像仍然有足够好的清晰度和分辨力，足以满足医学影像诊断的需要。

矩阵由两项指标来评价，一是矩阵的大小，如256×256，512×512等；二是矩阵中数字的精度，它用二进制的位数来表示，如10 bit，12 bit等。矩阵大小，影响着图像的质量。如构成图像的矩阵小，像素数量少，则图像的分辨力低，观察到的原始图像细节就少；反之，矩阵大，像素数量多，尺寸小，图像的分辨力就高，观察到的细节就多。在实际应用中，有重建矩阵和显示矩阵之分。

2. 视野

扫描时按观察部位大小来选择扫描视野和显示视野(DFOV)。以cm×cm为单位来表示，通常两者大小相近。但显示视野可以根据欲观察范围的大小而改变，使重建图像显示更清晰，突出病变检查的细致度。通常可改变显示野范围或者以不同矩阵形式来提高图像的显示分辨力，但影像重建像素大小不会大于机器本身固有分辨力。

$$\text{重建像素尺寸}=\frac{\text{显示视野}}{\text{矩阵}} \tag{1-10}$$

公式(1-10)给出了图像重建像素尺寸与矩阵和显示视野大小的关系，当显示视野范围不变时，矩阵大，重建像素值就大，图像分辨力好，但图像重建时间也长。如在可获得相同效果的影像质量的前提下，矩阵大小不变，而改变显示视野的范围，即缩小显示视野的大小，则也能获得小的像素值，提高影像的空间分辨力，且大大缩短影像重建时间。

三、CT值

CT图像的本质是物质衰减系数的空间分布。衰减系数μ很大程度上取决于X射线光谱能量，并不具备很强的描述性，而且直接比较使用不同管电压和过滤条件下获得的CT图像并不具备明确的意义。因此，将相对于水的衰减计算出来的衰减系数称为CT值。为了纪念CT的发明者亨斯菲尔德，将CT值的单位定义为亨氏单位(HU)。

CT值的定义：某种物质的X射线衰减系数减去水的X射线衰减系数再除以水的X射线衰减系数后乘以1000，即

$$\text{CT值}=\frac{\mu_X-\mu_W}{\mu_W}\times 1000 \tag{1-11}$$

式中：μ_X表示物质的X射线衰减系数，μ_W为水的X射线衰减系数。

因为空气和水的CT值几乎不受X射线能量的影响，将水的CT值定义为0 HU，将空气的CT值定义为−1000 HU，作为两个固定值标定。CT值不仅表示了某物质的衰减系数本身，而且也表示了各种不同密度组织的相对关系。图1-30给出了一些人体组织的CT值

范围。肺组织和脂肪组织的密度较低，衰减也较低，它们的 CT 值为负值。人体其他大多数部位的 CT 值均表现为正值，包括肌肉、结缔组织和大多数软组织器官。骨骼的 CT 值较高，可以达到 2000 HU。总之，组织的 CT 值越高，表明其密度越大；X 射线的能量越低，组织吸收 X 射线的能量会增加，相同组织的 CT 值会有所增大。在评价组织的 CT 值时应考虑到 X 射线能量等因素的影响，CT 值不能作为组织定性诊断的绝对依据。在临床中，CT 机可提供的 CT 值范围为－1024 HU～3071 HU，因此可以获得 4096 个不同的 CT 值，每个像素用 12 位灰度级表示。

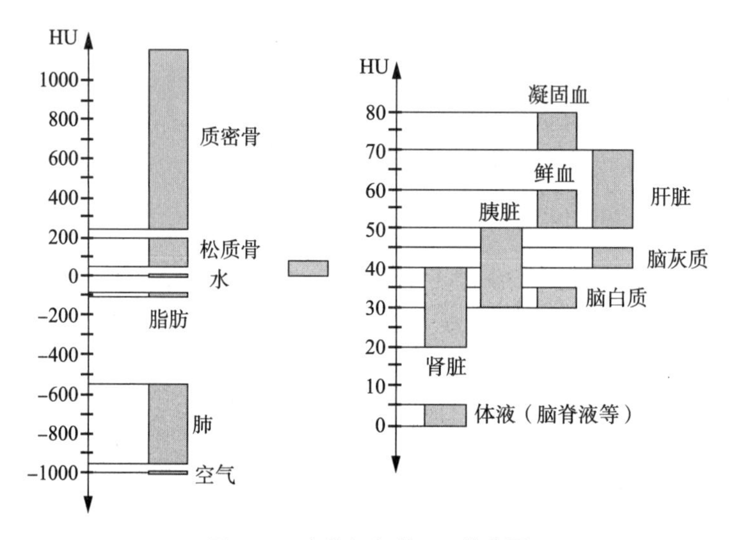

图 1-30　人体组织的 CT 值范围

四、CT 窗口技术

如前所述，人体组织的 CT 值范围为－1024 HU～3071 HU，具有很大的动态范围。而人眼通常最多能分辨 60～80 个灰阶。对于大多数的显示设备，一般仅能显示 8 位灰度级，即只能覆盖 256 个灰阶。如果用 2000 个不同灰阶来表示这 2000 个分度，则虽然图像层次多，但人眼无法观察。出于诊断目的，需要将 CT 值映射到 0～255 的灰阶范围，用特定的窗宽和窗位来实现特定的显示。这种调节窗宽、窗位的技术称为窗口技术。

1. 窗宽

窗宽表示显示的图像上所包括的灰阶的 CT 值的范围。窄窗宽显示的 CT 值范围小，每级灰阶代表的 CT 值幅度小，提供高对比度图像；反之，宽窗宽显示的 CT 值范围大，每级灰阶代表 CT 值幅度大，但却降低了图像的对比度，使密度差别较小的组织不易显示。

2. 窗位

窗位又称窗中心，是指 CT 图像上灰白刻度中心点的 CT 值。在理论上，窗位应与欲观察组织的 CT 值接近。但实际操作中需兼顾其他结构来调节适当的窗位。窗位的高低影响图像的亮度，窗位低图像亮度高呈白色；窗位高图像亮度低呈黑色。

在一幅图像上用一种固定的窗宽和窗位会难以同时观察到各种结构。窗口技术可以把难以区分的组织的 CT 值从整个范围内突出出来，然后把它们显示在整个灰度范围上，这也是获得高对比度图像的一个重要因素。

3. 线性窗

线性窗是指在灰度级内每级灰度与窗宽的 CT 值呈线性的关系，如图 1-31 所示。也就是说当保持窗宽不变、窗位变大时，原来置于全白的具有较大 CT 值的组织进入灰度显示区，原灰度显示区内具有较小 CT 值的组织将置全黑，从而整个图像变暗，这就是所谓线性窗的概念。在观察一幅图像时，窗位调为 100，窗宽调为 100，则 CT 值的范围为 50～150 的组织将被显示出来，而此时 CT 值高于 150 的组织为全白，低于 50 的组织为全黑。应用窗口技术，就可以在某一段范围内比较清晰地显示组织的 CT 值。

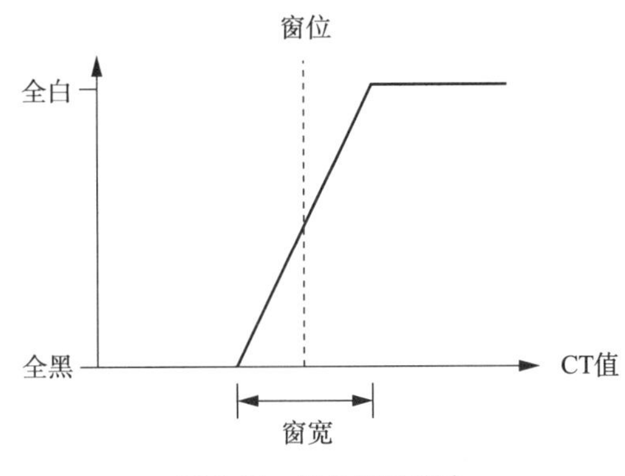

图 1-31　线性窗的概念

窗宽主要影响图像的对比度。当窗位保持不变时，增大窗宽则 CT 值的显示范围将增大，CT 值相近的组织将难以区分，如肺窗和骨窗；减小窗宽可增加图像对比度，适合观察软组织间的差别，如脑组织窗。窗位的选择主要取决于窗口是否能包含感兴趣的组织类型。当窗宽不变、窗位改变时，则 CT 值的显示范围不变，但 CT 值的显示区域改变了。为了观察高密度组织的成像，需要选择 CT 值比较高的窗位；为了观察低密度组织的成像，则选择 CT 值比较低的窗位。

第二章　CT 质量保证与质量控制基础

第一节　CT 质量保证与质量控制的基本概念

一、医学影像的质量保证与质量控制

医学影像的质量保证(quality assurance,QA)是为获得稳定的高质量的医学诊断影像，同时又使患者和医护人员受照剂量和所需费用达到合理的最低值，而采用的有计划的系统行动。质量保证计划主要包括：健全的质量保证组织领导和明确的职责分工，医护人员培训和资格考核，医学影像质量评价的标准，方法和制度，医学影像设备的质量控制方法和要求，医学影像检查过程的质量控制方法和要求，图像保存和传输中的质量控制方法和要求。

医学影像的质量控制(quality control,QC)是指通过对影像诊断设备进行性能检测和维护，以及对医学影像形成过程进行检测和校正，从而保证诊断影像的质量。在质量控制的过程中，通过检测物体影像的特征值及其允许偏差范围来评价图像的质量。

二、CT 的质量保证与质量控制

CT 在临床上的广泛应用，提高了临床诊断和治疗的效果，极大地造福了人类。但如果 CT 的图像质量差，不仅会增加患者的经济负担，还会对患者的健康带来极大的损害，如造成疾病的误诊、漏诊，或剂量过大造成患者正常组织器官的损伤等。

CT 每天长时间工作，对设备硬件和软件都会产生一些影响。CT 内部的电子器件老化，高速运转的机械磨损，X 射线管的阳极性能衰减等因素，综合起来就会导致 X 射线质量不断下降、噪声水平逐渐增加、各种误差(CT 值准确性、均匀性和一致性)加大，甚至还会产生一些图像伪影，导致定位精度和图像质量的下降。另外，若设备的操作使用人员或维修人员没有适时地进行 CT 日常的开机预热和空气校正，没有定期进行规定的维护保养并及时地排除各种小故障，没有做必要的检测校准，或者是 CT 扫描过程中的扫描参数和重建参数不恰当，都会使图像质量下降或导致剂量增加。与剂量过量使用相关的不良事件的报道也表明，有必要对 CT 进行持续的质量控制，并密切关注 CT 的辐射剂量和图像质量。

实施 CT 的质量保证与质量控制，目的就是能够确保 CT 运行安全有效，达到最佳的医疗效果，同时把对患者的辐射损伤减小到最低的程度。日常质量控制可以确保设备的正常运行，同时能够确保在图像质量达标的情况下使用最优的剂量水平。由放射科医师、医学物理师和主管 CT 技师组成的专家团队，对临床扫描序列进行研究及日常评审，有助于避免使用不必要的高剂量。

长期以来，放射医学质量曾被认为仅是放射科医师的责任，而目前已经公认是整个放射科团队的共同责任，包括合格的医学物理师、CT 技师，以及护士和其他从事相关工作的医

师。每个角色都应该在维护设备质量和确保高质量医学图像中发挥作用[9]。

1. CT 的质量保证

质量保证是一个综合性的概念，它包括 CT 影像团队的所有关于监督和管理的实践活动。通过质量保证应确保以下内容：

(1) 每次成像过程都是当前临床工作所必需的，并且是适宜的；

(2) 每次检查使用的扫描参数的组合应能恰当地解决临床问题；

(3) CT 的扫描图像要包含解决临床问题所必需的信息；

(4) 记录的信息应得到正确的解释(即诊断报告的准确)，并能够被患者的主管医师及时获得；

(5) CT 检查中，在达成临床目标的前提下，应尽可能让患者的风险降到最低。

质量保证计划包括很多方面，如效用分析、持续的教育培训、质量控制、预防性维护和设备校准。美国放射学会(ACR)建议成立质量保证委员会(QAC)来组织实施质量保证计划。作为实施质量保证程序的重要部门，该委员会负责质量保证程序的整体规划、设定目标和方向、制定规章，以及评估质量保证活动的有效性。质量保证委员会应该包含如下人员：

(1) 一名或多名放射科医师；

(2) 一名合格的医学物理师；

(3) 一名负责质量控制的技师，通常是主管 CT 技师或高级 CT 技师；

(4) 患者进行 CT 检查时相关的其他放射科人员，包括护士、服务台接待人员、医疗秘书或其他相关人员；

(5) 放射科以外的人员，包括医疗及辅助医疗人员，如相关的临床医师。

总之，任何有助于 CT 成像质量并能向患者提供帮助的人，都应当看作是质量保证委员会的一员，他们的努力会对患者的护理质量和满意度产生积极影响。

2. CT 的质量控制

质量控制是质量保证的重要组成部分。CT 的质量控制是指通过一系列不同的技术程序来保证得到高质量的诊断影像，主要包括以下 4 个程序：

(1) 对新安装或刚进行过大修的 CT 应当进行验收检测；

(2) 验收检测中还应建立 CT 设备的性能基准或者基线值，为后续的日常检测提供依据；

(3) 通过日常的质量控制检测及时发现设备性能上的改变，以免影响 CT 的图像质量；

(4) 确认 CT 设备性能发生改变的原因，并及时进行校正。

验收检测应该在新安装的设备进行患者扫描之前和设备进行大修之后进行。大修是指更换或维修主要系统部件，如 X 射线管或探测器组件。

第二节　CT 质量控制的发展与现状

本节对 CT 质量控制的发展与现状进行介绍。目前，国外对于 CT 的质量控制与检测标准有比较成熟的要求，我国也已经基本建立了 CT 质量控制相关的法规体系和技术标准。

一、国际上CT质量控制的发展与现状

自1971年世界上第一台CT正式应用于临床开始，医用CT的质量控制就受到人们的高度关注。国内外各大组织和协会都在为医用CT的质量控制做出不断地努力。1977年美国医学物理学会(AAPM)第1号报告《CT性能评价和质量保证中的模体》(Phantoms for Performance Evaluation and Quality Assurance of CT Scanners)定义了CT的技术性能参数并描述了使用特定模体进行检测的方法。后续医学物理学会又分别在多个技术报告中对CT的剂量和图像质量评价方法进行了规定。如第111号报告《CT辐射剂量评估的综合方法》(Comprehensive Methodology for the Evaluation of Radiation Dose in X-Ray Computed Tomography)和第200号报告《ICRU/AAPM CT辐射剂量模体的设计和使用:AAPM第111号报告的实施》(The Design and Use of the ICRU/AAPM CT Radiation Dosimetry Phantom:An Implementation of AAPM Report 111)中介绍了全新的CT剂量的测量方法；第233号报告《CT系统的性能评价》(Performance Evaluation of Computed Tomography Systems)对当下最新CT的性能评价方法进行了全面阐述。1996年，美国放射学会出版了《美国放射学会图像质量持续改进指南》(ACR Guide to Continuous Quality Improvement in Imaging)。这本手册概述了放射检查成功的质量管理和质量提升计划的建立过程，并提供了大量的图和表格，这些都可供执行“图像质量持续改进计划”的工作人员引用或作为参照模板，具体包括检查范围、临床和改进设备运行性能计划的项目及科室规章等。不同的工作人员在放射科质量控制中的职责不同，放射科质量控制小组负责人需要建立合理有效的质量控制计划，CT医师在CT质量保证工作中起主导作用，负责保证科室所有工作满足质量保证要求，合格的医学物理师和CT技师负责与设备相关的质量保证工作的实施。2017年美国放射学会又出版了《计算机体层摄影设备(CT)质量控制手册(2017)》(Computed Tomography Quality Control Manual(2017))，针对CT提出了如何建立完善的CT质量控制计划的流程和具体方案，详细列出了CT质量控制的检测项目及测试方法。所有通过美国放射学会认证的医疗机构都必须符合该手册的要求。国际辐射单位与测量委员会(ICRU)是国际上公认的权威学术组织，专门研究并提出关于电离辐射的量与单位，以及有关电离辐射量的测量和应用方面的技术报告，并被有关国际组织和世界各国普遍采纳。国际辐射单位与测量委员会针对放射诊断医学中的患者剂量和图像质量的评估提出了一系列的技术报告，其87号报告《CT的辐射剂量和图像质量评估》(Radiation Dose and Image-quality Assessment In Computed Tomography)中对CT的剂量和图像质量评估方法进行了全面的分析与总结。IEC(International Electrotechnical Commission，国际电工委员会)自1980年起，为统一与电气相关的国际规范而进行了大量的工作，并形成了现在世界公认的IEC规范、标准。IEC标准涵盖了与电气技术相关的各个领域。IEC针对CT的电气安全检测、验收检测和稳定性检测也提出了一系列的技术标准，标准列表参见本节第三部分。

综上所述，国外对于CT的质量保证和质量控制开展得比较好，建立了完整的质量控制标准体系。医院一般设有专门的技术部门，制定了较完善的质量控制程序，能够定期对CT设备进行性能检测和维护，同时对CT影像形成过程进行持续性的监督和校准。同时医院还设有医学影像物理师，他们掌握CT设备的设计原理和方法，可针对临床使用提出改进的

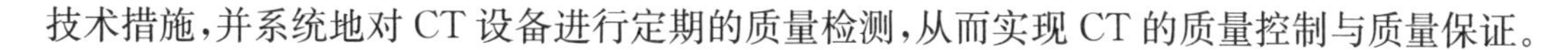

技术措施，并系统地对 CT 设备进行定期的质量检测，从而实现 CT 的质量控制与质量保证。

二、我国 CT 质量控制的发展与现状

1. 监管现状

我国医学影像质量管理起步较晚，在相关政府部门及学会的推动下，医学影像质量管理发展迅速。CT 是我国最早开展应用质量和剂量检测的大型医疗诊断设备之一，也是质量控制检测开展最完整、最全面的设备之一。1995 年卫生部令第 43 号发布了《大型医用设备配置与应用管理暂行办法》，其中第三章第十条规定："卫生部设立'全国大型医用设备应用技术评审委员会'负责大型医用设备应用安全、卫生防护、技术质量管理等评审工作。"1998 年卫生部第 18 号文件发布了《X 射线计算机体层摄影装置应用质量检测与评审规范》。这是我国关于 CT 质量控制检测与临床影像评审制定最早的技术规范。2004 年卫生部发布了《大型医用设备配置与使用管理办法》，原卫生部令第 43 号废止。2018 年国家卫健委再次发布《大型医用设备配置与使用管理办法(试行)》，代替 2004 年的管理办法。管理办法的每次变更均规定了大型医用设备的质量控制检测的内容。最新的管理办法中第五章第三十二条规定："医疗器械使用单位应当按照大型医用设备产品说明书等要求，进行定期检查、检验、校准、保养、维护，确保大型医用设备处于良好状态。大型医用设备必须达到计(剂)量准确、辐射防护安全、性能指标合格后方可使用。"

CT 作为重要的放射诊断设备，其设备管理和质量控制还应按照《放射诊疗管理规定》(卫生部令第 46 号，2005 年 6 月 2 日发布，2006 年 3 月 1 日正式实施，2016 年1 月 19 日修订)的监管要求执行。法规中也明确规定了质量保证和质量控制的内容。该法规第二十四条规定："医疗机构应当制定与本单位从事的放射诊疗项目相适应的质量保证方案，遵守质量保证监测规范。"第二十五条规定："放射诊疗工作人员对患者和受检者进行医疗照射时，应当遵守医疗照射正当化和放射防护最优化的原则，有明确的医疗目的，严格控制受照剂量。"

1998 年，国家质量技术监督局和卫生部发布了适用于 CT 验收检测和运行中的状态检测的国家标准 GB/T 17589—1998《X 射线计算机断层摄影装置影像质量保证检测规范》，最新的版本已经更新到 2011 版，标准号变更为 GB 17589—2011，由原来的推荐性标准转化为强制性标准。随着 CT 的不断更新换代，2019 年，国家卫健委颁布了卫生行业标准 WS 519—2019《X 射线计算机体层摄影装置质量控制检测规范》，该标准在 GB 17589 的基础上修订而成，是当前最新的 CT 质量控制技术规范。2020 年国家市场监督管理总局和国家标准化管理委员会发布 GB 9706.244—2020《医用电气设备　第 2-44 部分：X 射线计算机体层摄影设备的基本安全和基本性能专用要求》，该标准是主要针对 CT 设备的安全标准，代替 GB 9706.18—2006，并将于 2023 年 5 月 1 日起实施。CT 作为医用辐射源，我国也对其出台了相应的计量检定规程，最初版本为 JJG 961—2001《医用诊断计算机断层摄影装置(CT)X 射线辐射源》，由国家质量监督检验检疫总局颁布实施。2007 年出台的 JJG 1026—2007《医用诊断螺旋计算机断层摄影装置(CT)X 射线辐射源》对螺旋 CT 的计量检定进行了规范。在之前的基础上，结合当前最新的 CT 检测校准技术，2017 年我国颁布实施了 JJG 961—2017《医用诊断螺旋计算机断层摄影装置(CT)X 射线辐射源》。

军队也相应成立了大型医疗设备检测中心,负责全军医疗系统大型医用设备的质量控制检测。总后卫生部于1999年发布了《X射线计算机体层扫描系统应用质量检测与评审规范(试行)》,后来于2003年发布了正式版本。

上述这些标准和规范给CT的质量控制检测提供了相关依据。

2. CT的质量控制检测分类

在我国,CT的质量控制检测包括使用前的验收检测、定期的状态检测和日常的稳定性检测。

(1) 验收检测是医学影像设备安装完毕或进行重大维修后,为鉴定其影响影像质量的性能指标是否符合规定值而进行的检测,可委托具有检测资质的第三方完成,如医院具备相应的技术能力,也可由医院自己执行。验收检测方法可选用状态检测方法或医疗器械主管部门规定的方法,当两种方法检测结果不一致时,以后者为准。

(2) 状态检测是为评价设备状态而进行的检测,通常由具有检测资质的第三方机构完成,医学影像设备应每年进行至少一次状态检测。稳定性检测结果与基线值的偏差大于控制标准,又无法断定原因时也应进行状态检测。状态检测方法与验收检测方法相同时,验收检测数据可作为首次状态检测的依据;同时,应在验收检测后,立即进行首次状态检测。

(3) 稳定性检测是为确定医学影像设备在给定条件下形成的影像相对于一个初始状态的变化是否符合控制标准而进行的检测,通常由医院自己执行;对医学影像设备及影像形成过程应进行稳定性检测,稳定性检测的条件应严格保持一致,各次检测的结果应有可比性。

3类不同的CT检测的详细对比见表2-1。

表2-1 3类CT检测的对比

对比项目	验收检测	状态检测	稳定性检测
目的	验收性能应与订货合同规定相符	确定性能水平	检测性能稳定性
特点	全面测量参数	测量关键参数	相对测量(非绝对值)
频率	安装或改型后	定期检测,或产生疑问时	经常检测
责任	制造商、用户及代理人	制造商、用户及代理人	用户及代理人
制定参与人员	使用方与生产商工程师	使用方与生产商工程师	设备使用和操作人员

值得注意的是,在上述检测方法的应用中,我国与国外有所不同。我国的状态检测是一种强制性的状态检测,而国外的状态检测是一种当需要对稳定性检测结果进行状态确认时才实施的一种检测。国外的状态检测只有在稳定性检测的结果表明CT存在设备问题时,才由用户向有关机构提出申请,进行状态检测,对不合格的参数进一步确认。这是一种自觉的行为,其目的是为了确认CT存在的问题,然后由使用者根据状态检测结果做出处理意见,所以只要保证稳定性检测结果合格,就可不进行状态检测。这是由于CT在国外应用较为普遍,用户已积累了丰富的经验,对CT实施稳定性检测已成为自觉行为。

3. 存在的问题

目前我国医用CT数量每年正以快速大幅递增态势在发展,临床应用也越来越广泛,因此CT的设备质量水平对于医院的医疗安全有着举足轻重的影响。目前来看,我国CT质量保证和质量控制，主要由质量监督管理部门和卫生部门来监督执行，但医院的日常质量控制工作做得还远远不够，尚未建立完整的质量控制体系。具体表现在，监管部门能够较好地执行CT的验收检测和年度状态检测，但医院的日常稳定性检测水平还有待提高，与之相关的校准和维护也需要改进。造成这样的结果的原因很多。一是医院对质量保证和质量控制的重视不够，没有认识到日常质量控制对于临床诊断工作的重要意义，往往认为通过年度的质量检测就能够保证CT的设备质量安全。二是医院没有建立完整的质量控制体系。目前在用CT设备品牌、型号繁多，而医院对在用CT的企业生产质量标准信息了解有限，同时又缺乏实用可行的技术支撑和质量规范，使得设备的质量控制处于被动和盲目状态。三是医院的质量控制人员和质量控制设备明显不足，不具备开展日常质量控制的技术能力，基层医院由于技术力量薄弱，质量状况更加堪忧。四是因为我国还没有完善的医学物理师制度，放射科室没有医学影像物理师的岗位，而医学影像物理师是保证实施质量控制工作的重要因素。此外，还有调查发现，有些医院通过购买维保的方式实现CT设备质量控制，但往往是花了钱却没有真正买到质量保证。设备的预防性维护服务没有实质性内容，能做到的只是故障性维修。其原因一方面是医院的设备质量控制人员不足，另一方面是维保单位缺乏开展质量控制的能力和标准，尤其是第三方维修人员的质量控制装备和技术能力存在较多的问题[10]。因此，我国的CT质量控制工作还有待于进一步加强，其中建立完整的质量保证体系以及统一的检测标准尤为重要。

三、CT质量控制检测的相关标准

IEC自1980年起，为统一与电气相关的国际规范而进行了大量的工作，并形成了现在世界公认的IEC规范、标准。IEC标准涵盖了与电气技术相关的各个领域。针对CT的质量控制检测的主要标准如下：

IEC 60601-1：2005＋AMD1：2012＋AMD2：2020 CSV《医用电气设备　第1部分：安全通用要求和基本准则》(Medical electrical equipment—Part 1：General requirements for basic safety and essential performance)

IEC 60601-1-2：2014《医用电气设备　第1-2部分：基本安全和基本性能的通用要求　附属标准：电磁干扰　要求和测试》(Medical electrical equipment—Part 1-2：General requirements for basic safety and essential performance—Collateral Standard：Electromagnetic disturbances—Requirements and tests)

IEC 60601-1-3：2013《医用电气设备　第1-3部分：基本安全性和基本性能的通用要求　附属标准：X射线诊断设备的辐射防护》(Medical electrical equipment—Part 1-3：General requirements for basic safety and essential performance—Collateral Standard：Radiation protection in diagnostic X-ray equipment)

IEC 60601-2-28：2017《医用电气设备　第2-28部分：医疗诊断用X射线管组件的基本安全和基本性能的特殊要求》(Medical electrical equipment—Part 2-28：Particular requirements for the basic safety and essential performance of X-ray tube assemblies for medical diagnosis)

IEC 60601-2-44：2009＋AMD1：2012＋AMD2：2016《医用电气设备　第2-44部分：计算机断层摄影用X射线设备的基本安全和基本性能的特殊要求》(Medical electrical equipment—Part 2-44:Particular requirements for the basic safety and essential performance of X-ray equipment for computed tomography)

IEC 61223-1:1993《医用成像部门的评价及例行试验 第1部分:一般性质》(Evaluation and routine testing in medical imaging departments—Part 1:General aspects)

IEC 61223-2-6:2006 Ed.2.0《医用成像部门的评价和例行试验 第2-6部分:计算机断层X射线设备成像性能的稳定性试验》(Evaluation and routine testing in medical imaging departments—Part 2-6: Constancy tests imaging performance of computed tomography X-ray equipment)

IEC 61223-3-5:2019《医用成像部门的评价及例行试验 第3-5部分:验收试验和恒定试验计算机断层摄影X射线设备的成像性能》(Evaluation and routine testing in medical imaging departments—Part 3-5: Acceptance and constancy tests-Imaging performance of computed tomography X-ray equipment)

目前,国内执行的CT质量检测标准主要是国家强制性标准(GB),国家计量检定规程(JJG),医药行业标准(YY)、卫生行业标准(WS)和国家职业卫生标准(GBZ)。涉及医用X射线计算机体层摄影设备的现行有效的标准如下:

GB 9706.1—2020《医用电气设备 第1部分:基本安全和基本性能的通用要求》(2023年即将实施)

GB 9706.12—1997 《医用电气设备 第一部分:安全通用要求 三、并列标准 诊断X射线设备辐射防护通用要求》

GB 9706.14—1997 《医用电气设备 第2部分:X射线设备附属设备安全专用要求》

GB 9706.15—2008 《医用电气设备 第1-1部分:通用安全要求 并列标准:医用电气系统安全要求》

GB 9706.18—2006 《医用电气设备 第2部分:X射线计算机体层摄影设备安全专用要求》

GB 9706.244—2020 《医用电气设备 第2-44部分:X射线计算机体层摄影设备的基本安全和基本性能专用要求》

GB 17589—2011 《X射线计算机断层摄影装置质量保证检测规范》

GB/T 19042.5—2006 《医用成像部门的评价及例行试验 第3-5部分:X射线计算机体层摄影设备 成像性能验收试验》

JJG 961—2017 《医用诊断螺旋计算机断层摄影装置(CT)X射线辐射源》

YY 0505—2012 《医用电气设备 第1-2部分:安全通用要求 并列标准:电磁兼容要求和试验》

YY/T 0310—2015 《X射线计算机体层摄影设备通用技术条件》

YY/T 0291—2016 《医用X射线设备环境要求及试验方法》

WS 519—2019 《X射线计算机体层摄影装置质量控制检测规范》

GB/Z 130—2020 《放射诊断放射防护要求》

第三节 CT 质量控制程序的建立

质量控制是质量保证不可缺少且最具体的组成部分。如前所述,CT 的质量控制是指为了保证得到高质量的诊断影像而采取的一系列不同的技术程序。质量控制应当是持续进行的,而不应是断断续续的。制定一个有效的 CT 质量控制程序是保证质量控制持续进行的必要措施。有效的 CT 质量控制程序并不能避免出现问题,但能够在造成影响临床的严重后果之前及时发现问题。放射科工作人员(包括医师、技师、物理师)必须严格按照 CT 质量控制程序落实每一项内容,才能及时发现系统性能的改变。CT 的质量问题可能突然出现或逐渐显现,虽然有些质量问题能够在常规临床工作中发现,但是,更多、更细微的质量改变则需要依靠定期的质量控制检测才能发现。CT 质量控制程序提供了一个参考框架,在这个框架中,可以发现、隔离、解决非常细微的问题。因此建立一个合适的 CT 质量控制程序尤为重要。

一份有活力并且合适的质量控制程序应明确不同人员的职责,如放射科医师负责确保所有质量保证的要求得到满足;医学物理师负责监督所有与设备相关的质量保证措施;负责质量控制的技师(或技术员)应当接受过专门质量控制培训,并负责执行相应的质量保证活动。

质量控制方案中还应包括制定文档化的质量控制程序,并规定进行质量控制检测的项目和周期。一个合格的医疗物理师必须负责监督设备的质量控制程序的执行,并在设备安装和日常质量控制中监测设备性能。

由于美国放射学会制定的《计算机体层摄影设备(CT)质量控制手册》在世界范围内得到了广泛认可,本书将依据该手册的内容对不同人员在 CT 质量控制中的职责要求进行介绍,为建立合理的 CT 质量控制程序提供参考。当前,我国 CT 的质量控制尚未得到全面普及,医院放射科也并无专职的医学物理师,可根据实际情况对质量控制中的人员分工进行调整,如由放射科的工程师或技师承担物理师的职责。

一、CT 医师的职责与作用

1. 主管放射医师的主要职责

主管放射医师的主要职责是优化患者剂量,包括以下几个方面:

(1) 召集一个 CT 扫描协议审查和管理团队,由主管放射医师、医学物理师和首席 CT 技师组成,他们将设计和审查所有新的或修改过的 CT 协议设置,以确保图像质量和辐射剂量是合适的。

(2) 在任何新的 CT 临床协议设计过程中,制定典型的内部辐射剂量阈值,如:$CTDI_{vol}$(volume CTDI,容积 CT 剂量指数)和 DLP(dose-length product,剂量长度乘积)。

(3) 当估计的剂量值超出任何常规临床检查的相关阈值时,应当采取措施,确保患者安全,降低未来潜在的风险。

(4) 制定对所有 CT 临床协议的审查程序,以确保没有出现可能降低图像质量或不合理的剂量增加等意外更改。审查的频率必须符合相应的法律法规。因为协议的审查是一项耗时的工作,如果没有特别的法规要求,CT 扫描协议审查和管理团队进行协议评审的周期应不大于 24 个月。评审应包括自上次评审以来添加的所有新协议。然而,最好的做法是至少每年对最常用的协议审查一次。

(5) 建立一项制度,以保证 CT 剂量估计的界面选项不被禁用,并在进行检查阶段显示剂量信息。

2. 主管放射医师的附加职责

主管放射医师应与医学物理师合作,建立有利于 CT 质量控制的良好环境,包括以下几点:

(1) 为 CT 技师提供充分的培训和继续教育,包括关注患者安全的培训。

(2) 依据仔细制定的程序手册,为 CT 技师提供一个指导性程序。

(3) 选择一名技师作为主要质量控制技术人员,执行预定的质量控制检测。

(4) 为执行质量控制检测的技师(或技术员)提供适当的培训、测试设备和材料。

(5) 安排好人员和时间表,以便有足够的时间进行质量控制检测,并记录和解释结果。

(6) 至少每 3 个月对质量控制的测试结果进行评审,或指派有资格的人员对其进行评审。如未能获得一致性的结果,则应增加评审的频率。

(7) 监督或指定一个合格的人来监督安全防护程序,确保工作人员、病人和周围地区的其他人员的安全。

3. CT 诊断医师的职责

放射科的所有 CT 诊断医师(即阅片医师)在 CT 质量控制中的责任包括以下几点:

(1) 确保执行已建立的协议;

(2) 当解释质量低劣的影像时,遵循本医疗机构的校正程序;

(3) 参与本医疗机构的质量改进计划;

(4) 根据当地法规,向所在医疗机构提供当前有效的资格认证。

4. 放射医师在 CT 质量控制中的主导作用

放射医师在 CT 质量控制中的主导作用包括以下几点:

(1) 从事 CT 检测的放射医师必须对本机构 CT 质量和质量保证程序的有效实施负有首要责任。当团队完成高质量工作时,通常能反映出放射医师的尽职尽责。从事质量控制检测的人员应知道,放射医师是了解质量控制程序的,并且对结果感兴趣。同时,放射医师需要阶段性回顾检测结果及其趋势,并在发现问题时提供指导。

(2) 放射医师必须确保有充足时间用于质量控制程序,虽然大部分检测需要很短时间,但必须保证此项任务列入每天的时间表。

(3) 为了保证质量控制检测执行的稳定性,必须为每个 CT 系统配备固定的技术人员。由一组技术人员轮流承担的做法是不可取的,它会对所测项目引入外来的变量结果。

(4) 一名医学物理师/CT 技师(或一位称职的人员)应该管理每一台 CT 的质量控制程序,执行作为医学物理师质量控制检测所规定的测试程序以及监督 CT 技师的质量控制工作。在缺少医学物理师/CT 技师的地方,放射医师应承担监管 CT 质量控制程序的工作。

(5) 放射医师要对其指导下产生的 CT 图像质量负最终责任,同时还应对 CT 是否能够开展合理的质量控制检测和质量保证程序负最终责任。

二、CT 技师的职责

CT 技师在质量控制中的职责主要与图像质量相关，通过控制患者的摆位、图像的扫描以及图像的显示（包括图像的软拷贝和硬拷贝，硬拷贝指胶片的打印）等因素确保图像质量。负责质量控制工作的 CT 技师实施日常的质量控制检测并做好检测记录，包括每天、每周、每月的检测。表 2-2 描述了应当实施的质量控制项目、实施项目的最小频率及完成每个项目预计需要的时间。如果日常质量控制检测出现问题，CT 技师应增加特定检测项目的频次，确定问题的原因，并启动相应的纠正措施。如果 CT 系统经过大修、升级或是呈现不稳定状态，也应该增加上述检测的频次。CT 技师也是 CT 临床协议的审查管理团队的关键成员，负责开发和审查所有新的或修改过的扫描协议设置，以确保图像质量和辐射剂量是合适的。

表 2-2　CT 技师的质量控制检测实施计划表

质量控制项目	实施的最小频率	预计时间/min
水的 CT 值与噪声（标准偏差）	每天	5
伪影的评估	每天	5
湿式激光打印机质量控制	每周（如果使用胶片作为主要的诊断依据）	10
可视性检查	每月	5
干式激光打印机质量控制	每周（如果使用胶片作为主要的诊断依据）	10
显示器的灰度性能	每月	5

三、CT 物理师的职责

为了保证得到高质量的 CT 诊断图像，不仅需要 CT 医师和 CT 技师的努力，还需要 CT 物理师的配合。CT 物理师应每年进行质量控制检测。检测的目的是确保 CT 在各个方面都按照设定的方式运行，并帮助确保 CT 得到最佳利用。按照美国放射学会的设计，尽管设备制造商的服务工程师会定期进行保养维护，确保系统的性能符合制造商的规格，CT 技师负责定期执行规定的校准和质量控制即可，但 CT 物理师是唯一有资格执行某些特定的测试程序并分析数据，然后确定特定成像问题所在的人员。CT 物理师能够在设备技术问题和临床图像质量之间架起一座桥梁。物理师负责的检测应能够在临床图像出现不可接受的质量变差之前发现设备故障。物理师还应负责通过检测确定不正常图像的产生是由扫描程序的控制导致的还是由设备故障导致的。

CT 物理师的职责与设备的性能息息相关，包括图像质量和患者安全。CT 物理师在 CT 设备安装完成后应进行一次全面的设备性能检测，之后每年应至少进行一次年度检测。当 CT 设备进行大修或升级后，CT 物理师还应重新进行相应的检测。CT 物理师具体负责的检测项目见表 2-3。

表2-3 CT物理师负责的CT检测项目

检测项目	频率
临床扫描协议评审	每年
定位像和定位光精度	每年
图像层厚(轴向扫描模式)	每年
诊断床运动精度	每年
射线宽度	每年
低对比度分辨力	每年
空间分辨力	每年
CT值准确性	每年
伪影评估	每年
CT值均匀性	每年
剂量指数	每年
CT显示器校准	每年

CT物理师的职责还应包括以下内容:

(1) 基线值测量并设定允许的误差限值

CT物理师负责进行CT设备的基线值的测量。CT物理师同时应为负责质量控制的CT技师开展日常质量控制确定性能标准,即为日常质量控制的结果设定可允许的“限值”。该限值确定了设备处于良好的工作状态时各性能指标的正常值范围。因安装时间、适用范围等不同,每台CT的技术性能可能相差较大,其性能指标的限值可能也存在差别。如果超过限值,则必须要采取纠正措施。纠正措施通常包括:①检查检测方法与流程是否已经严格按照标准要求执行,如:模体摆放、位置对准等。②检查扫描参数设置是否正确。在使用扫描机制造商的模体时,应与扫描机制造商推荐的扫描参数保持一致。③如果经过多次确认,检测结果依然有问题,应立即暂停使用并尽快联系制造商售后服务部门进行维修。④应分析对之前工作的影响,必要时应启动召回程序以及启动不良事件程序。

在年度审查期间,CT物理师还应检查CT技师执行常规质量控制检测的记录。在完成年度审查和表2-3规定的检测项目后,CT物理师还应就设备性能的改进或质量控制过程的改进提出建议。

(2) 设备购置规范及验收检测

不同制造商们的CT具有不同的产品特性。由于CT的复杂性,在购买之前评价其质量可能存在困难。可以通过制定购置规范的方式来确保新设备的质量。制定设备购置规范之前,通常需要制造商提供详细的产品技术特性和性能规格。然后,再根据制造商提供的技术规格来确定要购买的设备。购置规范有向制造商描述买方所需的设备类型的作用,同时,购置规范中提供的量化的性能指标还可以作为CT验收检测时的依据。

CT验收检测在得到满意的性能结果后才能签收。验收检测的主要目的是确定CT是否能够达到制造商提供的文档中所述的技术规格。验收检测应由经验丰富的医学物理师执行。检测中，应使用制造商指定的测试模体和测试程序，这样才能将检测中的测量值与制造商的规定值进行比较。当然，测试模体和测试程序也必须符合 IEC 标准。

验收检测可以为日后进行持续的质量控制建立基线值。建立基线值的目的，就是为之后每日、每周、每季度或每年的质量控制提供参考值。医学物理师应根据日常质量控制需要选取验收检测中的部分技术指标建立基线值。如果验收检测的项目并不能涵盖全部日常质量控制，那么医学物理师还可以根据质量控制的需要，在验收检测中增加额外的检测项目，这样做可以更好地建立基线值[10]。

第三章　CT 质量控制的主要技术参数及检测方法

质量控制是质量保证的重要组成部分，是 20 世纪 80 年代在国外兴起的一门理、工、医相结合的新技术。质量控制的范围从普通 X 射线机逐渐扩展到 CT、磁共振（MR）等大型医用影像设备。质量控制检测基于医学物理学和医学影像学的基本原理，借助检测仪器，如 X 射线剂量仪、各种模体和测试物等，对影像设备的各项性能参数（技术指标）进行定量检测。检测过程主要是在临床应用条件下对模体进行直接成像或扫描采集影像学数据，用物理学、影像学方法，借助专门软件作数据分析和图像处理分析，考查各项性能指标的测量值相对于基准值或标称值的偏差程度，确定设备是否合格，并对设备故障或性能参数的明显变异提出校准、维修要求或其他处理意见。

CT 的质量控制检测技术以坚实的学科理论为基础，已经形成一套严格的规范化的检测方法体系和流程，具有定量化、精度高、重复性好和非介入性等特点，能准确快捷地检查出设备的性能或质量问题。实施 CT 的质量控制检测主要有如下作用：

（1）保证 CT 设备性能可靠，优化影像数据，有助于提高诊断的准确性；

（2）通过对 CT 剂量进行检测，减少照射剂量，维护患者和工作人员的健康；

（3）通过周期性的检测，及时发现由于设备性能改变而引起的潜在故障，避免因小毛病积累而造成设备的严重受损，有利于提高设备的完好率与使用效益；

（4）通过验收检测，对 CT 设备的质量把关，确保 CT 设备符合生产厂家的技术规范，确保用户得到性能可靠的设备。

本章介绍 CT 质量控制的主要技术参数及检测方法，包括：CT 剂量、图像质量、X 射线质、机架与诊断床定位精度、自动曝光控制、泄露辐射、电气安全等几个部分。本章重点对 CT 性能指标的检测技术进行介绍，对于安全方面的检测仅涉及基本电气安全，并未全面展开，如需进一步了解 CT 的机械安全、激光使用安全、辐射安全等信息，请参考相关的国家标准或 IEC 标准。随着 CT 技术的不断进步，CT 检测技术也在不断地演化发展。本章对近年出现的 CT 质量控制检测新方法也进行了介绍，如多排螺旋 CT 的剂量检测、空间分辨力的定量分析方法以及利用 NPS（noise power spectrum，噪声功率谱）表示图像噪声等，这些新的检测方法虽然尚未在日常质量控制中得到广泛应用，但由于其客观性和准确性，能够对 CT 的性能参数进行更全面的评估，在未来有非常广的应用前景。

第一节 CT剂量

一、概述

进入21世纪之后,CT技术得到了快速发展,多排探测器CT的广泛应用,使得CT扫描时间显著缩短,产生了更多新的临床应用,如心脏CT、CT灌注成像和儿科CT等[11]。临床上更广泛的应用也直接导致了CT检查数量的巨大增长。美国国家辐射防护委员会(NCRP)的160号报告(2009年)表明,在过去的30年里,美国的平均电离辐射剂量增加了72%,其中相当大的部分是因为CT的广泛应用贡献的。因此,CT剂量也受到更广泛的关注,对其进行准确测量显得尤为重要[12]。

CT剂量测量根据目的不同一般分为以下几类:①CT验收检测和质量控制中的CT剂量测量。②评估或比较不同扫描序列中病人接受的剂量水平。③测量特定病人在CT检查中实际接受的剂量。④对不同机构的大量病人的CT受照剂量进行大范围的监测。不同测量目的对应的测量方法也不尽相同,本节主要对验收检测和质量控制中的CT剂量测量方法进行讨论。以此为目的的CT剂量测量又包括以下几个方面:一是保证在相同的扫描条件下,CT产生的剂量(通常用空气比释动能表示)在相同水平,同时还应与设备厂商提供的技术规范保持一致。二是通过周期性的剂量检测,确保CT产生的剂量水平在日常使用中不发生改变,尤其是在更换X射线管后。三是使用不同尺寸、不同组成的模体进行剂量测量,对CT扫描参数进行优化。四是按照CT适用的标准或技术规范对CT剂量进行测量,确保CT剂量符合标准要求[11,12]。

近年来,随着CT技术的发展,对CT剂量测量技术的研究得到了广泛的开展,也提出了一些新的CT剂量测量方法[13,14],如美国医学物理学会第111号报告中提出的平衡剂量D_{eq}的测量方法。但目前最广泛应用的CT剂量测量技术仍然是基于CTDI(CT dose index,CT剂量指数)的测量方法。该方法于20世纪80年代提出并用于CT剂量测量,至今已有30多年的历史。其被IEC采用,多年来在世界范围得到了广泛应用。我国的国家标准和计量系统也引用IEC方法进行CT剂量测量。本节对不同的CT剂量测量方法进行介绍,首先介绍基于CTDI的测量原理和方法,然后对平衡剂量D_{eq}的测量进行介绍,并与CTDI进行对比,最后对CT检查中可能影响CT剂量的因素进行说明。

二、基于CTDI的剂量检测方法

(一)多层扫描平均剂量(MSAD)

理论上,对于以步进方式进行的单次CT扫描,几乎全部的X射线辐射剂量被限制在标称层厚T的一个薄的横截面内;但是由于散射辐射的影响,剂量也扩展到标称成像层面之外的组织。这就导致了CT剂量分布曲线是沿着z轴(垂直于扫描横断面)方向的一条钟形的剂量分布曲线,如图3-1所示。当进行多个层面扫描时,每个层面的剂量曲线均可以用一个钟形曲线来表示,多个层面的剂量曲线叠加,将导致平均剂量比单个层面的中心点剂量增高，如图 3-2 所示。实际临床上很少使用单个层面扫描，所以，剂量是所有多个扫描层面的剂量之和。为了评估多层扫描的剂量，1981 年肖普(Shope)提出 CT 剂量用 MSAD (multiple-scan average dose，多层扫描平均剂量)表示，其定义如下。

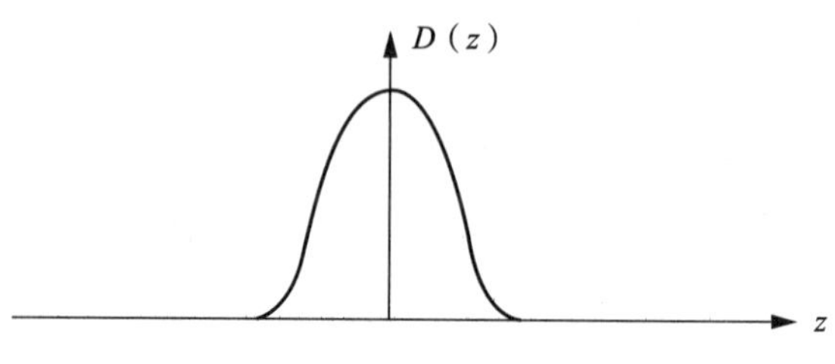

图 3-1 单层面 CT 扫描的剂量曲线

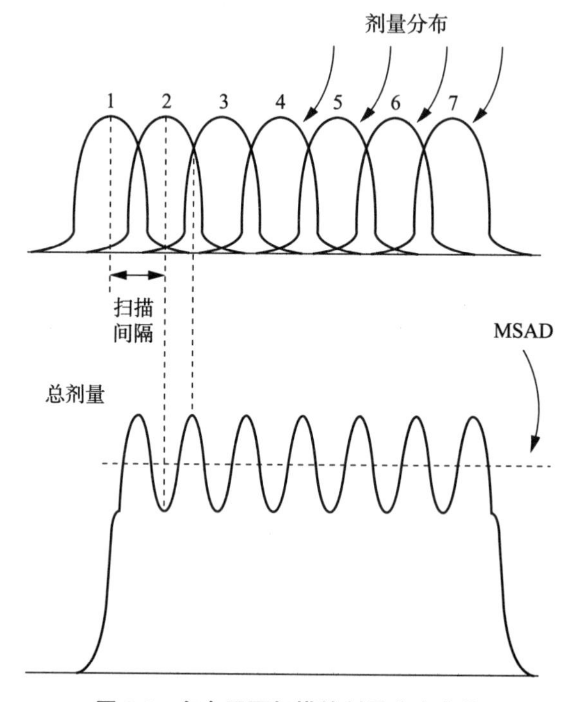

图 3-2 多个层面扫描的剂量分布曲线

对于 N 个扫描系列，每个层厚为 T，连续扫描层面之间有固定的层间距 I，则在中央层面上的平均剂量称为 MSAD，单位为 mGy。见公式(3-1)。

$$\mathrm{MSAD}=\frac{1}{I}\int_{-\frac{I}{2}}^{+\frac{I}{2}} D_{NI}(z)\mathrm{d}z \tag{3-1}$$

式中：

$D_{NI}(z)$——空气比释动能沿 CT 扫描长轴方向的位置 z 的函数；

z——CT 扫描长轴方向的位置。

MSAD 与 CTDI 有一定关系，如果层面数目足够多，使在一系列扫描层面的第一层和最后一层所产生的剂量对中央层面的剂量贡献可以忽略的话，则：

$$\mathrm{MSAD}=\frac{T}{I}\mathrm{CTDI} \tag{3-2}$$

如果层厚(T)与层间距(I)相等，则 MSAD=CTDI[15]。

（二）CT 剂量指数（CTDI）

由于 MSAD 是多个扫描层面的平均，在实际测量中不易操作，于是提出了 CT 剂量指数的概念。目前通用的 CT 剂量描述方法就是用 CTDI 来表示。CTDI 是由美国食品药品监督管理局(FDA)首先提出的，其定义也在不断地发展变化，经历了几个关键的阶段。CTDI 的定义如下：

$$\mathrm{CTDI}_{\infty}=\frac{1}{N\times T}\int_{-\infty}^{+\infty}D(z)\,\mathrm{d}z \tag{3-3}$$

式中：

$D(z)$——剂量模体中的空气比释动能沿 CT 扫描长轴方向的位置 z 的函数；

T——CT 扫描的标称层厚；

N——单独一次扫描中产生的断层图像数目。对于单排探测器的 CT，$N=1$，对于多层螺旋 CT，N 为扫描中实际使用的探测器排数。

实际测量中，应规定一个在 z 方向足够长的积分区间，使得积分区间能够包含大部分的散射剂量。美国食品药品监督管理局和美国放射卫生中心(CDRH)将 CTDI 定义为 14 个切片厚度的平均剂量。见公式(3-4)。

$$\mathrm{CTDI}_{\mathrm{FDA}}=\frac{f_{\mathrm{SI}}}{N\times T}\int_{-7T}^{7T}D(z)\,\mathrm{d}z \tag{3-4}$$

美国食品药品监督管理局的定义中 $\mathrm{CTDI}_{\mathrm{FDA}}$ 是对模体中吸收剂量的积分，而对于 CT 剂量测量中的电离室，通常将测量结果校准为空气比释动能。因此，使用美国食品药品监督管理局的定义时要将空气比释动能转换为模体中的吸收剂量，f_{SI} 即为转换系数[12]。其定义见公式(3-5)。

$$f_{\mathrm{SI}}=\frac{\overline{\{\mu_{\mathrm{en}}/\rho\}_{\mathrm{medium}}}}{\overline{\{\mu_{\mathrm{en}}/\rho\}_{\mathrm{air}}}} \tag{3-5}$$

式中 $\overline{\{\mu_{\mathrm{en}}/\rho\}_{\mathrm{medium}}}$ 表示模体的质能吸收系数，$\overline{\{\mu_{\mathrm{en}}/\rho\}_{\mathrm{air}}}$ 表示空气的质能吸收系数。

对于 CT 中使用的典型能量水平，空气比释动能转化为 PMMA(polymethyl methacrylate，聚甲基丙烯酸甲酯)模体中的吸收剂量，f_{SI} 的值一般为 0.90。这里需要注意，吸收剂量测量是美国食品药品监督管理局所特有的，实际上如今常用的 CTDI_{100} 和 $\mathrm{CTDI}_{\mathrm{vol}}$ 等均是基于空气比释动能的测量，但仍然称为剂量指数。$\mathrm{CTDI}_{\mathrm{FDA}}$ 的积分长度为 $\pm 7N\times T$，其局限性是对于不同的标称层厚 T 积分长度是不同的，如：对于 3 mm 的层厚，积分长度为 42 mm；而对于 10 mm 层厚，则积分长度为 140 mm。随着 CT 扫描层厚越来越薄，$\pm 7N\times T$ 的积分长度也越来越短，无法真实反映 CT 剂量，故之后对 CTDI 的定义进行了改进。此外，$\mathrm{CTDI}_{\mathrm{FDA}}$ 因为积分长度不固定，所以无法使用固定长度的笔形电离室进行测量，一般采用热释光剂量计(TLD)叠加的测量方法[12]。

（三）$CTDI_{100}$

1. $CTDI_{100}$的定义

随着CT扫描层厚越来越薄，$CTDI_{FDA}$不能够准确表示CTDI测量中的散射线的影响，又提出了$CTDI_{100}$的概念。$CTDI_{100}$将CTDI的积分区间定义为扫描长轴方向距离扫描层面－50 mm～＋50 mm的范围内，即将CTDI的积分区间修正为100 mm的总长度(有限积分，不考虑层厚值的大小)。其表达式见公式(3-6)。

$$CTDI_{100}=\frac{1}{N\times T}\int_{-50\ \mathrm{mm}}^{+50\ \mathrm{mm}}D(z)\mathrm{d}z \tag{3-6}$$

与$CTDI_{FDA}$相比，$CTDI_{100}$直接对空气比释动能进行积分，积分区间不随扫描层厚的变化而变化，因此可以很方便地使用100 mm长的笔形电离室进行测量。通常，头部$CTDI_{100}$的测量在直径160 mm、长度150 mm的圆柱形剂量模体中进行，体部$CTDI_{100}$的测量在直径320 mm、长度150 mm的圆柱形剂量模体中进行[16,17]。

2. $CTDI_{100}$的发展与改进

随着CT技术的发展，CT探测器在z方向的宽度越来越宽，传统的$CTDI_{100}$的定义并不适用于宽束探测器CT的剂量测量，尤其是当探测器的宽度超过CT电离室长度和模体长度时[18]。IEC 60601-2-44:2009中对$CTDI_{100}$的定义进行了修正，具体见公式(3-7)。

$$CTDI_{100}=\int_{-50\ \mathrm{mm}}^{+50\ \mathrm{mm}}\frac{D(z)}{\min\{N\times T,100\ \mathrm{mm}\}}\mathrm{d}z \tag{3-7}$$

与之前$CTDI_{100}$的定义相比，公式中的分母不再是标称的射束宽度$N\times T$，而是取$N\times T$和100 mm之间较小的值。即当标称的射束宽度$N\times T$小于笔形电离室的积分长度时，保持原定义的计算方式不变，当标称的射束宽度$N\times T$大于笔形电离室的积分长度时，$CTDI_{100}$定义中不再是除以$N\times T$，而是除以100 mm。相关研究表明，将该方法测量结果与用300 mm长的笔形电离室在350 mm长的剂量模体中的测量结果进行了对比(后者的测量结果更接近真实值)，结果偏差在10%之内。可见修正后的公式对于宽束探测器CT的剂量计算准确度明显提高。该方法仍然使用100 mm电离室在150 mm长的圆柱形剂量模体中进行测量，没有考虑模体外区域的散射剂量的影响。

为了克服上述方法存在的缺点，$CTDI_{100}$在IEC 60601-2-44:2009＋AMD1:2012＋AMD2:2016 CSV中再次进行了改进，其定义修订如下:对一个单次断层扫描产生的沿着体层平面垂直线剂量从－50 mm～＋50 mm的积分除以体层切片数N和标称体层切片厚度T的乘积。

对于$N\times T$小于等于40 mm的射束宽度，见公式(3-8)。

$$CTDI_{100}=\int_{-50\ \mathrm{mm}}^{+50\ \mathrm{mm}}\frac{D(z)}{N\times T}\mathrm{d}z \tag{3-8}$$

式中:

$D(z)$——沿着与体层平面垂直的方向(z轴)的剂量分布(以$z=0$为中心)，这个剂量分布是在PMMA模体中测量的，但是按照空气吸收剂量给出的;

N——X射线源在单次断层扫面中产生的体层切片数;

T——标称体层切片厚度。

对于$N\times T$大于40 mm的射束宽度(测量过程中除准直器设置外，其余所有CT运行条件均保持相同)，见公式(3-9)。

$$\mathrm{CTDI}_{100}=\int_{-50\ \mathrm{mm}}^{+50\ \mathrm{mm}}\frac{D_{\mathrm{ref}}(z)}{(N\times T)_{\mathrm{ref}}}\mathrm{d}z\times\frac{\mathrm{CTDI}_{\text{free-in-air},N\times T}}{\mathrm{CTDI}_{\text{free-in-air},\mathrm{ref}}} \tag{3-9}$$

式中：

N——X射线源在单次断层扫面中产生的体层切片数；

T——标称体层切片厚度；

$(N\times T)_{\mathrm{ref}}$——选定的 $N\times T$ 为 20 mm 或可以选择的小于 20 mm 的 $N\times T$ 最大值；

$D_{\mathrm{ref}}(z)$——射束宽度为 $(N\times T)_{\mathrm{ref}}$ 的单次断层扫描中沿垂直于体层平面的方向(z 轴)的剂量分布，这个剂量虽然是在PMMA模体中测量的，但是是作为空气吸收剂量给出的；

$\mathrm{CTDI}_{\text{free-in-air},N\times T}$——对于某个特定的射束宽度 $N\times T$，在自由空气中测得的CTDI；

$\mathrm{CTDI}_{\text{free-in-air},\mathrm{ref}}$——对于某个特定的射束宽度 $(N\times T)_{\mathrm{ref}}$，在自由空气中测得的CTDI。

由上述定义可以看出，对于射束宽度 $N\times T\leqslant 40$ mm 的情况，按照传统的CTDI的定义没有变化；当射束宽度 $N\times T>40$ mm 时，设置 $N\times T$ 不大于 20 mm 的参考条件，首先在参考条件下测量剂量模体中的CTDI，然后分别在测量条件下和参考条件下测量自由空气中的CTDI值，并计算二者比值，将比值与参考条件下的模体中的CTDI相乘，得到 $N\times T>40$ mm 的宽射束条件下模体中的CTDI值。

测量自由空气中的剂量指数时，对电离室的最小积分长度是有要求的，当标称射束宽度 $N\times T>60$ mm 时，最小积分长度应为 $N\times T+40$ mm。因此，需要采用积分长度不小于 $N\times T+40$ mm 的电离室进行测量，或者采用 100 mm 长杆电离室进行多次步进的方式进行测量。采用后者的方式，一般需要进行2至3次测量，直至测量长度覆盖完整的射束宽度，如图3-3所示。不同 $N\times T$ 宽度对应的积分长度见表3-1。

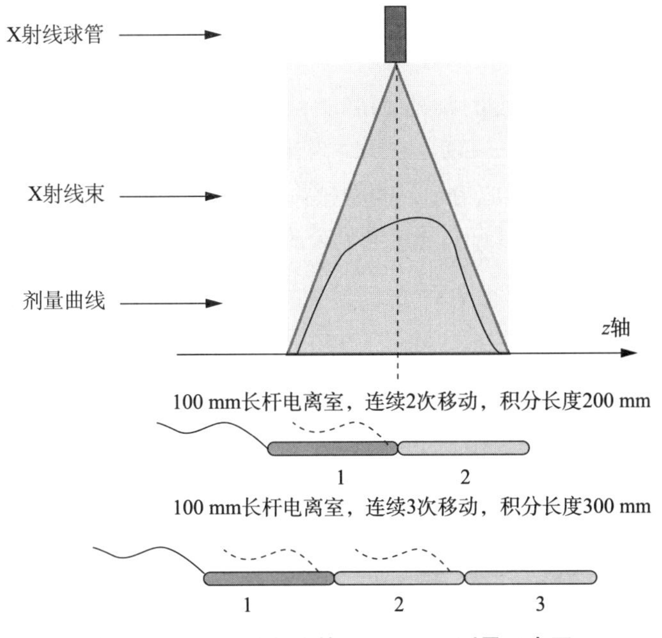

图 3-3 不同积分长度的 $\mathrm{CTDI}_{\text{free-in-air}}$ 测量示意图

表 3-1 不同 $N\times T$ 对应的积分长度

标称射线宽度 $N\times T$ mm	最小积分长度要求 mm	步进测量次数	相对应的积分长度 mm
20	100	1	100
40	100	1	100
60	100	1	100
80	120	2	200
160	200	2	200
160	200	3	300

（四）加权剂量指数 $CTDI_w$

当用剂量模体来测量 CTDI 时，CT 扫描层面中的剂量不是均匀分布的，模体中心测得的 CTDI 与模体四周边缘测得的 CTDI 值是有显著差异的。对于直径 32 cm 的 PMMA 模体，模体四周边缘的剂量是模体中心剂量的近 2 倍。因此引入了加权剂量指数 $CTDI_w$ 的概念。$CTDI_w$ 的定义见公式(3-10)。

$$CTDI_w=\frac{1}{3}CTDI_{100中心}+\frac{2}{3}CTDI_{100周边} \tag{3-10}$$

式中：$CTDI_{100中心}$ 代表模体中心的 $CTDI_{100}$ 值，$CTDI_{100周边}$ 代表模体四周边缘的四个位置(相当于时钟 3，6，9，12 点钟的位置)的 $CTDI_{100}$ 平均值。采用加权 $CTDI_{100}$ 的优点是通过赋予中心点和四周边缘点的剂量不同权重然后合并为一个参数，从而克服 $CTDI_{100}$ 的不足，能够较好地表示扫描层面的平均剂量。

（五）容积剂量指数 $CTDI_{vol}$

由于螺旋 CT 在扫描方式上的改进使得它有别于普通单排 CT。在螺旋 CT 中引入了容积剂量指数($CTDI_{vol}$)的概念。$CTDI_{vol}$ 与螺距因子密切相关。$CTDI_{vol}$ 同样适用于轴位扫描方式，$CTDI_{vol}$ 也给出了定义，其值与扫描间隔相关。

(1) 在轴位扫描方式下，$CTDI_{vol}$ 的定义见公式(3-11)。

$$CTDI_{vol}=\frac{N\times T}{\Delta d}CTDI_w \tag{3-11}$$

式中：

N——X 射线源在单次断层扫描中产生的体层切片数；

T——标称体层切片厚度；

Δd——相邻扫描层面之间患者支架在 z 方向运行的距离，即扫描间隔；

$CTDI_w$——加权剂量指数，mGy。

(2) 在螺旋扫描方式下，$CTDI_{vol}$ 定义见公式(3-12)。

$$CTDI_{vol}=\frac{CTDI_w}{CT_{螺距因子}} \tag{3-12}$$

$CT_{螺距因子}$定义见公式(3-13)。

$$CT_{螺距因子}=\frac{\Delta d}{N\times T} \tag{3-13}$$

(3) 对于扫描过程中，诊断床不移动的扫描模式，$CTDI_{vol}$定义见公式(3-14)。

$$CTDI_{vol}=nCTDI_w \tag{3-14}$$

式中：

n——扫描过程中X射线源的旋转数。

该情形包括手动移动诊断床的扫描模式，如介入操作过程中的扫描。对于不移动诊断床的扫描，CTDI对应于在体积等于横截面积乘以$N\times T$的模体中心截面内所累积的剂量，此处重叠了n个连续扫描序列，每个序列的长度为100 mm。

(4) 对于无扫描间隔的轴向扫描和螺旋扫描，当诊断床在两个位置之间进行往返运动时(往复模式)，$CTDI_{vol}$定义见公式(3-15)。

$$CTDI_{vol}=n\cdot\frac{N\times T}{N\times T+R}\cdot CTDI_w \tag{3-15}$$

式中：

n——扫描过程中X射线源旋转的总数；

R——两个扫描位置之间的距离；

$CTDI_w$——加权剂量指数，mGy；

N——X射线源在单次断层扫描中产生的体层切片数；

T——标称体层切片厚度。

关于往复模式下$N\times T$、R和$N\times T+R$的图示如图3-4所示。

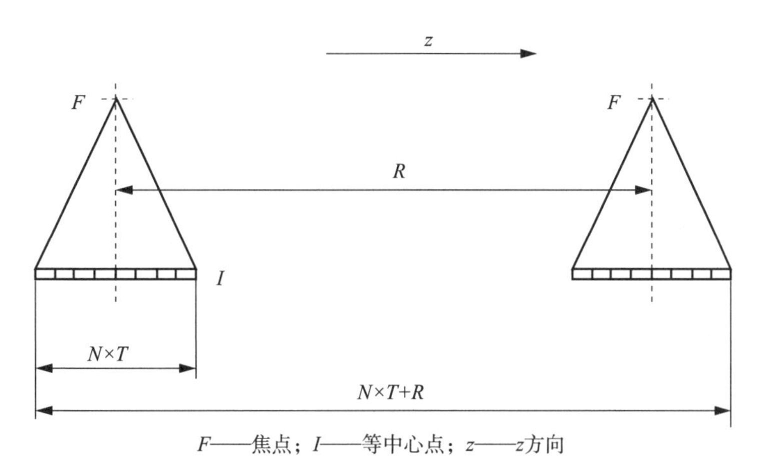

F——焦点；I——等中心点；z——z方向

图3-4　往复模式下$N\times T$、R和$N\times T+R$的图示

扫描间隔Δd和螺距因子越小，不同扫描层面的剂量曲线重叠越多，$CTDI_{vol}$值也就越大。因为考虑了螺距因子的影响，相比$CTDI_{100}$和$CTDI_w$，$CTDI_{vol}$更能有效地评估CT扫描序列中的平均剂量。因此，IEC建议将$CTDI_{vol}$显示于CT设备的控制台上，对于比较旧一些的CT设备，可能会以$CTDI_w$的形式显示。

(六) 剂量长度乘积(DLP)

对于一个完整的CT扫描检查,可以用DLP来表示患者受到的全部照射。DLP的定义见公式(3-16)和公式(3-17)。

对于轴向扫描:

$$DLP = CTDI_{vol} \cdot \Delta d \cdot n \tag{3-16}$$

式中:

$CTDI_{vol}$——容积剂量指数,mGy;

Δd——连续的扫描之间诊断床在 z 方向移动的距离;

n——序列中的扫描次数。

对于螺旋扫描:

$$DLP = CTDI_{vol} \cdot L \tag{3-17}$$

式中:

$CTDI_{vol}$——容积剂量指数,mGy;

L——CT扫描长度,cm。

$CTDI_{vol}$与CT扫描长度无关,而DLP与CT扫描长度成正比。不同扫描序列的CT检查,$CTDI_{vol}$可能相同,但DLP不同。如腹部CT检查与腹部/盆腔检查具有相同的$CTDI_{vol}$,但由于后者的扫描长度更大,DLP也更大。

(七) 器官或组织当量剂量(H_{TR})和有效剂量(E)

(1)辐射R在组织或器官中产生的当量剂量(H_{TR})

辐射R在组织或器官中产生的当量剂量(H_{TR})的单位为mSv,计算见公式(3-18)。

$$H_{TR} = W_R \cdot D_{TR} \tag{3-18}$$

式中:

W_R——辐射权重因子,无量纲;

D_{TR}——辐射R在组织中产生的平均吸收剂量,mSv。

(2) 有效剂量(E)

有效剂量不是一种物理剂量,有效剂量的计算包括放射生物学中得出的器官加权因子。其定义为:有效剂量E是人体所有组织或器官加权后的当量剂量之和,单位为mSv。见公式(3-19)。

$$E = \sum_{T} W_T \cdot H_T \tag{3-19}$$

式中:

H_T——组织或器官T的当量剂量,mSv;

W_T——组织T的权重因子。

(3) CT扫描检查中有效剂量(E)的计算

为了减少不同计算方法和数据来源导致的有效剂量值的差异,CT质量标准指南欧洲工作组提出了一种通用的估算方法。该方法利用CT图像质量评价组织(Imaging performance assessment of CT scanners,ImPACT)提供的表格,根据英国国家辐射防护局

(National Radiological Protection Board,NRPB)提供的剂量转换系数计算有效剂量,将有效剂量与相应临床检查的 DLP 值进行比较,确定了一组系数 k,该系数仅与不同的人体部位(头部、颈部、胸部、腹部和盆腔)有关(见表 3-2)。使用该方法,可以由 DLP 估算有效剂量 E,计算公式见公式(3-20)[12]。

$$E=\text{DLP}\cdot k \tag{3-20}$$

式中:

DLP——长度乘积剂量,mGy · cm;

k——转换系数,mSv/(mGy · cm)。

表 3-2　不同人体部位的 DLP 和有效剂量 E 的转换系数

人体部位	转换系数 k mSv/(mGy · cm)
头颈部	0.0031
头部	0.0021
颈部	0.0059
胸部	0.014
腹部和盆腔	0.015

(八)关于 CTDI 的两点解释

(1) CTDI 的定义是单次扫描的积分剂量,但 CTDI 并不等于单次扫描得到的剂量曲线的中心点的剂量值 $f(0)$。由于积分长度比单次扫描标称层厚要长,CTDI 的值大于单次扫描的中心点剂量,而与多次扫描的平均剂量是基本等同的,如图 3-5 所示。说明 CTDI 虽然是用单次扫描得到的剂量值,但其能够较好地表示多次扫描的平均剂量。而临床上 CT 是很少用单次扫描的,基本都是多层面扫描,也表明 CTDI 能够在一定程序上准确表示临床剂量。但是由于 CTDI 是模体中测量得到的,尽管模体的衰减条件尽可能地模拟人体,但是均匀的模体并不能等同于人体,更不能反映人体不同组织器官的剂量差别,因此,CTDI 并不能等同于病人的临床剂量。

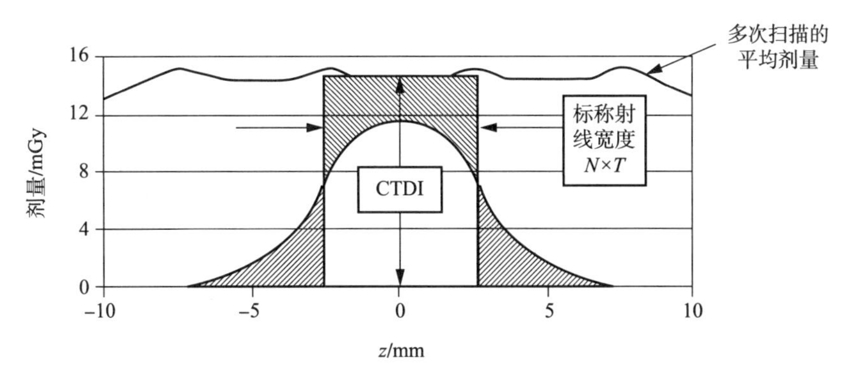

图 3-5　CTDI 的图示说明

(2) 由于CTDI是对100 mm长的范围内的积分，随着X射线束宽度或扫描长度的增加，$CTDI_{100}$也逐渐显示出不足，图3-6中展示了随着X射线束宽度的增加，CTDI的效率是逐渐下降的。同理，扫描长度增加，CTDI的效率也呈下降趋势。

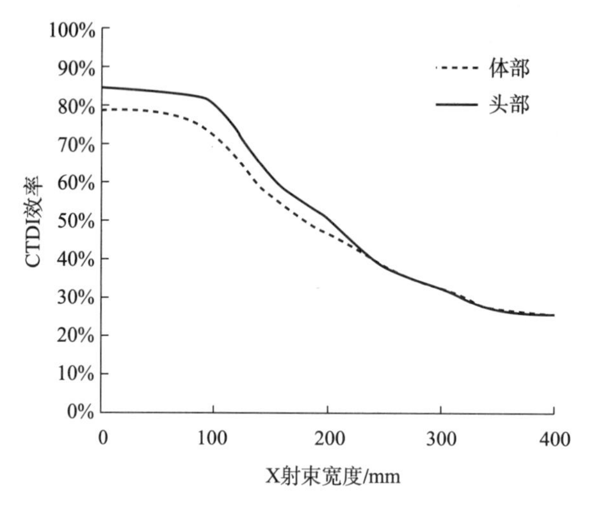

图3-6 不同扫描长度下的CTDI效率

临床扫描中体部扫描长度通常为400 mm以上，此时的累积剂量会趋于$CTDI_{\infty}$的极限值，也称为平衡剂量(见下一小节)。但是按照$CTDI_{100}$的定义，则严重低估了$CTDI_{\infty}$，效率不到30%。为了准确测量累积剂量，需要一个至少300 mm的长杆电离室和约450 mm长的圆柱形剂量模体。但是这么长的电离室与剂量模体在实际测量中是不实用的。因此，提出了基于平衡剂量(equilibrium dose，D_{eq})的剂量检测方法。

三、基于平衡剂量(D_{eq})的剂量检测方法

虽然基于CTDI的CT剂量测量方法是目前通用的方法，但其有一定局限性。对于大范围的CT扫描和宽束探测器，CTDI并不能准确地表示剂量。美国医学物理师协会在111号报告(2010年)中提出了基于平衡剂量的CT剂量测量方法[19]，并在200号报告(2020年)中对其具体的实现方法进行了详细论述[21]。至此，平衡剂量D_{eq}作为一种CT剂量测量方法具备了可操作性和可行性，该方法也被证实能够用于CT质量控制，成为CT剂量测量的有效工具。国际辐射单位与测量委员会在其87号报告中也引用了平衡剂量D_{eq}的测量方法，并进行了详细论述[12]，进一步证实了该方法在CT剂量测量中的有效性。以下对平衡剂量D_{eq}测量原理和方法进行简要介绍，虽然该方法尚未在CT质量控制中普遍应用，但其相比CTDI，对大范围的CT扫描和宽探测器的多排CT的剂量评估更有优势。本部分内容希望能对关注CT剂量质量控制工作的技术人员提供帮助。

(一) 平衡剂量D_{eq}的定义

对于典型的全身CT扫描仪，通常使用螺旋扫描方式对患者进行扫描，特别是对胸部、腹部和盆腔等部位。对于扫描长度为L的螺旋CT扫描，机架旋转一圈进床距离为b，累积吸收剂量分布可以用单次轴位扫描的剂量曲线与矩形函数卷积来表示[19]，见公式(3-21)。

$$D_L(z)=\frac{1}{b}f(z)\otimes\prod(z/L)=\frac{1}{b}\int_{-L/2}^{+L/2}f(z-z')\mathrm{d}z' \tag{3-21}$$

式中：

L——扫描长度；

b——机架旋转一圈进床的距离；

$f(z)$——单次轴位扫描的剂量曲线的函数。

图 3-7 显示了通过蒙特卡罗模拟得到的一系列不同扫描长度的螺旋 CT 扫描的归一化累积剂量分布。这些数据是在 120 kV 的管电压条件下，在一个无限长的直径 320 mm 的 PMMA 模体中测量得到的。扫描长度 L 的范围为 100 mm～600 mm。从图 3-7 中可以明显看出，随着扫描长度的增加，累积剂量的幅度也相应增加。但扫描长度增加至一定值时，累积剂量的幅度趋于稳定[12,20]。

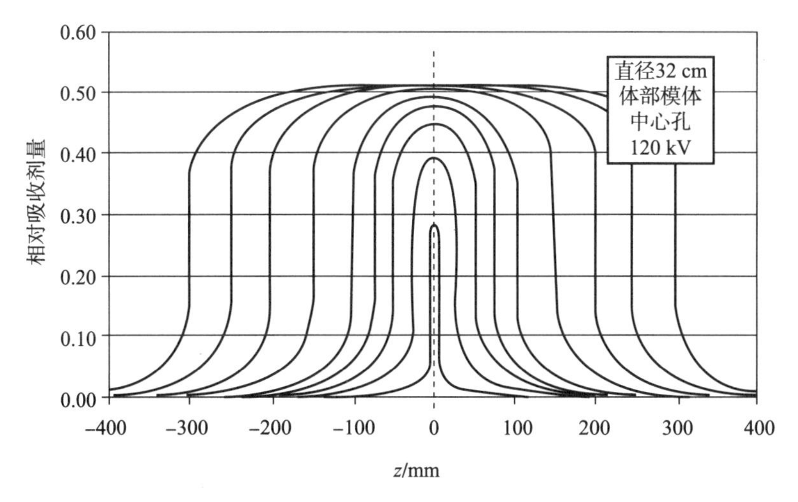

图 3-7 不同扫描长度下的累积剂量分布

扫描长度中心点(即 $z=0$ 时)的累积剂量计算见公式(3-22)。

$$D_L(z=0)=\frac{1}{b}\int_{-L/2}^{+L/2}f(z')\mathrm{d}z' \tag{3-22}$$

扫描长度中心处($z=0$)的吸收剂量值是扫描长度 L 的函数。随着扫描长度 L 的增加，中心处的累积剂量随着外围扫描部分的散射的影响而增加。当 L 增加至一定长度时，$D_L(z=0)$会趋于一个极限值。此时外围的散射由于距离中心足够远，从而对中心点剂量的贡献可以忽略不计。这个极限值称为“平衡剂量”，用 D_{eq} 表示。同时，定义 L_{eq} 为一个有限的扫描长度，当扫描长度达到 L_{eq} 时，可以认为 $D_L(z=0)$ 足够接近 D_{eq}，从而可以用此 $D_L(z=0)$来表示 D_{eq}。

为了准确表示中心处剂量 $D_L(z=0)$与 L 的函数关系，定义了函数 $h(L)=D_L(0)$，即：

$$h(L)=\frac{1}{b}\int_{-L/2}^{+L/2}f(z')\mathrm{d}z' \tag{3-23}$$

将中心处的累积剂量曲线用 D_{eq}进行归一化处理，结果用 $H(L)$表示，见公式(3-24)。

$$H(L)=\frac{h(L)}{D_{eq}}=\frac{D_L(0)}{D_{eq}} \tag{3-24}$$

图 3-8 给出了在 ICRU 剂量模体中(模体的介绍见本书第四章)测量得到的 $h(L)$ 随 L 变化的曲线。可以看出,$h(L)$ 随着 L 增加而增加,当 $L=600$ mm,$h(L)$ 趋于平衡剂量 D_{eq}。因此,$h(L)$ 即表示剂量平衡曲线[21]。

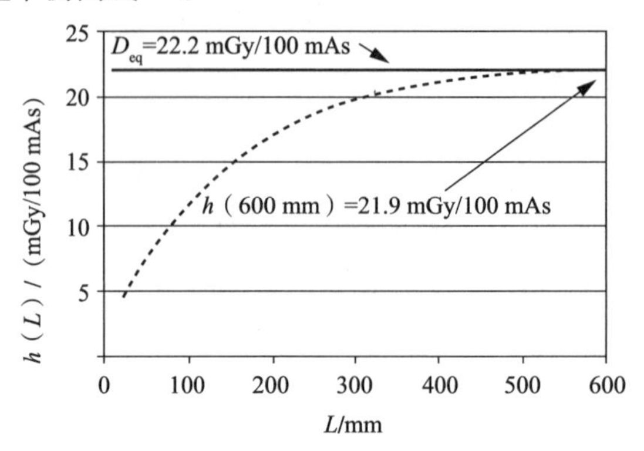

图 3-8 剂量平衡曲线 $h(L)$

美国医学物理师协会的 111 号报告中提出,当扫描长度 L 远大于准直器宽度 a 时,$H(L)$ 可以表示为一个常数与一个指数相关项之和,见公式(3-25)。

$$H(L)=(1-\alpha)+\alpha(1-e^{-4L/L_{eq}})=1-\alpha e^{-4L/L_{eq}} \tag{3-25}$$

公式中的第一部分 $(1-\alpha)$ 描述主射线束辐射对累积剂量 $D_L(z=0)$ 的贡献权重,第二部分 $\alpha(1-e^{-4L/L_{eq}})$ 描述散射辐射对 $D_L(z=0)$ 的贡献权重。当 L 等于 L_{eq} 时,公式中的指数部分 $\exp(-4L/L_{eq})=\exp(-4)\approx0.0183$。该结果表明,当 L 长度增加至 L_{eq} 时,中心处的累积剂量与平衡剂量 D_{eq} 的偏差小于 2%。也就是说,在实际应用中,可以通过一个有限的扫描长度 L_{eq},近似得到 D_{eq} 的估计值[19]。

国际辐射学位与测量委员会的 87 号报告中也给出了 $H(L)$ 的计算公式,报告中对于 $H(L)$ 定义与美国医学物理师协会的 111 号报告给出的定义基本一致,只是公式表述形式略有不同,见公式(3-26)。

$$H(L)=\frac{1}{1+\eta}+\frac{\eta}{1+\eta}\left(1-e^{-L/d_1}\right) \tag{3-26}$$

式中:

η——散射辐射与主要辐射对中心剂量的贡献的比值[12]。

(二) 基于积分型剂量计进行 D_{eq} 和 $H(L)$ 的测量

美国医学物理师协会的 111 号报告中详细讨论了测量剂量平衡曲线 $h(L)$ 和 $H(L)$ 的方法。该报告中估算 $H(L)$ 的方法如图 3-9 所示。测量时,将一个小体积的指型电离室连接到积分型剂量计,也称为静电计,并放置于国际辐射学位与测量委员会规定的长圆柱形的剂量模体的中心。利用螺旋扫描方式进行不同长度的 CT 扫描,扫描长度的设置都以指型电离室为中心。在图 3-9 中,显示了 3 种不同的扫描长度,分别为 L_a,L_b 和 L_c。测量每个扫描长度的剂量值,对应可得到 $h(L)$ 曲线上的一个点。测量多个点并插值或者曲线拟合可估计完成 $h(L)$ 曲线,$h(L)$ 的函数值随 L 的增加而增加,并以渐进方式接近 D_{eq}。如果将 $h(L)$ 归一化至 D_{eq},则可以得到归一化的剂量平衡上升曲线 $H(L)$。$H(L)$ 中,曲线将以渐进方式接近 1。$h(L)$ 与 CT 扫描技术参数相关,能够表示出不同扫描长度下 CT 的剂量信息，而 $H(L)$ 则是相对剂量信息。

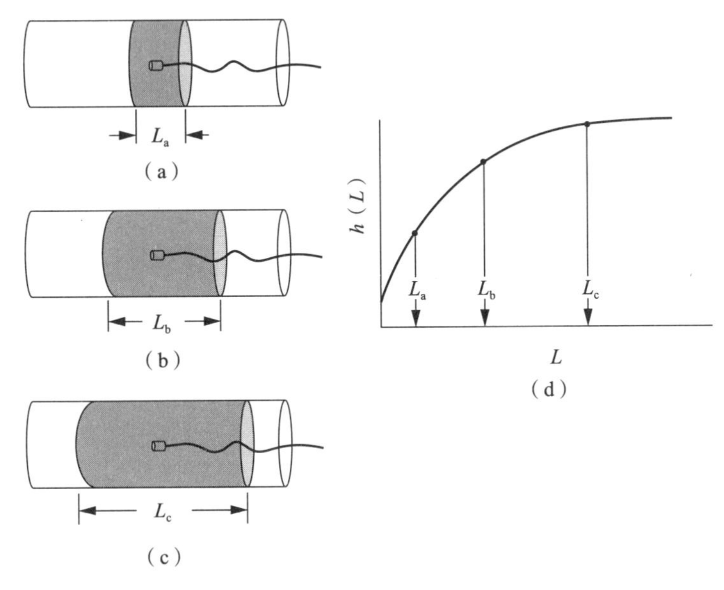

图 3-9　基于积分型电离室测量 D_{eq} 和 $h(L)$

上述方法用逐点测量的方式，利用积分型剂量计绘制出了精确的 $h(L)$ 曲线。但该方法的缺点是：需要多次 CT 扫描才能完成 $h(L)$ 的绘制，且扫描长度逐渐增加，测量过程不但耗时，而且多次长时间扫描，会导致 X 射线管的发热等问题。该方法测量中还有一个重要的因素需要注意，就是扫描长度 L 的确定。由于 CT 存在 z 轴超范围扫描的问题，在 CT 控制台设定的扫描范围可能不是实际扫描的准确长度。对 CT 图像采集设定的扫描长度 L_i，其实际的物理扫描长度大约是 $L=L_i+N\times T$（$N\times T$ 为实际使用的探测器宽度）。对于 64 排 CT，一般 $N\times T$ 为 40 mm 时，100 mm、200 mm 和 300 mm 的扫描长度相对应的积分剂量效率分别为 71%、83% 和 88%。因此，利用 CT 设定的扫描距离进行 $h(L)$ 的绘制是不准确的。准确的方法是通过 CT 设备上的 $CTDI_{vol}$ 和 DLP 值确定扫描长度 L。根据 DLP 和 $CTDI_{vol}$ 的定义，$L=DLP/CTDI_{vol}$。[12]

（三）利用实时剂量仪进行 D_{eq} 的测量

美国医学物理师协会的 111 报告没有介绍利用实时剂量计进行 D_{eq} 测量的方法，因为实时剂量计在当时还存在能量响应等问题，尚未在 CT 剂量测量中得到广泛应用。但美国医学物理师协会在 200 号报告中推荐了使用实时剂量计测量 D_{eq} 和 $h(L)$ 的方法，国际辐射单位与测量委员会的 87 号报告也介绍了该方法。利用实时剂量计能够实现从一次 CT 扫描中测量得到 $h(L)$ 曲线和 D_{eq}，相比积分剂量计，更加高效。该方法使得平衡剂量 D_{eq} 的测量方法用于 CT 日常质量控制成为可能[21]。

读数率为 1 kHz 以上的实时辐射剂量仪可以用于 CT 剂量测量，其探测器可以是小体积的电离室或者是半导体探测器。将探测器放置于长圆柱形的剂量模体的中心（z 轴方向），对整个模体进行螺旋 CT 扫描，如图 3-10(a)所示。扫描过程中，X 射线束会经过实时探测器，根据测量数据最终得到如图 3-10(b)所示的剂量（空气比释动能）曲线。当射线束从左侧进入 CT 模体时，探测器测量的是由 X 射线散射产生的信号。随着 X 射线束逐渐接近探测器，测量的散射辐射的强度增加。当主射线束经过探测器时，测量值同时包括主射线束的辐射和散射辐射。随着 X 射线束继续向模体的右侧移动，探测器会逐渐远离主射线束，产生与左侧近似对称的曲线。实时探测器测得的结果是空气比释动能与时间的关系，需要转换为空气比释动能与位置的函数。模体通过 CT 扫描射线束时的实时剂量率，记为 dK/dt。由于 CT 扫描时，扫描床是以恒定速度 v 运动，即扫描床速 v 在整个扫描过程中是固定不变的。设扫描床运动过程中，电离室的位置坐标为 z，那么床速 $v=dz/dt$。因此，二者相除就可以得到 dK/dz，即在不同位置的 CT 剂量率 $f(z)$。利用公式(3-23)，将 $f(z)$ 从 $-L/2$ 到 $+L/2$ 积分，得到扫描长度为 L 的累积空气比释动能，如图 3-10(c)所示。然后根据不同长度 L 的累积空气比释动能绘制得到 $h(L)$，如图 3-10(d)所示。这种方法能够方便地测量 $h(L)$，只是当 L 非常小时(小于 $N\times T$)，曲线形状可能与此不完全吻合，尤其是在模体外周位置测量时更明显。[12]

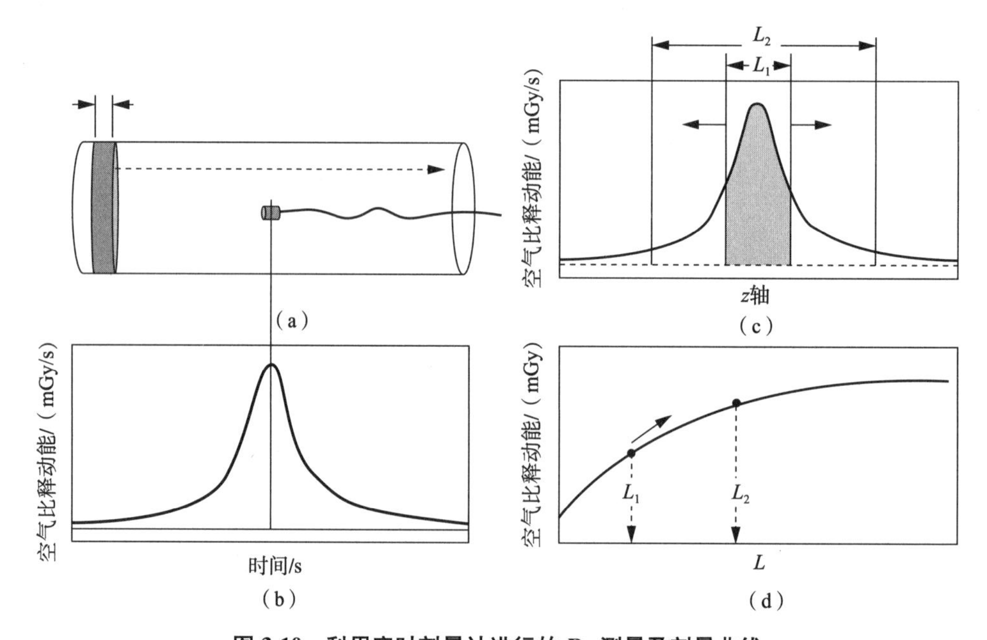

图 3-10 利用实时剂量计进行的 D_{eq} 测量及剂量曲线

（四）平衡剂量 D_{eq} 与 CTDI 的关系

回顾 CTDI 的定义为：

$$\mathrm{CTDI}_{\infty}=\frac{1}{nT}\int_{-\infty}^{+\infty}D(z)\mathrm{d}z \tag{3-27}$$

由 $h(L)$ 的定义可以看出，其与 CTDI 的定义有一定的关系。由于螺距因子与进床距离 b 和探测器宽度 $N\times T$ 存在一定关系，螺距因子 $p=b/(N\times T)$。$h(L)$ 的定义可推导为公式(3-28)。

$$h(L)=\frac{1}{b}\int_{-L/2}^{+L/2}f(z')\mathrm{d}z'=p\mathrm{CTDI}_{L} \tag{3-28}$$

式中：

p——螺距因子。

根据 $\mathrm{CTDI_{vol}}$ 的定义，$\mathrm{CTDI_{vol}}$ 由 CTDI 除以螺距因子得到，见公式(3-12)。虽然 $\mathrm{CTDI_{vol}}$

一般是由 $CTDI_{100}$ 和 $CTDI_w$ 得到的，但可以定义 $CTDI_{vol}(L)$ 为 L 长度下的 $CTDI_{vol}$，可得：

$$CTDI_{vol}(L)=h(L)=\frac{1}{3}h_c(L)+\frac{2}{3}h_p(L) \tag{3-29}$$

式中：

$h_c(L)$——模体中心轴上测得的 $h(L)$；

$h_p(L)$——模体周边测得的 $h(L)$。

四、影响 CT 剂量的因素

影响 CT 剂量的因素分为两类，对剂量有直接影响的因素和对剂量有间接影响的因素。直接影响剂量的因素是指临床技术人员直接控制的，能够增加或减少患者受照剂量的因素；间接影响剂量的因素是指对图像质量有直接影响，但对辐射剂量没有直接影响的因素，如重建过滤器等。本书仅介绍对病人剂量有直接影响的因素，这些因素可由 CT 技术人员进行一定程度的控制，具体包括：X 射线曝光技术参数、X 射线束的准直、螺距因子、病人摆位、探测器排数，以及长轴方向的超范围扫描，也称为 z 方向过扫描[22]。

（一）曝光技术参数

曝光技术参数是直接影响 CT 剂量的关键因素。曝光技术参数包括管电压、管电流和曝光时间。管电压通常以千伏（kV）为单位，管电流以毫安（mA）为单位，曝光时间则以秒（s）为单位。管电流与曝光时间的乘积通常称为电流时间积，一般以毫安秒（mAs）为单位。CT 技术人员可以手动选择这些技术参数，也可以使用自动曝光控制进行选择。自动曝光控制是由自动管电流调制技术（automatic tube current modulation，ATCM）实现的。由于自动曝光控制技术的特殊性及重要性，将在第四节对其单独介绍。

1. 恒定电流时间积

恒定电流时间积是指在扫描开始前，在 CT 控制台上分别选择管电流和时间（以秒为单位），保持其他技术参数不变。电流时间积决定了在扫描期间照射在病人身上的光子数量，即剂量。因此，剂量与电流时间积成正比。如果电流时间积加倍，剂量也将加倍。表 3-3 提供了 64 排 CT 扫描仪在不同电流时间积条件下的剂量的结果。很明显，随着电流时间积的增加，剂量也成比例地增加。例如，当所有其他扫描技术参数保持不变时，在直径 32 cm 的体部剂量模体中测得的 110 mAs 和 220 mAs 条件下的 $CTDI_{vol}$ 分别为 7.4 mGy 和 15 mGy，二者是成比例增长的。[23]

表 3-3　不同电流时间积条件下的剂量的结果

管电流 mA	旋转时间 s	电流时间积 mAs	$CTDI_w$ mGy	$CTDI_w$/电流时间积 mGy/mAs	剂量偏差百分比 （与 220 mAs 的剂量相比）
220	0.5	110	7.4	0.068	0.0%
440	0.5	220	15	0.068	—
580	0.5	290	19.8	0.069	+1.5%
440	0.33	145	9.94	0.068	0.0%
440	0.375	165	11.3	0.068	0.0%
440	1.0	440	30.2	0.069	+1.5%

2. 有效电流时间积

有效电流时间积用于表示多层螺旋 CT 每个扫描层面的等效电流时间积，其与螺旋 CT 剂量直接相关。一般用实际电流时间积除以螺距因子的商表示，见公式(3-30)。由公式可以看出，为了保证有效电流时间积为常量，当螺距增加时，实际设置的电流时间积也要相应增加。例如：当螺距因子由 1 增加为 2 时，为了保证 $CTDI_{vol}$ 保持不变，相应的电流时间积值也应该从 100 mAs 增加为 200 mAs。

$$有效电流时间积=\frac{实际电流时间积}{螺距因子} \tag{3-30}$$

3. 管电压

管电压决定了 X 射线的穿透能力。如前所述，管电压一般以 kV 为单位表示。管电压越高，意味着 X 射线光子具有更高的能量，与低电压的 X 射线束相比，可以穿透更厚的物体。在成人 CT 成像中，一般使用比较高的管电压，如 120 kV。辐射剂量与管电压的平方成正比。这意味着当管电压的平方增加时，光子数成比例增加。当其他参数保持不变的情况下，70 kV 比 80 kV 产生的光子更少。表 3-4 给出了 64 排 CT 上不同管电压下剂量的测量结果。很明显，随着管电压的增加，剂量也增加。例如，当其他扫描参数保持不变时，80 kV 和 120 kV 条件下测得的 $CTDI_{vol}$ 分别为 18.0 mGy 和 49.4 mGy。[23]

表 3-4　不同管电压下剂量的测量结果

管电压/kV	$CTDI_w$/mGy	$CTDI_w$/电流时间积 mGy/mAs	剂量偏差百分比（与 120 kV 下的剂量相比）
80	18.0	0.073	−63.6%
100	32.3	0.131	−34.6%
120	49.4	0.200	—
140	68.2	0.276	+38.2%

（二）X 射线束的准直（z 方向的几何效率）

在 CT 中，准直器用来确定扫描中的 X 射线束宽度。单层 CT(沿 z 轴为单排探测器)和多层 CT(沿 z 轴为多排探测器)的准直方案是不同的。X 射线的准直器反映了 X 射线束在探测器上的有效利用，如图 3-11 所示。由于焦点尺寸的大小限制，X 射线束存在一定的半影，图 3-11 中的阴影部分即表示半影区域。对于单层 CT，整个射束宽度(包含半影区域)均落在探测器上。半影对单层 CT 的影响不明显。

对于多层螺旋 CT，根据不同的扫描设置，X 射线束宽度(包括半影)将限制在一定数量的探测器单元上。但由于半影区域的射线强度明显弱于中心射束区域的射线强度，因此半影区域不能用于成像。为了解决这个问题，通常需要增加射线束宽度，使半影区域延伸到有效探测器单元之外，即准直器的宽度应大于有效射线束宽度，以保证探测器接收的射线为强度均匀的中心射线束。在 z 方向的剂量曲线上，有效探测器范围内的面积与总剂量曲线的面积的比值称为 z 轴几何效率。z 轴几何效率越高，说明射线的利用率越高，对于降低病人

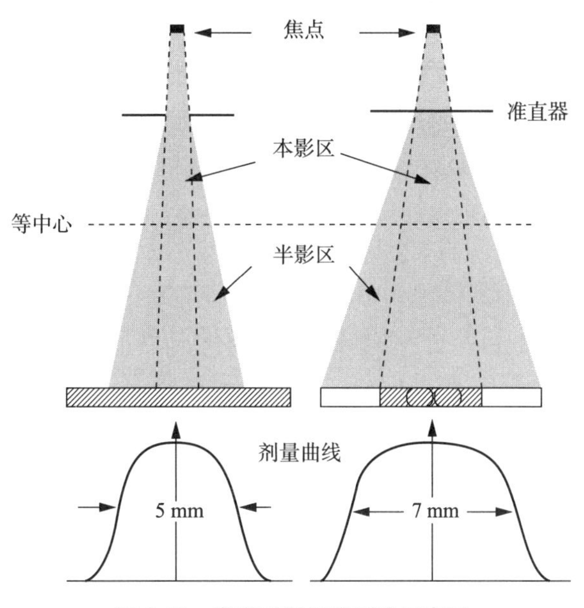

图 3-11　半影对剂量的影响示意图

的受照剂量是有帮助的。

研究表明，在直径 32 cm 的体部剂量模体中，当射线束宽度分别为 18.0 mm，19.2 mm，24.0 mm 和 28.8 mm 时，对应的 $CTDI_w$ 分别为 15.7 mGy，16.8 mGy，15.0 mGy 和 13.9 mGy（其他技术参数不变的情况下）[23]。表明当射线束宽度增加时，$CTDI_w$ 有一定程度的降低，这是由于不同宽度的准直器会产生不同的几何效率，进而影响剂量水平。同时，进行多层扫描能提高 z 轴几何效率。多层 CT 扫描仪对于 10 mm 及以上的准直器宽度，z 轴几何效率一般在 80%～98%；对于 5 mm 左右的准直器，几何效率约为 55%～75%；对于 1 mm～2 mm 的准直器，几何效率可能低至 25%。因此，相比单层 CT，多层 CT 均会导致一定程度的几何效率问题；当多层 CT 使用宽的准直器，剂量将增加约 10%，使用非常窄的准直器，剂量将增加 3 倍甚至更多。

（三）螺距因子（p）

螺距因子是螺旋 CT 最常见的参数。根据 IEC 定义，螺距因子定义为 CT 旋转一圈诊断床运动的距离与总射线束宽度的比值。吸收剂量与螺距因子的关系见公式(3-31)。

$$剂量 \propto \frac{1}{p} \tag{3-31}$$

因此，螺距因子与剂量成反比，当其他参数保持不变时，如果螺距增加 2，剂量将减少为原来的一半。

（四）探测器排数

研究表明，剂量与探测器排数成反比，当探测器排数增加，在同等扫描条件下，剂量会降低。

(五)超范围扫描(Overranging Scan)或者 z 方向过扫描(z-Overscanning)

在螺旋CT扫描中,为了实现对一定长度范围(z 轴方向)的组织进行扫描成像,实际的扫描长度并非计划扫描的范围,而是在计划扫描的范围之前和之后都额外增加一定的扫描长度用于图像重建。这是图像重建所必需的,称为超范围扫描或 z 方向过扫描。图3-12对超范围扫描进行了说明。超范围扫描有两种表述方式,分别为:

方式1:指计划的扫描范围与实际曝光的扫描范围的不同。

方式2:指成像的范围与实际曝光的扫描范围不同。

从图3-12中可以看出,计划的扫描范围与成像的范围是有区别的,成像范围会比计划的扫描范围多一个扫描层面的厚度。为了图像重建,在成像范围之外还需要额外的扫描范围,因此,实际的曝光范围要比成像范围更大。

很显然,超范围扫描增加了患者的受照剂量,因为对成像区域之外的组织进行了额外的照射。这已经在多个相关研究中得到了验证。例如,泽达基斯(Tzedakis)等对儿科CT的研究结果表明,随着 z 方向过扫描的增加,归一化的有效剂量值会相应提高。由于 z 方向过扫描的影响,在轴向扫描和螺旋扫描中,归一化的有效剂量值对不同扫描部位均有显著差异,颈部、胸部、腹部骨盆和躯干的剂量差异分别可能达到43%,70%,36%和26%。范德伍德(Van der Molen)和格里斯(Gelijns)的研究结果表明,z 方向过扫描与重建算法相关,过扫描的长度一般随准直器和螺距因子的增加而增加,而扫描层厚的影响则是可变的。对辐射比较敏感的器官,过扫描可能引起过量辐射,但由于在计划的扫描范围之外,故容易被人们忽视[22,24]。

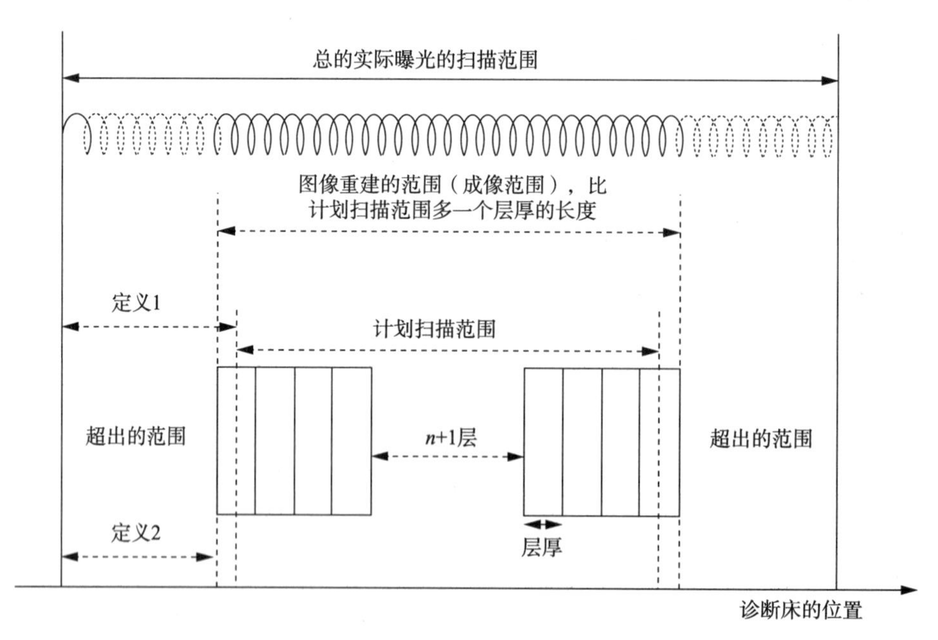

图3-12 螺旋扫描中的超范围扫描示意图

(六)病人摆位的影响

另一个影响剂量的因素是病人摆位,CT技术人员(技师)进行病人摆位时必须将病人定位在机架等中心位置,以获得准确的解剖成像。不准确的病人摆位不但会降低图像质量,而且会增加患者的受照剂量，尤其是当使用自动曝光控制进行扫描时，如图 3-13 所示。主要是因为病人如果摆位偏离等中心的话，会降低蝴蝶形过滤器的性能，导致剂量的增加和图像质量的下降[25]。CT 扫描仪中的蝴蝶形过滤器主要有两个目的：一是对扫描视野中的射线束强度进行整形，在 CT 探测器上产生更均匀的射线束；二是蝴蝶形过滤器实际上对减少病人受照剂量起到一定作用，因为过滤器对 CT 射线进行过滤，将成像不起作用的低能量光子被移除，使光束硬化，光子的平均能量增加，达到降低病人受照剂量的目的。不正确的偏心摆位，会导致患者表面剂量和外周剂量的增加。

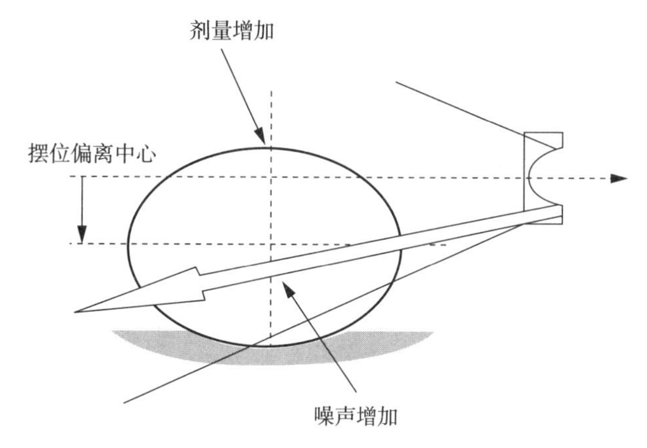

图 3-13　病人摆位不准确导致剂量和噪声增加

相关研究结果表明，对于直径 32 cm 的体部剂量模体，摆位偏离中心约 30 mm 和 60 mm可导致剂量分别增加 18%和 41%。另有研究结果表明，高度上偏心 20 mm～60 mm 的摆位，平均位置在等中心以下 23 mm，可能导致剂量增加至 140%。主要是因为需要增大管电流，以补偿由于偏心导致的噪声增加。这就要求 CT 技术人员应该始终准确地将患者置于机架等中心位置，以避免噪声增加等图像质量问题，并减少患者受照的剂量[22,24]。

（七）自动曝光控制的影响

自动曝光控制当前已广泛应用于 CT，CT 的自动曝光控制是利用自动管电流调制技术进行剂量优化，目前已被认为是在保持图像质量的前提下优化剂量的最重要的技术。更详细的介绍见本章第四节。

第二节　CT 图像质量检测中的技术参数

一、概述

CT 作为先进的医学影像设备之一，其图像质量的好坏是影响临床诊断效果的关键因素。CT 质量控制的一个很重要的方面就是对其图像质量进行评价。CT 的图像质量一般可通过几个关键技术参数来表示，包括：空间分辨力（又称为高对比度分辨力）、低对比度分辨力、CT 值准确性和均匀性、噪声和伪影。CT 图像质量不仅受 CT 系统性能的影响，操作人员对扫描协议和扫描技术参数的选择对图像质量也非常重要，如 X 射线管电压、管电流、层厚、螺距因子、重建参数和扫描速度等均直接影响图像质量。在实际使用中,往往需要在图像质量、患者剂量、系统性能限制、患者身体状况和临床适应证之间进行权衡,但对不同性能参数之间的权衡决策并不像我们想象的那样简单。多年来,CT设备的设计已经有了很大的发展,设备自身的设计已能够尽量降低参数选择的复杂性,但要达到最佳的图像质量仍然不同程度地依赖操作人员的经验和技术水平。操作人员掌握影响图像质量的技术参数,并能够在质量控制中对CT图像质量进行客观的评价,才能尽可能地消除影响图像质量的不利因素。基于以上观点,本节将对影响CT图像质量的关键技术参数进行介绍,包括其定义、测量原理和检测技术。

二、空间分辨力

空间分辨力是评价CT图像质量的重要技术指标,有时又称为高对比度分辨力。它是指在高对比度的情况下(即目标与背景有显著不同时)鉴别细微结构的能力,也即显示最小体积病灶或结构的能力。历史上,CT的空间分辨力通常是在扫描平面内被定义和测量的,然而,随着多层螺旋CT或容积CT的普及,垂直扫描平面方向上(z方向)的分辨力变得非常重要,二者的差别逐渐消失,其评价方式也渐趋统一。

对于CT设备,空间分辨力不仅取决于物理参数,如焦点尺寸、探测器单元尺寸等,与图像重建算法也有直接关系。对于传统的滤波反投影法,不同的重建卷积核对空间分辨力有不同影响。随着CT技术的发展,基于统计或基于模型的迭代重建技术也逐渐用于临床。这些非线性的、自适应的重建算法对客观地表示空间分辨力提出了新的挑战。

(一)空间分辨力的理论基础

要真正理解空间分辨力,应该理解MTF(modulated transfer function,调制传递函数)。下面对其物理定义进行介绍。MTF定义为输出调制度与输入调制度的比值。它描述了一个系统对不同频率的响应。一个“理想”系统应该拥有一条平坦的MTF曲线,这样系统响应与输入频率无关,保证了目标物体能够被准确再现。然而对于实际系统,频率响应总是以某种方式退化。大多数系统的MTF在较高频率迅速下降,系统响应到达零点处的输入频率被称为极限频率,相应的空间分辨力被称为极限分辨力。MTF可由PSF(point spread function,点扩展函数)等空间扩展函数得到。

对于多排容积CT而言,图像处理过程可以用数学公式(3-32)描述。

$$I(x,y,z)=\int_{-\infty}^{\infty}\int_{-\infty}^{\infty}\int_{-\infty}^{\infty}\Omega(x',y',z')\mathrm{PSF}_{3D}(x-x',y-y',z-z')\mathrm{d}x'\mathrm{d}y'\mathrm{d}z' \tag{3-32}$$

式中,$\Omega(x,y,z)$为输入的目标物体在x,y,z三个方向上的函数;$\mathrm{PSF}_{3D}(x,y,z)$为描述CT成像系统在x,y,z三个方向上的响应特性,称为PSF;$I(x,y,z)$为CT成像系统的输出,即CT输出的三维容积影像。

PSF是对一个理想的点物体或者δ函数的响应。为了描述三维PSF,可以利用一个由均匀材料(如水)包围的小体积的金属球体的模型结构,如图3-14所示。当金属球体的尺寸比CT的体素尺寸小得多时,可以近似认为是一个三维的δ函数——$\delta(x,y,z)$。获得该小球模体的图像,可以用公式(3-33)表示。

$$\mathrm{PSF}_{3\mathrm{D}}(x,y,z)=\int_{-\infty}^{\infty}\int_{-\infty}^{\infty}\int_{-\infty}^{\infty}\delta(x',y',z')\mathrm{PSF}_{3\mathrm{D}}(x-x',y-y',z-z')\mathrm{d}x'\mathrm{d}y'\mathrm{d}z' \tag{3-33}$$

由公式(3-33)可知，当目标物体可以用δ函数表示时，则CT重建后生成的图像即为三维的点扩展函数$\mathrm{PSF}_{3\mathrm{D}}(x,y,z)$。

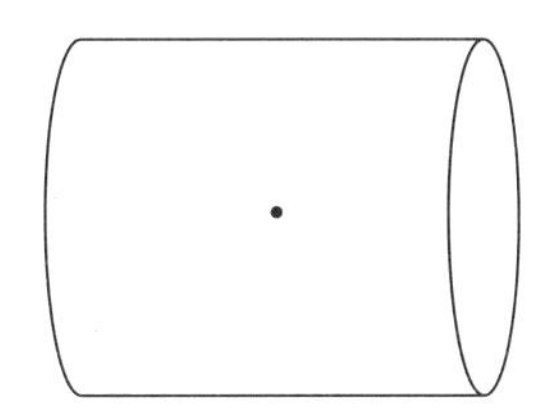

图3-14 三维MTF的测量模体

除了PSF，其他的空间域扩展函数，如LSF(line spread function，线扩展函数)和ESF(edge spread function，边缘扩展函数)，也可以用来量化CT的空间分辨力。

PSF和LSF之间存在一定的关系。通常情况下，用x轴和y轴表示CT的扫描层面，也称为轴向平面，z轴为扫描(或患者身体)的长轴方向。则x-y平面的LSF可通过对PSF进行积分得到，见公式(3-34)。

$$\mathrm{LSF}_{轴向}(x)=\int_{-\infty}^{\infty}\int_{-\infty}^{\infty}\mathrm{PSF}_{3\mathrm{D}}(x,y,z)\mathrm{d}y\mathrm{d}z \tag{3-34}$$

对于CT系统，一般情况下，x-y平面是关于旋转中心对称的，因此，LSF(x)=LSF(y)。在某些情况下(包括CT成像)，如果PSF(x,y)是各向异性的，则LSF将依赖于PSF(x,y)相对于x-y坐标系的角度方向。

ESF可通过对LSF积分得到：

$$\mathrm{ESF}_{轴向}(x)=\int_{-\infty}^{x}\mathrm{LSF}_{轴向}(x')\mathrm{d}x' \tag{3-35}$$

相反，

$$\mathrm{LSF}_{轴向}(x)=\frac{\mathrm{d}}{\mathrm{d}x}\mathrm{ESF}_{轴向}(x) \tag{3-36}$$

PSF、LSF和ESF均可以用来评估CT的空间分辨力。公式(3-33)、公式(3-34)和公式(3-35)分别描述了它们的定义及其相互关系。图3-15显示了CT中使用的不同空间扩展函数的图像。其中图3-15(a)为成像系统的理想化输入函数，3-15(b)为成像系统输出的响应图像，即经过系统衰减后的图像，3-15(c)为对应的空间扩展函数。

PSF、LSF和ESF均是在空间域对分辨力进行描述的函数。然而，通常是将这些函数变换到频域，得到MTF。MTF一般通过对LSF(x-y平面内或纵向)进行傅里叶变换计算得到，见公式(3-37)。

$$\mathrm{MTF}(f_x)=\frac{\left|\int_{-\infty}^{\infty}\mathrm{LSF}(x)\mathrm{e}^{-\mathrm{i}2\pi f_x x}\mathrm{d}x\right|}{\int_{-\infty}^{\infty}\mathrm{LSF}(x)\mathrm{d}x} \tag{3-37}$$

式中，f_x代表空间频率。

该式中，分子是 LSF 进行傅里叶变换，分母中的积分则是将 MTF 归一化到极限频率，即 $f_x=0$ 处。一般我们都是用归一化后的 MTF 进行空间分辨力的表示。进行 CT 的空间分辨力测量时，也可以直接测量 PSF 或 ESF，然后利用公式(3-34)或公式(3-35)转换为 LSF，再进行 MTF 的计算。通常情况下，MTF 都是由计算机程序计算得到的[12]。

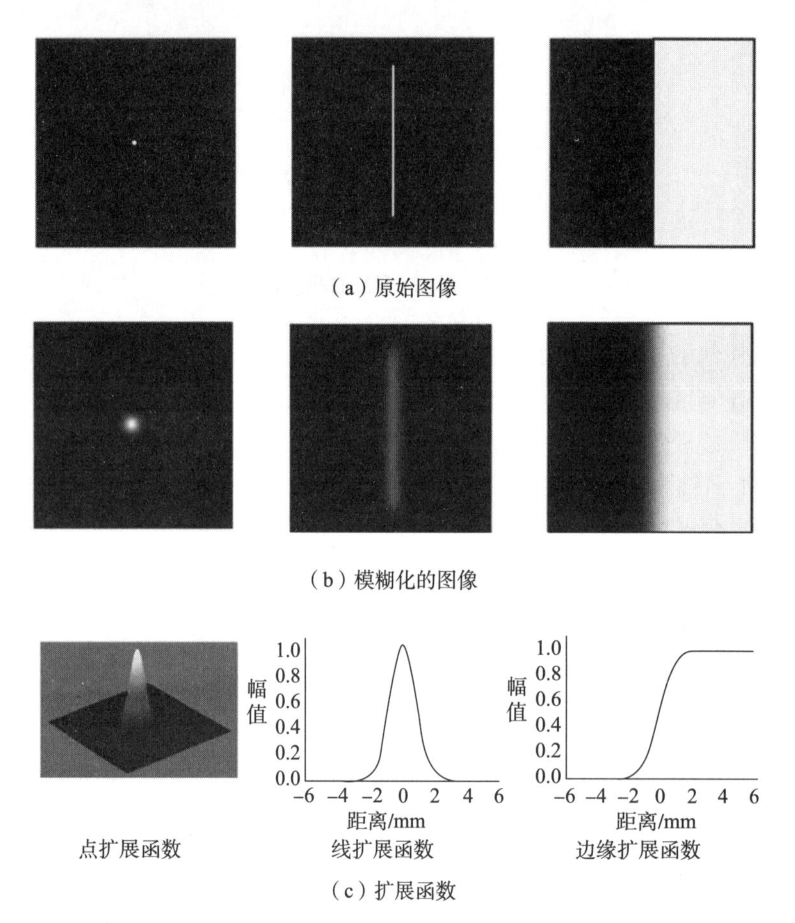

(a) 原始图像

(b) 模糊化的图像

(c) 扩展函数

图 3-15　不同空间扩展函数的图示

(二) 扫描平面内的空间分辨力

1. 定义和原理

对于 CT 成像设备来说，如果能够用三维点扩展函数 PSF_{3D} 进行三维表示是一个理想的目标，但 CT 的几何结构决定了扫描层面的(轴向)空间分辨力(即 x-y 平面)和纵向空间分辨力(z 方向)的影响因素明显不同，还是应该单独考虑。下面先对扫描平面内的空间分辨力进行说明。

扫描平面内分辨力通常以每厘米的线对数(lp/cm)或每毫米的线对数(lp/mm)的形式表示。一个线对通常表示一对尺寸相同的黑白条纹。不同尺寸的线对的黑白条纹的间隔不同。比如，一个 10 lp/cm 的线对图形表示了一组等间隔的黑白条纹，该组条纹的间隔宽度为 0.5 mm，即相当于 1 cm 内有 10 对黑白条纹。图 3-16 中给出了 Catphan(卡特潘)模体中高分辨力插件的线对图形，包含了 1 lp/cm～21 lp/cm 的线对图像，该模体中的线对由等间隔的高密度金属条构成。通过检查 CT 对不同条纹图形的分辨能力，可得到在规定条件下的空间分辨力。与常规 X 射线照相相比，CT 的空间分辨力要差很多。胶片的典型极限分辨力可达 4 lp/mm～20 lp/mm，CT 的极限分辨力为 0.5 lp/mm～2 lp/mm，即为5 lp/cm～20 lp/cm。

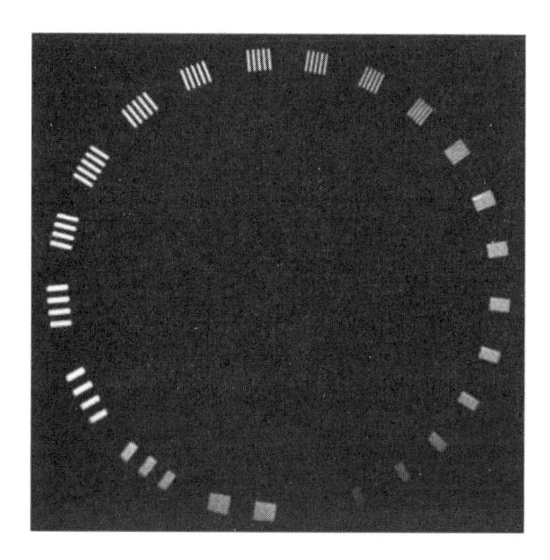

图 3-16 Catphan 模体高分辨力插件的 CT 图像

由于 CT 采集和重建过程的频率带宽限制在一定的空间频率范围内，高频成分会被抑制或消除。CT 重建的条纹图像并不等同于原始目标物体，而是经过模糊的版本，如图 3-17 所示。重建后的条纹图形的边缘被软化，尺寸也会减小。如果将目标物体用波峰波谷的幅度进行归一化表示，则重建后波峰波谷的幅度会随着空间频率的增加而减小。例如，图 3-17(a)中，不同的线对尺寸对应不同的空间频率，空间频率为 1 lp/cm 的目标物体，重建图像的峰谷幅度为 0.88，空间频率为 2 lp/cm 时，幅度下降为 0.59，以此类推。如果将空间频率与图像保真度的函数绘制成图形，能够得到一条平滑曲线，如图 3-17(b)所示。这通常被称为系统的 MTF。相比线对的方法，MTF 能够更为客观地评价 CT 空间分辨力。例如，一台 CT(A)在空间频率为 0.1 时对应的空间频率为 5.2 lp/cm，而另一台 CT(B)在空间频率为 0.1时对应的空间频率时只能达到 3.5 lp/cm，如图 3-17(c)所示。这就表示前者比后者具有更好的空间分辨能力[11]。

理想的系统应该有平坦的 MTF 曲线，即一个独立于频率的统一响应。这样的系统保证了对象能被准确地再现。然而，对于实际系统，频率响应是随着频率的增加而迅速下降的。我们通常对空间频率曲线上的三个点感兴趣，分别为 50%，10%和 0%。50%空间频率是指空间频率曲线的幅值下降到其峰值的 50%的频率。同样，10% 空间频率和 0%空间频率是指空间频率曲线的幅值下降到其峰值的 10%和 0%的频率。

2. 利用空间频率测量空间分辨力

上文结合线对方法，用较为形象的方式引入了 MTF 空间频率的定义。以下说明如何利用空间频率测量空间分辨力的方法。如前所述，空间频率可以由 PSF、LSF 或 ESF 得到。根据不同的扩展函数，设计了不同的模体来测量 CT 系统的 MTF。

(1) 利用 PSF 模型进行 MTF 测量

CT 系统的 MTF 可以从 PSF 推导出来。PSF 定义为系统对 δ 函数的响应。δ 函数可

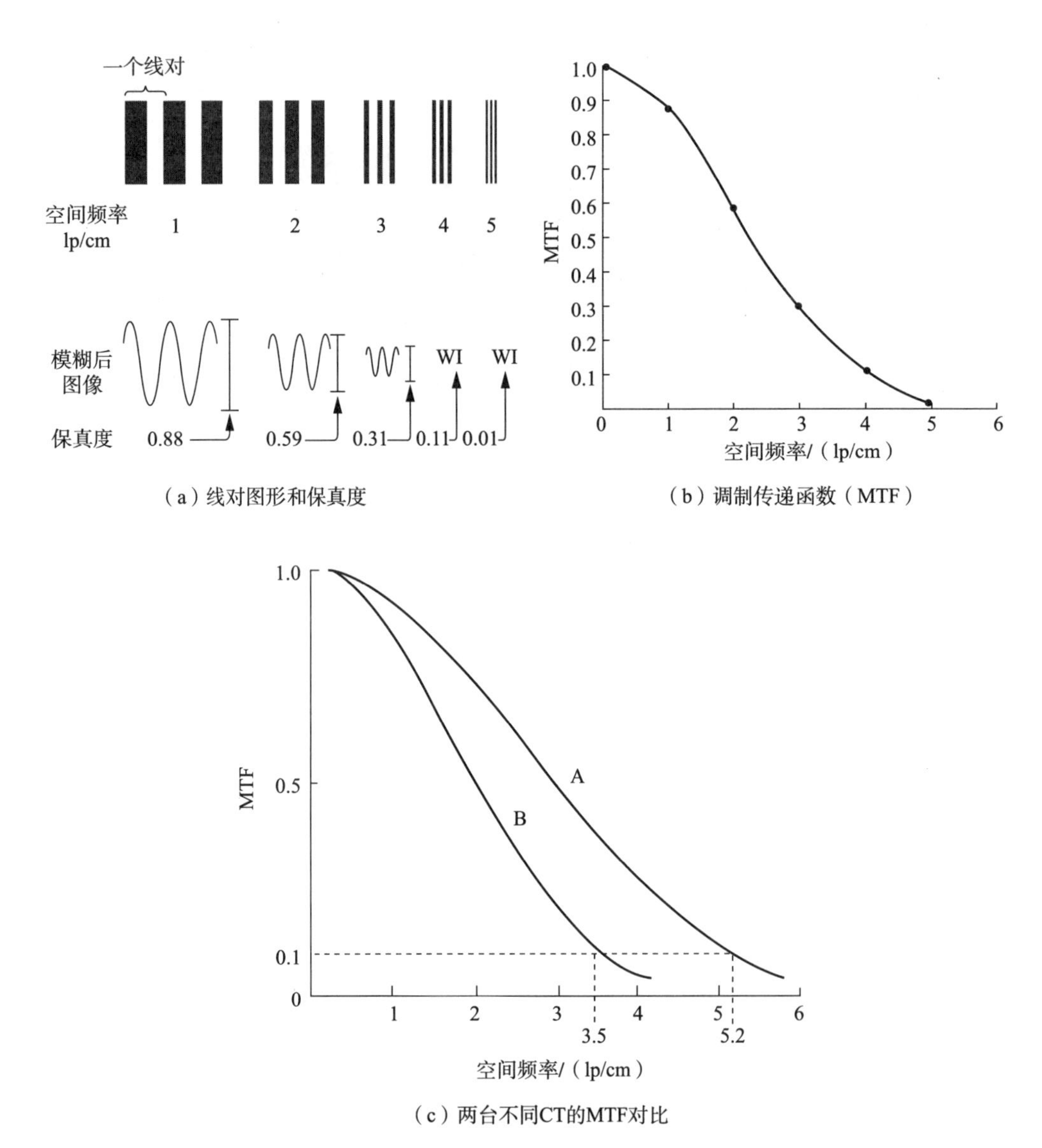

（a）线对图形和保真度

（b）调制传递函数（MTF）

（c）两台不同CT的MTF对比

图 3-17　线对图形和 MTF 图示

以用小尺寸的金属球或者垂直于扫描平面的金属丝来实现。如果金属丝或金属球的直径明显小于 CT 的像素尺寸，就可以认为金属丝或金属球是 δ 函数。CT 得到的金属球或金属丝的重建图像就是系统的 PSF。根据 MTF 的定义，MTF 和 PSF 是通过傅里叶变换的幅值联系起来的。对 CT 重建的图像进行二维傅里叶变换，MTF 用变换结果的幅值表示。图 3-18 中描绘了一个 GE 性能模体，模体中包含一个直径为 0.08 mm 的钨丝，浸没在水中。为了保证在图像空间中有足够采样，必须围绕金属丝进行一次目标重建。例如，将模体中的金属丝部分以 10 cm 视野进行重建，这样，空间分辨力的测量就不会受到有限的图像像素尺寸(在该实例中大约为 0.2 mm)的限制。为了准确测量 PSF，应去除图像中的背景变化，以避免潜在误差。尽管理论上背景应该是平坦的，但由于图像预处理或校正的不完全，如：受射线束硬化、偏焦辐射等因素的影响，背景中像素值往往存在波动。将金属丝附近水的图像进行平滑滤波，去除背景，结果如图 3-19(a)所示。然后，对金属丝图像进行二维傅里叶变换，得到二维函数的幅值，即为系统 MTF 的估计，如图 3-19(b)所示。MTF 只关心变换结果的幅值特性，相位信息不保存。通常，对二维傅里叶变换的结果在整个 360°范围进行平均，得到一个一维的 MTF 曲线，如图 3-19(c)所示。如前所述，我们通常使用特定位置的 MTF 值，来描述系统响应，而不是 MTF 曲线本身。一般经常使用 MTF 幅值下降为 50%，10%，0%时对应的频率(lp/cm)来描述 CT 的系统性能[6]。

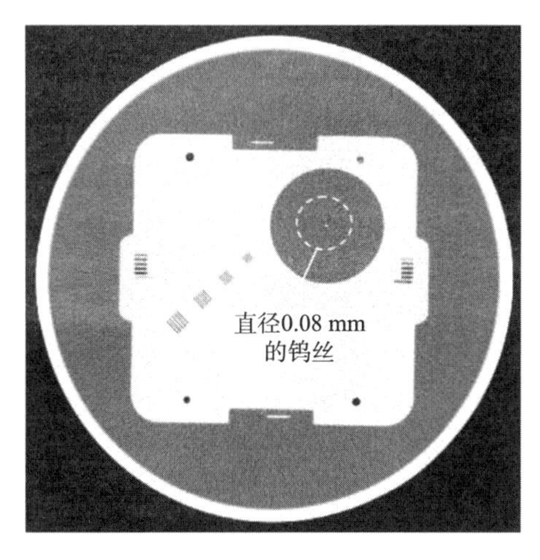

图 3-18　空间分辨力测量模型

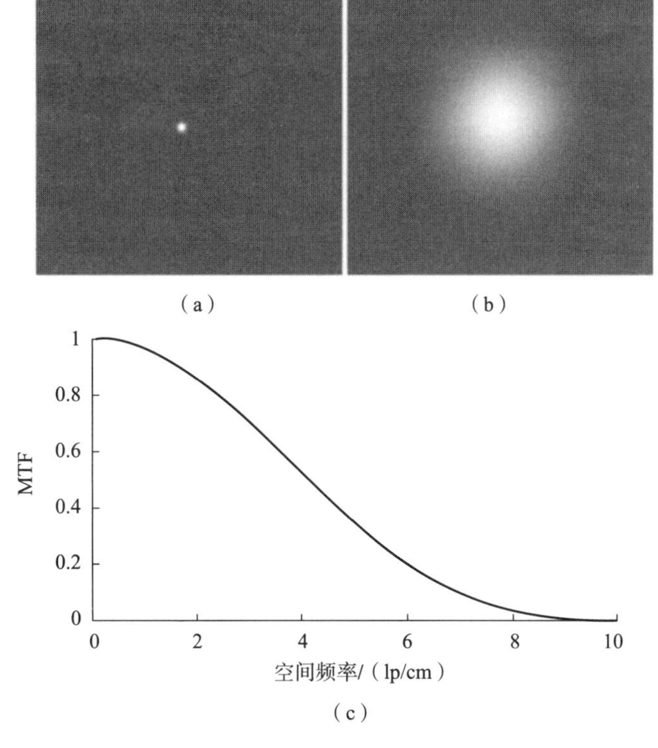

图 3-19　使用细钨丝模型进行 MTF 测量

具体的测量步骤如下：

①将空间分辨力模体置于扫描视野的中心位置，选择合适的扫描条件，扫描模体中含钨丝的模块，并对图像中的钨丝部分进行目标重建。

②在重建图像上，以钨丝图像为中心，选取一个包含钨丝图像的区域，得到二维 PSF 图像；

③对二维 PSF 图像进行二维傅里叶变换得到二维；

④对所得到的二维 MTF 沿 360°取平均，得到一维 MTF 曲线；

⑤对 MTF 曲线进行归一化，并显示出来，曲线的横轴为空间分辨力单位为(lp/cm)，纵轴为归一化的幅度值。

(2) 利用 LSF 模型进行 MTF 测量

在 CT 中，LSF 的图像可以通过将很薄的金属箔(产生高对比度信号)放置于圆柱形模体中产生，如图 3-20 所示。该模体由直径 100 mm 的 PMMA 圆柱体组成，分为两个部分。上半部分，将圆柱体从中心切割成两半，并将切割面加工得足够平整，在两个部分之间放置一个薄金属箔。下半部分是均匀的 PMMA 圆柱体，但在上下两个圆柱体之间垂直放置另一个薄金属箔。模体的上半部分的金属箔用于测量 x-y 平面上的 LSF，上下两个圆柱体之间的金属箔用于测量冠状或矢状平面(x-z)上的 LSF。

利用上述模体测量 x-y 平面 MTF 的 CT 图像如图 3-21 所示，两个半圆柱体之间的金属箔在 CT 图像上显示为一条明亮的直线。沿垂直该直线的方向获取长方形 ROI，并将 ROI 中沿垂直直线方向的信号值进行多行平均，可以得到 LSF。为了进行 MTF 计算时能得到足够多的采样点，通常需要获取过采样的 LSF。这就需要将采样信号值的方向不能完全与图像中的直线垂直，而是偏移一个小角度，具体的 ROI 如图 3-21(a)所示。利用该 ROI 产生的 LSF 结果[如图 3-21(b)所示]对该 LSF 数据进行傅里叶变换，并进行归一化后得到 MTF，如图 3-21(c)所示。图(c)中显示了基于三种不同卷积核重建的 MTF，可以看出，不同的卷积核对于 MTF 结果的影响非常明显，也说明了不同卷积核直接影响 CT 的空间分辨力。[26]

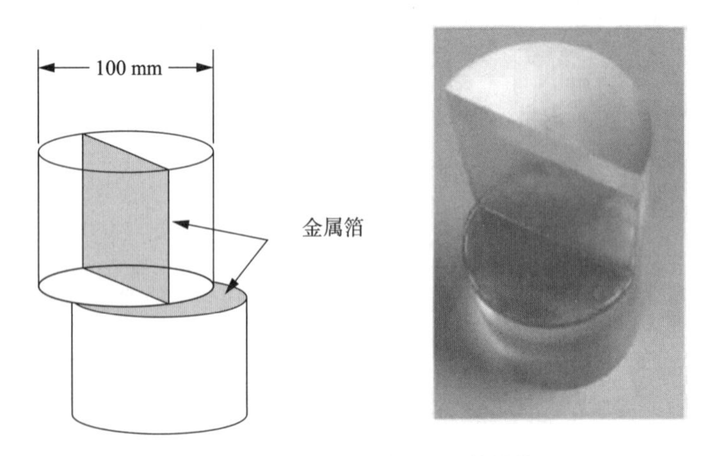

图 3-20 用 LSF 测量 MTF 的模体

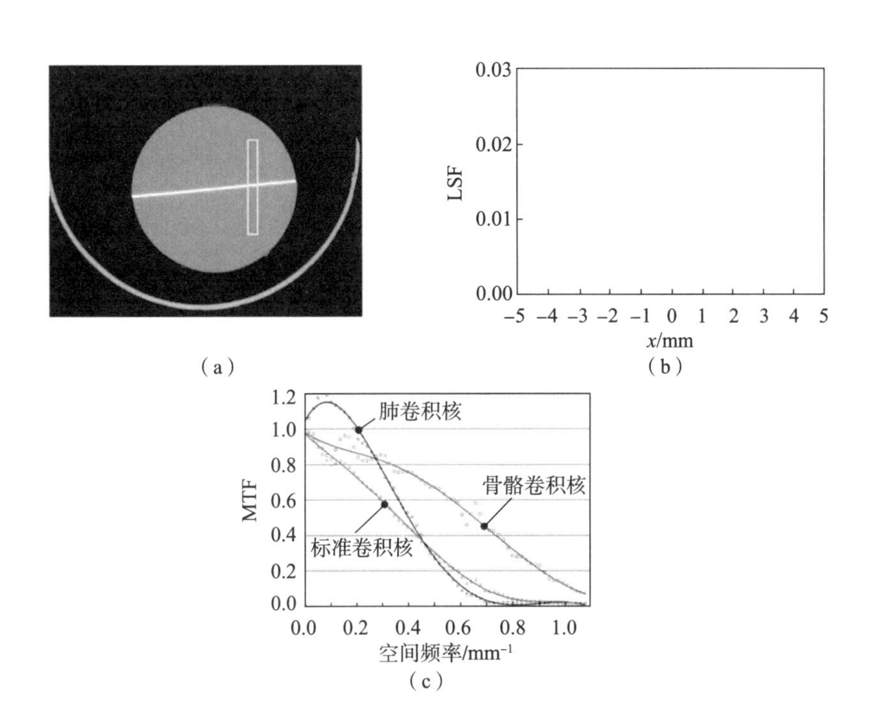

图 3-21 利用 LSF 计算 MTF 的结果

3. 利用线对模型测量空间分辨力

空间分辨力也可以用包含不同空间频率的线对模型或不同尺寸的圆孔模型进行测量。线对模块中包含若干组不同尺寸的线对图形，每一组线对图形是周期性重复的，周期性结构之间的间距应与单个周期性细节自身宽度相等，即占空比为 1∶1。线对与均质背景的有效衰减系数差异应能够使二者的 CT 值之差大于 100 HU，以便产生足够的对比度。不同组线对的间隔尺寸不同，构成不同的空间频率，如图 3-16。图 3-16 中为 Catphan 模体，包含了从 1 lp/cm 到 21 lp/cm 的空间频率范围。通过视觉观察 CT 恰好能分辨的间隔尺寸最小的线对图形，即为 CT 的空间分辨力。该方法的优点是简单有效，能够快速实现空间分辨的测量。但是该方法的结果受测量人员的人为主观因素的影响，并且只能等同于 MTF 曲线上的一个点。此外，由于 CT 在偏离旋转中心的径向和角度方向的分辨力可能存在差异，因此线对的方向对测量结果也有影响。

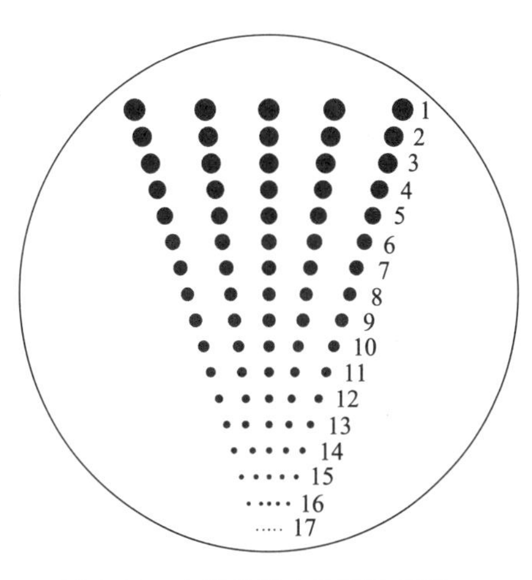

图 3-22 空间分辨力的圆孔模型

圆孔模体进行空间分辨力测量的方法与线对模体基本一致。模体通常由 PMMA 或者塑料制成，高对比度目标通过在模体材料中打孔的方式实现，圆孔可由水或空气填充，水和空气分别对应 20%和 100%的对比度差异，均可用于空间分辨力的检测。不同组的圆孔的尺寸不同，对应不同的空间分辨力，如图 3-22 所示。通过视觉观察 CT 恰好能分辨的最小圆孔的尺寸，即为 CT 的空间分辨力。

利用该方法进行测量的具体步骤如下：

(1) 把空间分辨力模块置于CT扫描野中心。

(2) 采用生产厂家给出的标准头部扫描条件进行扫描，得到扫描图像。根据YY/T 0310—2015的要求，应在典型扫描条件下进行，单次扫描的剂量不应过高[27]。

(3) 调整窗宽和窗位等条件，使测量空间分辨力的图像达到最清晰的状态，确定并记录能分辨的最小目标物体的尺寸。当目标物体分别为圆孔或线对模型时，其单位分别为mm或lp/cm[27]。

(4) 采用高分辨算法和合适层厚(一般为薄层)对空间分辨力模块进行扫描。

(5) 设置最窄窗宽，逐渐调高窗位，确定每幅图像目测的极限分辨力。如有必要可放大图像来识别。

4. 扫描平面内的空间分辨力的影响因素

影响空间分辨力的因素很多，主要包括X射线管焦点的形状和尺寸、探测器单元的尺寸、CT设备的几何结构(如机架孔径等)、空间采样间隔(每360°的采样次数)、重建算法、重建视野、被测物体的吸收系数μ以及系统噪声等。起主要作用的影响因素由CT设备的硬件技术参数决定，如X射线管焦点尺寸和形状、探测器单元的尺寸等，这些因素主要由CT生产厂家决定，CT操作人员并不能实际控制。但对于卷积函数、重建视野、层厚等参数，跟操作人员的合理选择有直接关系。要获得更高的空间分辨力，就要合理选择并控制上述因素。下面对影响空间分辨力的因素进行讨论。

(1) 焦点尺寸和探测器单元尺寸的影响

焦点尺寸和探测器单元尺寸是影响空间分辨力的重要因素，可用转换函数ATF来表示，见公式(3-38)，ATF是探测器单元尺寸产生的转换函数(等式右边第一项)与焦点尺寸A产生的转换函数(等式右边第二项)之乘积。

$$\mathrm{ATF}(f)=\left[\frac{\sin\left(\dfrac{\pi fa}{M}\right)}{\dfrac{\pi fa}{M}}\right]\cdot\left[\frac{\sin\left(\dfrac{\pi fA(M-1)}{M}\right)}{\dfrac{\pi fA(M-1)}{M}}\right] \tag{3-38}$$

式中：a为探测器单元孔径尺寸；A为焦点尺寸；M为放大系数；f为空间频率。

从上式中可以看出，孔径尺寸a越小，孔径转换函数越大，越有可能提供高的空间分辨力。从物理上看，孔径尺寸影响分辨力是很直观的，小于孔径尺寸的细致结构是不可能被观测到的。但a一旦很小，要保持高的光子俘获率就需要相应减小探测器单元的间隔，使之与孔径尺寸接近，这就意味着需要增加探测器个数，就会大大提高设备的复杂程度。如果维持探测器个数不变，光子俘获率将降低，同时为了防止混淆出现，应相应增加360°内的采样次数，这将导致患者接收辐射剂量的增加。

虽然CT的焦点尺寸是由生产厂家决定的，操作技术人员无法改变。但是大多数CT扫描仪均有一个以上的X射线焦点，不同的X射线管负载条件下，会使用不同的焦点。小焦点用于产生较好的图像细节，而大焦点用于满足大热容量的扫描条件的要求。通过正确选择X射线管电流，操作人员可以选择使用小焦点或者大焦点。当管电流较小时，使用小焦点，能够提高空间分辨力；当管电流较大时，使用大焦点，则空间分辨力会变差。

（2）重建算法的影响

x-y 平面内的空间分辨力也受到重建算法的影响。图像重建涉及卷积和反投影两个数学过程。如果投影数据不经过校正，而直接反投影重建得到的图像将是模糊的。为了得到准确的图像，必须通过一个卷积滤波核对投影数据进行滤波。卷积算法，或者说卷积核，直接影响重建的图像结构。针对每个特定的解剖结构的图像重建都设计有单独的卷积算法。一般来说，卷积算法重点关注软组织（标准算法）或者骨骼（骨骼算法）。前者适用于中脑、胰腺、肾上腺或其他软组织器官，后者适用于四肢或内耳等骨结构。举例说明，图 3-23 给出了两幅不同重建卷积核重建的 CT 图像，二者是从相同的扫描数据中重建得到的。图 3-23(a) 为标准卷积核重建，图 3-23(b) 为骨骼重建。图中明显可以看出，骨骼重建图像中的线对图形更清晰，具有更高的空间分辨力。但值得注意的是，空间分辨力的提高往往伴随着图像噪声的增加。

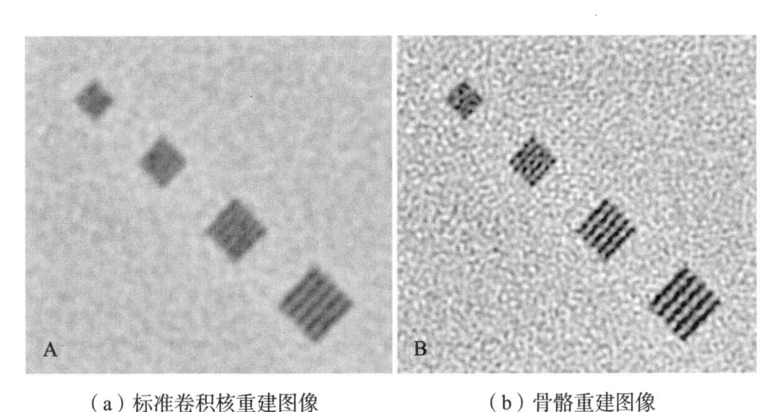

（a）标准卷积核重建图像　　（b）骨骼重建图像

图 3-23　不同重建卷积核对空间分辨力的影响

（3）重建视野的影响

影响空间分辨力的另一个重要因素是重建视野。根据奈奎斯特（Nyquist）采样定理，采样间隔（像素尺寸）必须足够小，才能支持小目标的重建和可视化。像素尺寸与视野的关系见公式(3-39)。

$$像素尺寸=\frac{视野}{矩阵大小} \tag{3-39}$$

根据公式(3-39)，如果想要像素尺寸足够小，要么增加图像矩阵大小，要么减小视野。增大图像矩阵会影响重建速度，并且增加图像的存储量，因此这种方法不常用。通常的方法是用减小视野的方式实现。CT 图像的矩阵大小一般为 512×512，当使用 50 cm 的视野重建时，像素尺寸为 0.98 mm(500 mm/512)，此时对应的空间频率最高为 5 lp/cm。当视野减小到 10 cm 时，像素尺寸为 0.20 mm，对应的空间频率最高约为 20 lp/cm。由于大部分的高分辨力应用只需要对一个很小的区域进行检查（如内听管或脊椎骨），正好可以利用小视野重建。由于这种重建方式是定位到一个较小区域中进行重建，通常称为目标重建。

为了说明像素尺寸的影响，对相同投影数据集利用不同视野进行图像重建，如图 3-24 所示。图 3-24(a) 为 50 cm 视野重建的图像。将(a)中图像在图像空间中进行二维插值，得到一个代表原始图像中央 10 cm 区域的图像，即为图像 3-24(b)。图 3-24(c)为直接以 10 cm 视野重建的图像，即直接对图像中心视野进行目标重建的结果。比较图(a)、图(b)和图(c)可以看出，对于 10 cm 视野的目标重建图像，所有的线对图案都清晰可见；而用 50 cm 视野重建的图(a)，几乎所有的线对都无法分辨，而通过二维插值得到的图(b)，只能清晰看到 3 组线对图形，分辨力远远低于图(c)中的目标重建结果。这个结果证实了重建视野对空间分辨力的影响，也说明了对图像进行空间域插值的方法无法实现相同效果。

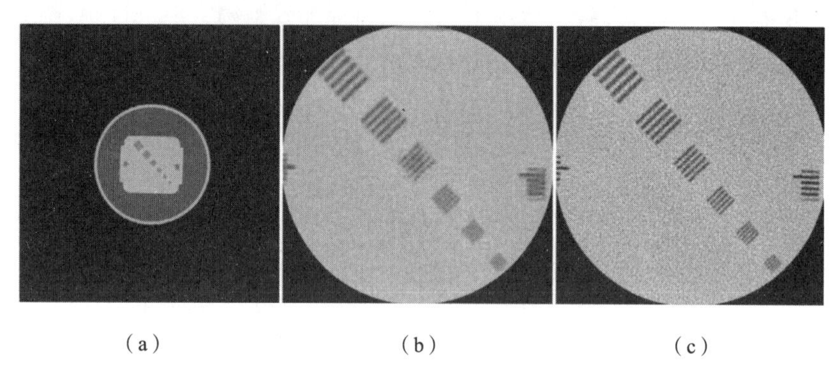

(a) (b) (c)

图 3-24 不同视野重建的图像对比

(4) 层厚对空间分辨力的影响

CT 的层厚也会对空间分辨力产生影响。层厚越薄，空间分辨力越好，但同时层厚越薄，噪声越大，低对比度分辨力就会降低。同理，层厚越厚，探测器接收的光子数增多，低对比度分辨力增强，但空间分辨力降低。

(三) 纵向(z轴)空间分辨力

纵向空间分辨力是指有效层厚(effective slice thickness)或者成像层厚(imaged slice thickness)，也称为在 z 轴方向上的分辨力。在单层 CT 的时代，CT 图像一直被看作是断层图像，临床常用的 CT 层厚一般是 5 mm 到 10 mm 之间，薄层扫描仅用于某些特定应用。当层厚一般是 x-y 平面内分辨力的 10 到 20 倍的量级时，层厚通常用 SSP(slice-sensitivity profile，层灵敏度曲线)来表示。多层螺旋 CT 的引入从根本上改变了我们对 CT 图像的认知。通过使用多平面重建(multiplanar reformat，MPR)、最大密度投影(maximum intensity projection，MIP)或容积渲染(volume rendering，VR)等新技术，CT 图像不再仅仅是断层图像，而可以认为是三维容积影像，如图 3-25 所示。图中显示了一名患者的冠状图像，仅从图像上很难判断图像是逐层采集的还是直接在冠状面采集的。这表明，当前先进的 CT 扫描仪的空间分辨力几乎是各向同性的。

如前所述，纵向空间分辨力传统上用 SSP 来描述。与平面内分辨力类似，SSP 表示系统在 z 方向上对狄拉克(δ)函数 $\delta(z)$的响应。在实际应用中，$\delta(z)$经常用厚度明显小于系统层厚的物体来近似。例如，使用一个小圆球或一个薄圆盘来测量 SSP。将圆盘垂直于 CT 的 z 轴放置，进行一系列的扫描来构建 SSP。通常情况下，用两个数字来代替 SSP 曲线本身，即 FWHM(full width at half maximum，半高宽)和 FWTM(full width at tenth maximum，十分之一高宽)。FWHM 和 FWTM 的定义如图 3-26 所示。FWHM 表示 SSP 曲线上强度为峰值50%的两点之间的距离，FWTM表示SSP曲线上强度为峰值10%的两点之间的距离。

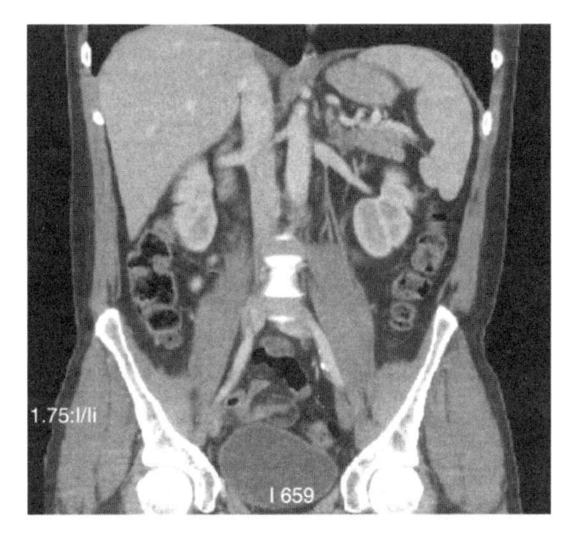

图3-25 一名患者的CT冠状图像

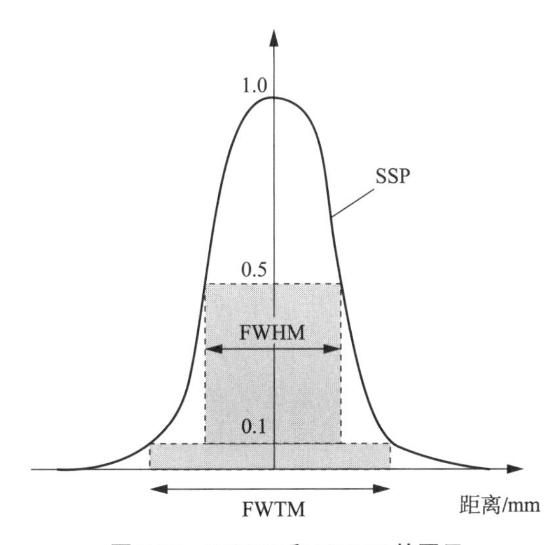

图3-26 FWHM和FWTM的图示

1. 使用小圆球或者小圆盘测量SSP

测量SSP最直接的方式就是用一个小圆球近似模拟冲击响应δ函数。只要小圆球的尺寸相对于切片厚度的FWHM足够小，我们就可以忽略圆球尺寸的影响。测量时，需要对小圆球进行一系列扫描，采集z方向均匀分布的断层图像，然后通过测量多个层面的图像中的小圆球的信号强度值，并绘制信号强度值与z轴坐标位置的函数来构建SSP，如图3-27所示。该方法很直接，但实际应用中，这种测量方式存在一些不足，有一些因素可能影响测量准确度。第一个不足，扫描中，诊断床必须以非常少的增量调整坐标位置，以保证z方向足够采样。例如，要描述一个FWHM在1 mm量级的SSP，需要至少0.1 mm的步进精度来扫描。对于0.5 mm或更小的切片曲线,要求更小的步进(如0.05 mm)。整个测量过程必须生成大量的图像,才能得到完整的SSP。对于步进式数据采集,该问题尤其突出,采样的精度要求可能超出诊断床移动的准确度。第二个不足是小圆球的尺寸限制。为了近似一个冲激响应,必须使用非常小的小球(如几分之一毫米)。当这样小的物体被成像时,要保证在重建平面内(x-y平面)有足够的采样是很困难的。如果以512×512图像矩阵(这经常是许多CT的下限)、10 cm视野重建图像,被重建的像素尺寸大约为0.2 mm。像素尺寸可能与圆球直径相当或更大。根据奈奎斯特采样定理,采样很可能不足以真实可靠地再现小圆球。

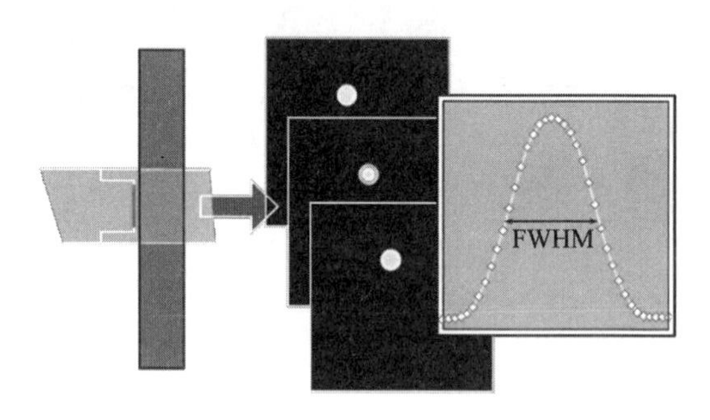

图3-27 利用小圆球进行SSP测量的图示

还可以用一个高吸收率的薄圆盘进行SSP的测量。将圆盘垂直于CT的z轴放置,近似模拟冲激响应δ函数。进行一系列扫描后,用类似小圆球的方法来构建SSP。薄圆盘模体的优点是能够提高在x-y平面内的采样,因为它尺寸较大,能提高衰减值测量的准确性。但是,该方法与小圆球测量一样,也仍然需要扫描得到大量的图像,需要处理大量的图像数据。此外,圆盘与x-y平面的对齐对于结果的准确性至关重要。圆盘的倾斜会导致SSP测量结果展宽,这就对实际测量中的摆位要求非常高。

上述测量方法中的主要不足是需要处理大量的图像数据,在实际应用中并不实用。实际测量中可以使用更简单快捷的方法。仍然利用小圆球(珠)进行测量,利用三维重建可以很容易得到冠状位或矢状位图像,在冠状位或矢状位图像中,小圆球会显示为一条直线。沿直线可以直接获取SSP,如图3-28所示。图中为利用Catphan模体中的金属小球得到的冠状位CT图像,扫描层厚为5 mm,实际测量SSP的FWHM为5.06 mm,二者具有很好的一致性。

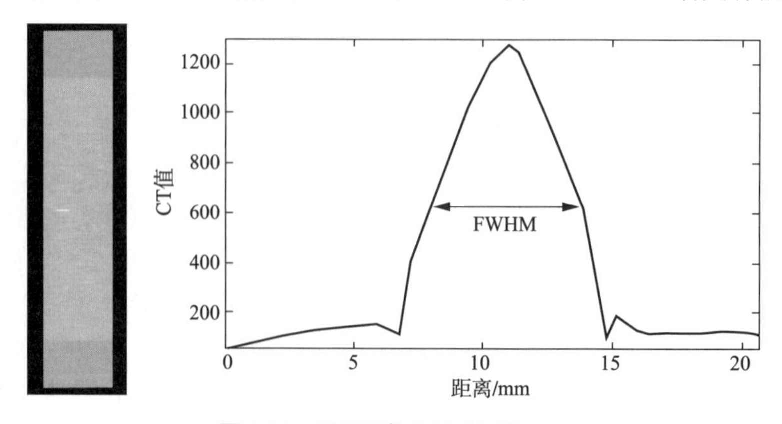

图3-28 利用冠状位重建测量SSP

2. 利用斜面法测量 SSP

一种更简单的测量 SSP 的方法是使用小角度的切片斜面。一根金属细丝以相对于x-y平面一个很小的角度放置。在扫描过程中,金属丝被投影在 x-y 平面上,如图 3-29 所示。根据简单的三角函数关系,z 方向中的 SSP 在 x-y 平面被放大,放大因子为$1/\tan\theta$,其中 θ 是金属丝与 x-y 平面的夹角。当 θ 很小时,放大倍数很大。例如,Catphan 模体中内嵌一个与 x-y 平面夹角为 23°的钨丝,使得测量的 SSP 能够放大 2.4 倍。使用该模体测量时,如果扫描层厚为 Z_{FWHM}(mm),扫描得到的钨丝在 x-y 平面的投影的长度为 X_{FWHM},则可由公式(3-40)计算得到扫描层厚的 FWHM。图 3-30 给出了 Catphan 模体测量 SSP 的图示,其中图(a)为模体测量原理示意图,图(b)为利用该模体扫描得到的 CT 图像。

$$Z_{\mathrm{FWHM}}=X_{\mathrm{FWHM}}\times\tan 23°=X_{\mathrm{FWHM}}\times 0.42 \tag{3-40}$$

图 3-31 显示了利用 GE 性能模体扫描的 CT 图像,图(a)和图(b)分别为 5 mm,10 mm 层厚扫描的图像。从图中可以看出,在 10 mm 层厚的情况下,图像中的斜面的宽度是 5 mm 时的两倍,这说明了图像中斜面的宽度与层厚呈线性关系。在 10 mm 层厚的情况下,由于部分容积效应,对比度相比 5 mm 层厚时明显降低。

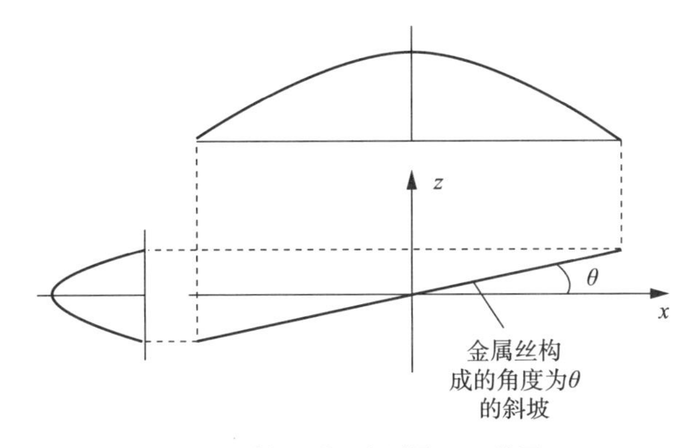

图 3-29　斜面(线)法测量 SSP 的图示

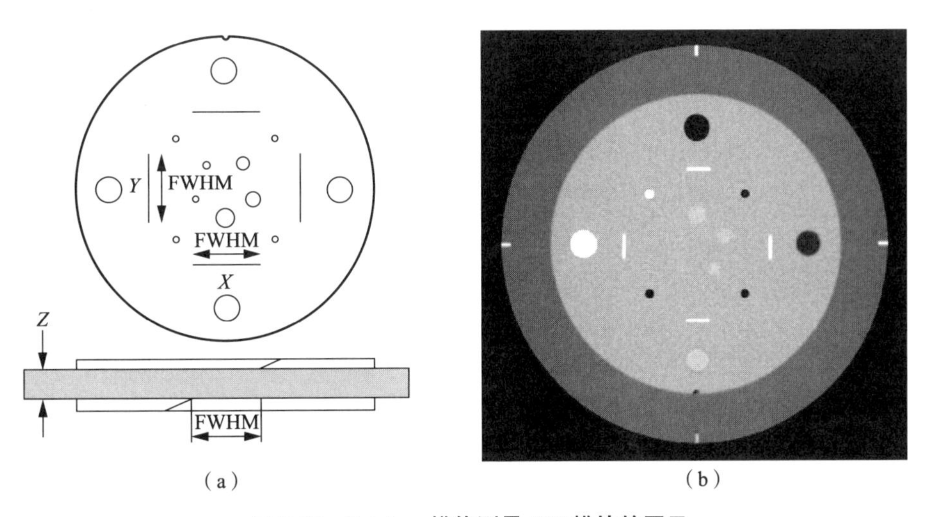

图 3-30　Catphan 模体测量 SSP 模块的图示

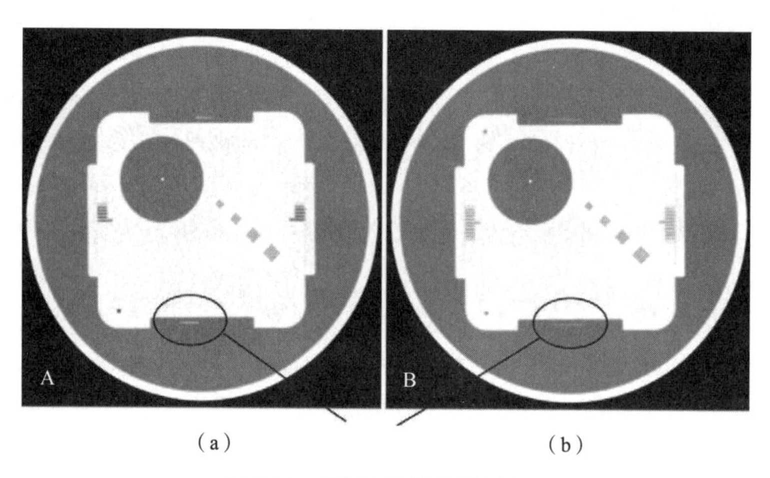

(a) (b)

图 3-31 利用 GE 模体测量 SSP

3. 利用等间隔小圆球测量 SSP

用斜面或斜线法测量层厚需要测量长度并进行换算。还有一种更简便的方法是利用一系列等间隔的小圆球或者小圆棒与 CT 扫描层面成一定角度放置,如图 3-32 所示。该方法中,获得小圆棒对应层面的 CT 图像,CT 图像中的小圆棒或小圆球的个数正比于层厚。小圆棒在 z 方向的间隔为已知,通过计算 CT 图像中小圆棒的数目,可以直接估计出层厚。

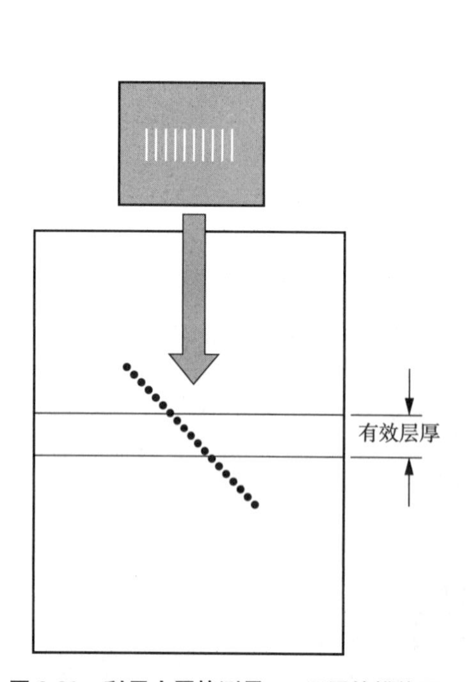

图 3-32 利用小圆棒测量 CT 层厚的模体图示

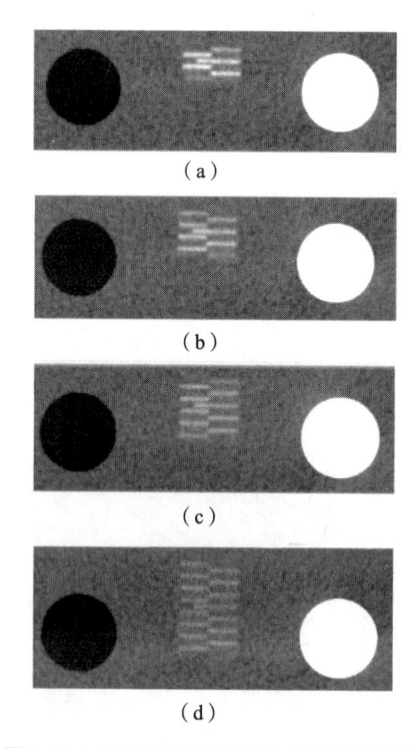

图 3-33 利用美国放射学会模体测量层厚

对于美国放射学会的模体,每根小棒对应 0.5 mm 的层厚。在图像中计算小圆棒的个数,就能够得到对应的层厚估计值。图 3-33 显示了利用美国放射学会模体测量不同层厚体的 CT 图像，图中(a)(b)(c)(d)分别对应 2.5 mm，3.75 mm，5.0 mm 和 7.5 mm 层厚。图 3-31中的 GE 模体也包含利用该方法测量层厚的模块，GE 模体利用等间距的空气孔测量，空气孔在 z 方向的间距为 1 mm。图 3-31(a)中出现 5 个孔，3-31(b)中出现 10 个孔，分别对应 5 mm 层厚与 10 mm 层厚。Catphan 模体中也有类似结构，利用若干组等间隔的金属小球测量层厚。如图 3-34 所示，图像中的小球间隔分别为 0.25 mm 和 1 mm，分别出现了 1 个和 5 个小球。而扫描图像时设置的层厚为 1 mm，在薄层扫描中，这样的测量精度是可以接受的。这种层厚测量方法能实现层厚的快速主观评估，可以方便地用于 CT 日常质量控制中。

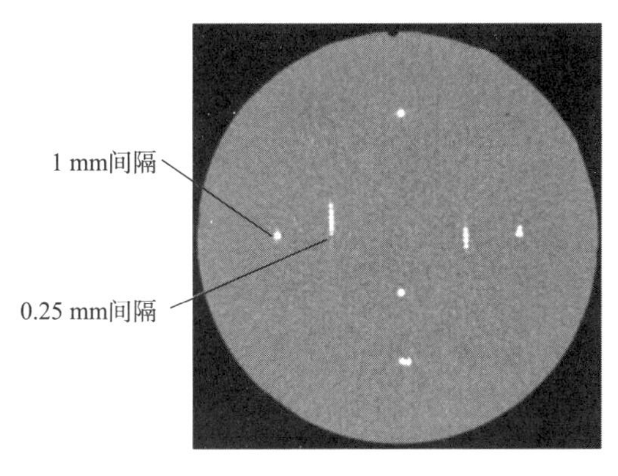

图 3-34　利用 Catphan 模体的金属球测量层厚

4. 利用 MTF 评价纵向空间分辨力

尽管利用上述斜线或者小圆球等测量方法能够简单快速地测量 CT 纵向空间分辨力，但更严格的量化评价方法仍然是基于 MTF 的评价方法。MTF 的测量方法有很多种，包括基于 PSF、LSF 或 ESF。事实上，一旦获取了完成的 SSP 曲线，通过对 SSP 曲线进行傅里叶变换就可以计算得到 MTF。

通过在同质模体中嵌入金属球体的方式能够在 x、y、z 三个维度实现 LSF。但是，对于多层螺旋 CT 或锥束 CT 系统，由于在采集过程中使用较大的锥形角，对 LSF(z)评估时可能存在大量伪影。为了保证结果的一致性，推荐使用过采样的 LSF 进行 MTF 的测量。利用放置在两个 PMMA 圆柱体之间的薄金属箔实现 LSF，如图 3-20 所示。对该模体进行冠状位或矢状位重建，金属箔在 CT 图像上将显示为一条明亮的直线，如图 3-35 所示。为了实现过采样的 LSF，在模体摆位时，需要使圆柱形模体相对于 CT 旋转轴有轻微的角度偏移，这样就能够使得金属箔产生的直线与冠状图中的(x，z)像素阵列产生一个小角度。利用这个角度能够实现过采样的 LSF。为了保证结果的准确性，通常 LSF 需要在垂直直线的方向进行多次平均以消除图像噪声的影响。然后对 LSF 图像进行一维傅里叶变换得到 MTF 曲线；通常情况下我们会对 MTF 曲线进行归一化处理。MTF 曲线的横轴坐标为空间分辨力 lp/mm 或 mm^{-1}，纵轴坐标为归一化的幅度值。图 3-35 中显示了 0.625 mm，1.25 mm和 2.5 mm三种不同层厚下的预采样 MTF。图中结果表明，随着层厚越薄，z 方向的空间分辨力增加。

相比之前介绍的主观测量方法，利用 MTF 评价空间分辨力的方法更加准确可靠。同时，随着 CT 技术的发展，CT 空间分辨力逐渐趋于各向同性，上述 MTF 测量方法能够使用统一的方法实现平面内和纵向空间分辨力的测量，使得我们对CT空间分辨力的评价更加方便和合理。

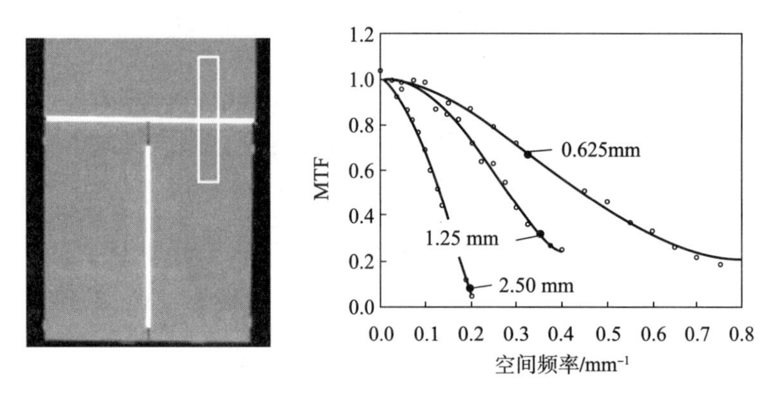

图 3-35 利用LSF测量z轴的MTF

三、低对比度分辨力

（一）概念和原理

低对比度分辨力(low-contrast resolution)是指CT从背景中区分一个低对比度物体的能力，也称为低对比度可探测能力(low-contrast detectbility，LCD)。能够区分密度与背景差别较小的低对比度物体，是CT相对传统X射线摄影的一个关键优势，也是CT在临床上迅速被接受的一个主要因素。传统X射线摄影可以分辨出密度差约为10%的物体，而CT能够识别出0.25%到0.5%的密度差，这取决于不同的CT设备。因此，低对比度分辨力是评价CT图像质量的一个重要指标。

在CT中，对比度通常以线性衰减系数百分比的形式定义，线性衰减系数用CT值表示，见公式(3-41)。

$$对比度百分比=\frac{CT_{目标}-CT_{背景}}{CT_{背景}-CT_{空气}}\times100\% \tag{3-41}$$

式中，$CT_{目标}$、$CT_{背景}$、$CT_{空气}$分别为不同物质的CT值。

当背景是水时，公式(3-41)的分母为1000，因此，通常1%的对比度意味着目标物体平均CT值与它的背景相差10 HU。

CT的低对比度分辨力通常定义为在给定的对比度和剂量条件下，能够视觉观察到的最小物体的尺寸。一般通过测量包含不同尺寸低对比度物体的模体，得到低对比度分辨力。低对比度分辨力的定义意味着一个物体的可观察性不仅依赖它的尺寸，还依赖于它相对背景的对比度。为了说明物体可见度对尺寸和对比度的依赖性，我们给出一个计算机生成的圆盘模型，如图3-36所示。该图像中未加入噪声。圆盘的尺寸从左到右逐渐减小，对比度从上到下逐渐增强。圆盘直径分别(从左到右)为33个像素，29个像素，25个像素，21个像素，17个像素，13个像素，9个像素，5个像素和1个像素；圆盘对应CT值分别(从上到下)为10 HU，20 HU，30 HU，40 HU，50 HU，60 HU，70 HU，80 HU和90 HU。图中可以看出，对于相同对比度(同一行)的物体，随着尺寸减小，识别的难度增加。同样地，对于相同尺寸的物体(同一列)，随着相对于背景的对比度减小，越来越不容易识别。因此，一个物体的可见度同时取决于它的尺寸和对比度，我们必须同时考查两个因素的影响。

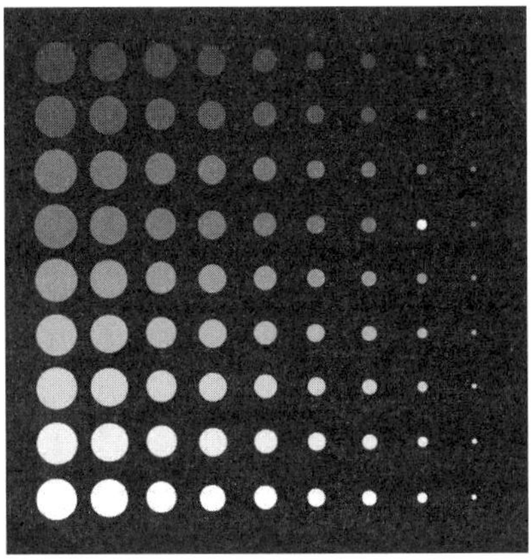

图 3-36　用计算机生成的测试模型图说明尺寸和强度对物体可见度的影响

（二）低对比度分辨力的测试方法

1. 主观测试方法

如前所述，低对比度分辨力一般用包含不同尺寸低对比度目标物体的模体进行测量。一般有两种方法实现不同低对比度。一种是使用衰减系数差别很小的材料制作成模体。由于大多数 CT 都能区分小于 1%的对比度，制作模体用的材料的组成必须具有很好的一致性，允许误差必须很低。因此，该方法制备的模体一般价格比较昂贵。Catphan 模体和美国放射学会模体均使用该种方式制备，对扫描模体后得到的图像进行直接观察，判断能够识别的低对比度目标的尺寸及对应的对比度。图 3-37 显示了 Catphan 模体的低对比度图像。另一种替代方法是利用部分容积效应，该方法能够利用对比度较高的材料实现低对比度目标物体的功能。可利用在一个厚度很薄的塑料片上钻不同尺寸的圆孔的方式制成模体，当以较厚层厚扫描时，由于部分容积效应，重建图像中的薄片与背景之间 CT 值的差异只有薄片与背景（水）的衰减系数偏差的几分之一。该方法能够降低模体制备的成本，但是物体相对背景的对比度依赖于扫描层厚，不同的扫描层厚产生的对比度也不相同，给测量结果的解读造成一定的困扰。

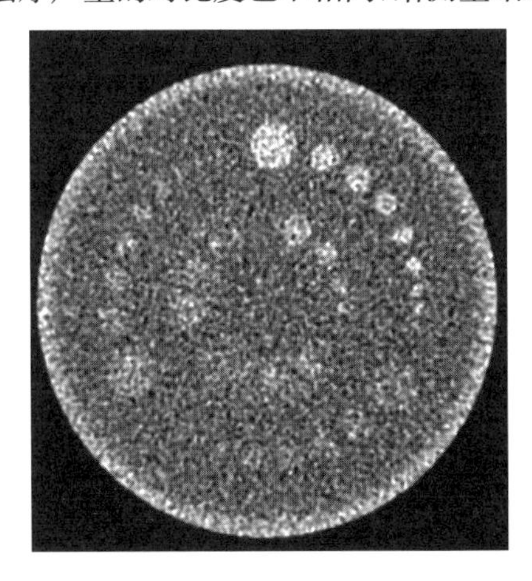

图 3-37　Catphan 模体的低对比度分辨力图像

低对比度分辨力测试可在基于模体的扫描的同时进行计算机分析。低对比度分辨力通过扫描一个标准测试模体而确定,模体在不同运行条件下进行扫描,并以不同算法重建。将重建图像呈现给多个观察者,记录能分辨最小物体的尺寸,取所有观察者结果的平均值作为低对比度分辨力。

具体测量步骤如下:

(1) 将低对比度分辨力模体置于CT扫描视野中心。模体一般采用目标物体直径大小通常在2 mm到10 mm之间,与背景所成对比度在0.3%到2%之间,且最小直径不得大于2.5 mm,最小对比度不得大于0.6%。

(2) 采用生产厂家给出的标准头部扫描条件进行扫描,得到扫描图像。根据YY/T 0310—2015的要求,应在典型扫描条件下进行,单次扫描的剂量不应过高。

(3) 调整窗宽和窗位,使图像中目标物体达到最清晰的状态,确定能分辨的目标物体的尺寸和相应的对比度。

(4) 由于窗宽和窗位对于低对比度目标的影响较大,这里推荐一种相对合理的调整窗宽和窗位的方法:分别在低对比度目标和相邻的背景区域上选取圆形ROI,并记录平均CT值和标准偏差;窗宽调整为目标与背景CT值的差加上5倍的标准偏差,窗位调整为目标与背景CT值的平均值。

2. 客观评价方法

基于低对比度分辨力模体的测量方法存在一定主观性和不可预测性。为了解决这个问题,提出一种统计方法。该方法基于如下假设:如测量多个尺寸相同的低对比度物体的平均值(在相同条件下),其平均值(是一个随机变量)服从高斯分布。类似地,在多个ROI背景的测量平均值也服从高斯分布,且标准偏差相同,如图3-38所示。

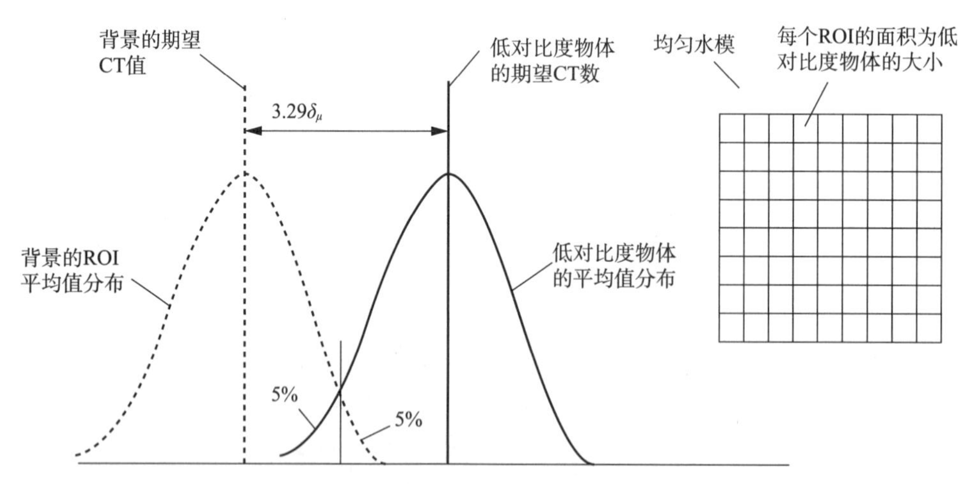

图3-38 低对比度可探测能力的统计方法

以下事实可以证明该假设是合理的:低对比度物体和背景在一致的条件(同一个扫描)下扫描,且根据定义,它们之间衰减系数差异很小。两个分布的唯一区别是它们的期望值。如果使用两个分布的中点作为阈值,用以从背景中分离出低对比度物体,那么当两个分布的平均值相离$3.29\sigma_\mu$(σ_μ是分布的标准偏差)时,假阳性(超过阈值的背景分布曲线下面的面积)达到5%。类似地,假阴性(低于阈值的低对比度物体分布曲线下面的面积)也是5%。当然,如果期望更高的置信度,两类物体的平均值必须进一步相离。基于以上分析,我们完全可以由计算机分析来判定低对比度,首先在期望的剂量水平(通过选择恰当的管电压、管电流、扫描厚度、扫描时间等)下扫描一个均匀水模,然后重建模体,并且重建图像中心区域被分割成许多格子,如图3-39中右侧所示,选择格子的面积与低对比度目标物体的尺寸相同。计算每个格子内平均CT值,然后计算这些平均值的标准偏差σ_μ。基于以前的讨论,要以95%的置信度从背景中分辨出这些低对比度物体,对比度需要为$3.29\sigma_\mu$。对于不同物体尺寸的对比度水平,可以重复这个分析[7]。

具体测量步骤如下:

(1) 设置一定扫描条件对均匀水模体进行CT扫描并进行图像重建,图像层厚一般为10 mm,图像矩阵大小设置为512×512。

(2) 将重建图像中心区域分成多个ROI,ROI的尺寸与低对比度物体直径d相同,如图3-39所示。即如果需要分析CT对5 mm的低对比度物体的分辨能力,将ROI设置为直径5 mm的圆形。

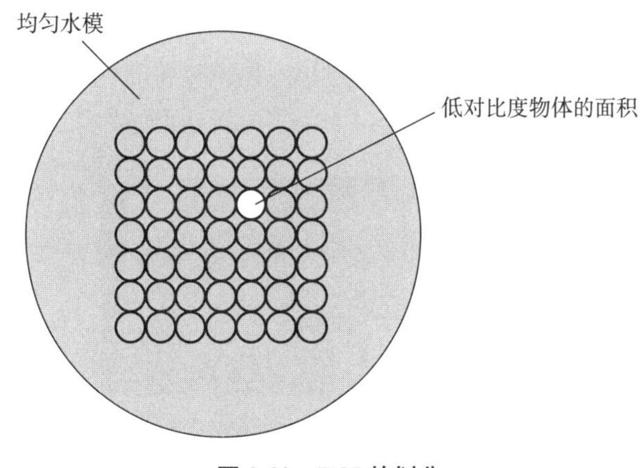

图3-39　ROI的划分

(3) 计算每个ROI的CT平均值,并计算出这些平均值的标准偏差σ_μ。

(4) 采用置信度为95%,由于在95%置信度下能分辨出特定尺寸物体的对比度,等于被测量尺寸CT平均值标准偏差的3.29倍,所以$3.29\sigma_\mu$是要分辨出直径为d的低对比度物体需要的最小的对比度。

(5) 更改ROI尺寸,如分别设置为2 mm,3 mm,4 mm,重复上述步骤,能够得到分辨不同尺寸ROI所需要的最小的对比度。

3. 测试结果评价

主观测试方法依赖于专用的低对比度测试模体(如Catphan模体)实现,操作简单易行,测试难度不大;客观评价方法无须专用模体,借助均匀性水模体即可实现低对比度分辨力的测试,但是测量结果需要借助专用软件进行分析计算。

在日常质量控制检测中,可以根据实际情况任选一种方式开展测试。测试结果应同时给出可分辨的目标物体的尺寸和相应的对比度。如:能够分辨0.5%对比度下3 mm的目标物体，通常记为 0.3 mm@0.5%。

（三）影响低对比度分辨力的主要因素

低对比度分辨力与 CT 扫描中的诸多因素有关，从事质量控制工作，有必要了解其影响因素，对低对比度分辨力的测量结果的分析和评价很有意义。

1. 噪声对低对比度分辨力的影响

低对比度目标物体的可见性受到噪声的严重影响。低对比度分辨力最主要的影响因素就是图像噪声。影响图像噪声水平的因素很多，其中一些由设备自身性能决定，另一些则受操作技术人员控制。操作人员能够控制的参数包括 X 射线管电压、管电流、扫描速度、螺距因子、扫描层厚和重建卷积核等。关于噪声的更详细的讨论将在本节的五进行，本部分仅讨论在不同技术条件下，低对比度分辨力的不同表现。

通过增加 X 射线管电流能够降低图像噪声水平，进而可以实现更好的低对比度分辨力。我们用 200 mA 和 50 mA 两种不同的管电流对 GE 性能模体的低对比度模块进行扫描。重建后的 CT 图像如图 3-40 所示，图(a)对应于 200 mA 的管电流，图(b)对应于 50 mA 的管电流。在其他扫描参数保持不变的情况下，50 mA 扫描的噪声比 200 mA 时高 2 倍(前者剂量仅为后者的 1/4)。对比两种条件下的低对比度分辨力，在 200 mA 扫描时，图中所有 4 个低密度圆孔均可以清晰识别，而在 50 mA 扫描时，最小的圆孔被噪声掩盖而无法识别。当然，管电流增加对病人来说意味着要接受更高的剂量，并且过大的管电流还可能导致 X 射线管的过热风险。

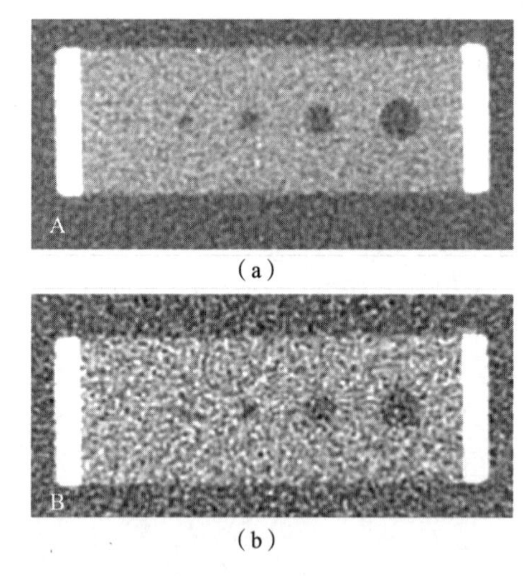

(a)

(b)

图 3-40 不同管电流条件下的低对比度分辨力对比

管电压的增加将显著提高穿透人体的 X 射线光子数量，因此会降低图像中噪声水平。据此来推论的话，管电压的提高应该能提升低对比度分辨力。然而由于低对比度目标的可见性主要取决于低能 X 射线光子的量，而随着管电压的提高，低能光子不能成比例提高，因此，管电压的提高并不能明显改善 CT 的低对比度分辨力。

层厚的选择对于噪声也有影响。一般来说，层厚越厚意味着包含更多的 X 射线光子，图像噪声水平更低。因此，通常情况下，层厚变厚有利于低对比度分辨力的提升。但是由于部分容积效应会降低较小物体的对比度与可见性，因此层厚的增加对于小目标物体的识别又是不利的。因此对于层厚的影响,应该根据实际情况分析。对于利用部分容积效应制备的低对比度分辨力模体,更应考虑层厚的影响。如图3-41所示,对GE性能模体的低对比度模块分别用3.75 mm和7.5 mm的层厚进行扫描重建,重建图像分别为图3-41(a)和图3-41(b)。由于该模体是由一个厚度小于1 mm的薄板制成,层厚增加会产生较大的部分容积效应,并降低目标的对比度。从图中也可以看出,对于7.5 mm的层厚,虽然降低了图像噪声,但低对比度分辨力也下降了。

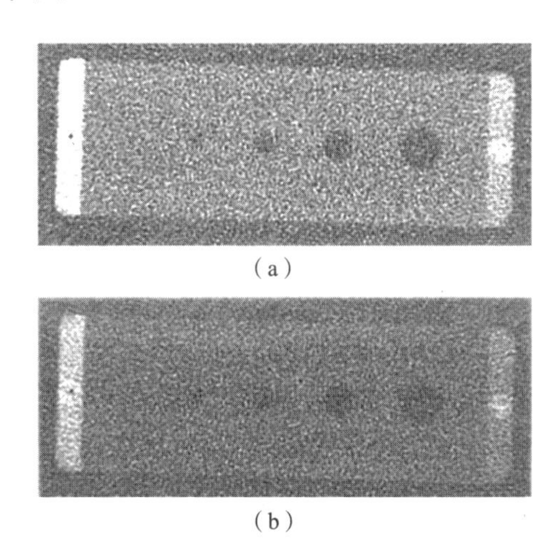

图3-41 不同层厚下的低对比度分辨力对比

2. 图像显示对低对比度分辨力的影响

低对比度分辨力通常由视觉观察决定,因此,图像显示效果在低对比度分辨力评估中是重要影响因素。不同显示设备可能不同程度地影响低对比度分辨力的结果。相比显示效果,更能显著影响低对比度的是窗宽、窗位的选择。尽管更宽的窗宽显示能够减小噪声的表现,但是窗宽同时减小了对比度的表现,因此对于低对比度图像,存在一个"最优"的显示设置,能最大限度地提高低对比度目标的显示效果。如图3-42所示,在图(b)的窗宽、窗位条件下,低对比度目标能更清晰地识别。

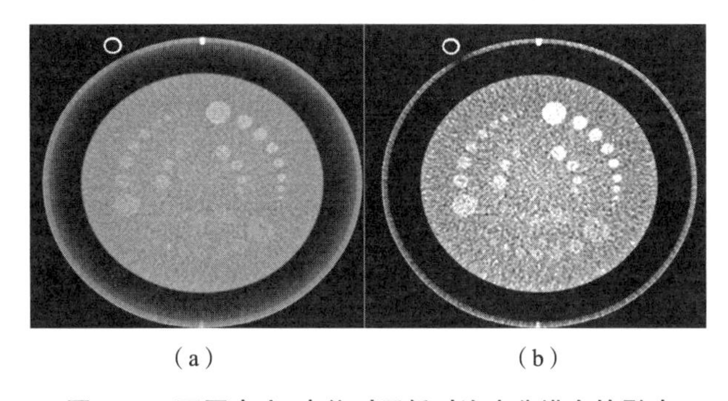

图3-42 不同窗宽、窗位对于低对比度分辨力的影响

3. 对比度-细节曲线

由于低对比度结构的大小不同,所以对比度分辨力不仅由噪声决定,而且也由系统的空

间分辨力决定。对比度-细节曲线也可以清楚地表示它们之间的关系，如图3-43所示。对于小物体来说，曲线的上限值相当于空间分辨力的上限值，这些值只是在高对比度的条件下才能得到，与空间分辨力的定义一致。大物体的对比度分辨力取决于噪声，进而取决于剂量水平和系统的剂量效率。

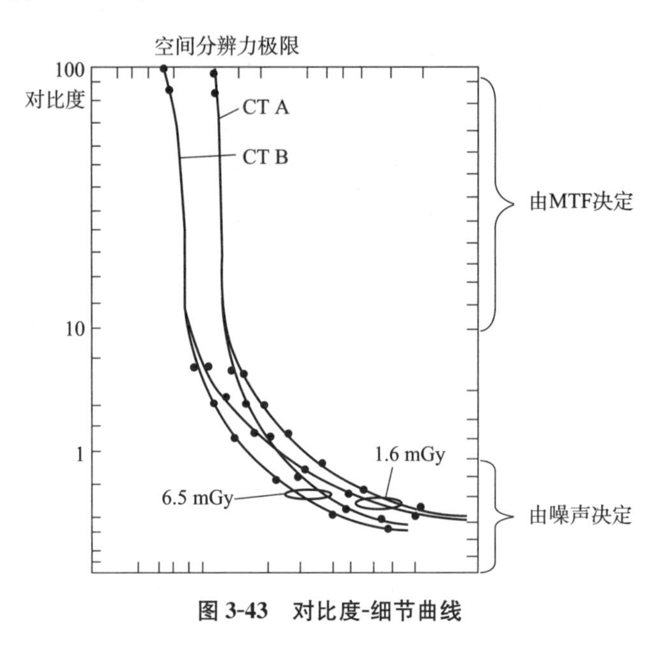

图3-43 对比度-细节曲线

对比度-细节曲线反映了量子噪声和空间分辨力对物体细节检测能力的影响。对于不同对比度和不同大小的组织结构来说，都可以得到适当的分辨力。

高对比度分辨力和低对比度分辨力是相互制约的，二者无法通过参数的优化而同时提高，因此在观察软组织时，所选的参数要有利于低对比度目标的观察，在CT临床图片中有90%属于低对比度的图像。

四、CT值的准确性和均匀性

（一）原理

CT值的定义是：某种物体的X射线衰减系数减去水的衰减系数再被水的衰减系数除后乘以1000，如公式(3-42)所示。

$$\text{CT值}=\frac{\mu_{\text{物}}-\mu_{\text{水}}}{\mu_{\text{水}}}\times 1000 \quad (3\text{-}42)$$

上式被称为霍斯菲尔德公式。按此公式，水和每一种相当于水的组织，其CT值为0 HU。

在此公式的基础上，在CT值标尺范围内定义了两个点。第一是水的CT值为0 HU，第二是空气的CT值为−1000 HU。水的CT值不应受X射线能量的影响。

CT值的评价指标一般包括：CT值准确性、线性和均匀性。CT值准确性规定，如果对同一模体分别在不同层厚、不同次数和其他物体存在的情况下进行扫描，重建模体的CT值应该不受影响。我们通常用水的CT值来衡量CT值的准确性。水在衰减特性方面类似于软组织，因此对于CT来说，建立其准确性是非常重要的。几乎所有的CT制造商都提供水模体来进行 CT 值的测试。对水模体进行扫描，CT 图像中的平均 CT 值应非常接近 0。

CT 值不仅表示了某物质的吸收衰减系数本身，而且也表示了各种不同密度组织的相对关系。CT 值线性是评价 CT 图像质量的另一个重要参数。CT 值线性是指 CT 值与成像物体的 X 射线衰减系数之间的线性对应关系。CT 值线性可以通过扫描由不同材料组成的模体进行测试。如 Catpan 模体中包含了 CT 值线性的测试模块，模块中分别填充了聚四氟乙烯、聚甲醛、丙烯酸、聚苯乙烯、空气、聚甲基戊烯和低密度聚乙烯，如图 3-44 所示。不同材料的 CT 值特性（当 X 射线能极为 70 keV 时）见表 3-5。如果 CT 工作状态良好，将不同材料的 CT 值与衰减系数的函数关系绘制成曲线图，二者的关系应该是线性的，如图 3-45 所示。[28]

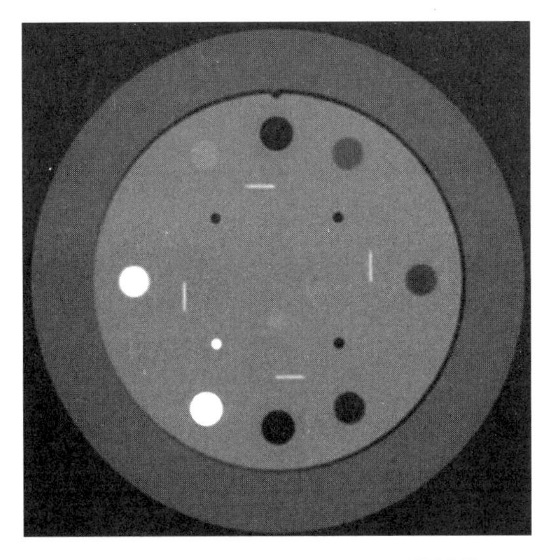

图 3-44　Catpan 模体的 CT 值线性模块

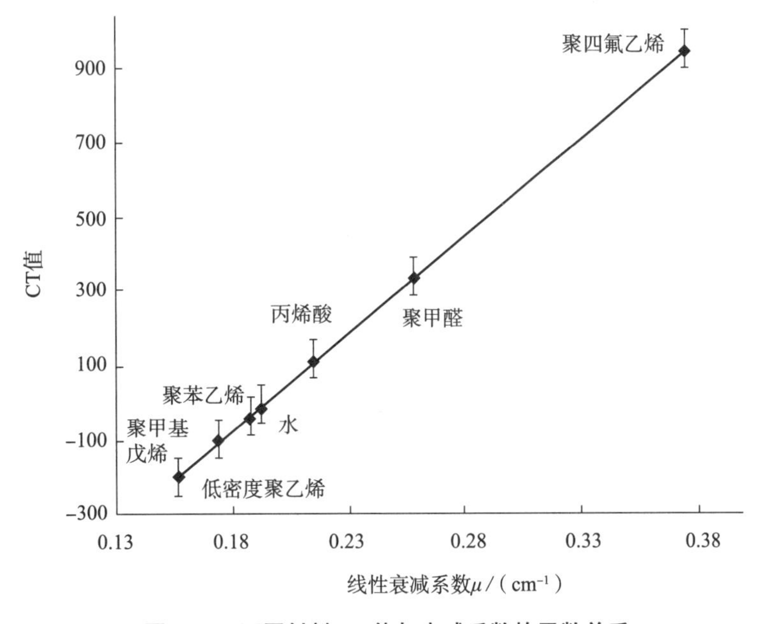

图 3-45　不同材料 CT 值与衰减系数的函数关系

表 3-5 不同材料的密度及 CT 值特性

材料名称	密度/(g/cm³)	线性衰减系数/cm⁻¹	CT 值/HU
空气	0	0	−1000
聚甲基戊烯	0.83	0.157	−200
低密度聚乙烯	0.92	0.174	−100
水	1.00	0.193	0
聚苯乙烯	1.05	0.188	−35
丙烯酸	1.18	0.215	120
聚甲醛	1.41	0.258	340
聚四氟乙烯	2.16	0.374	950

CT 值均匀性是指，对于一个均匀模体，测出的 CT 值不应该随着选取的 ROI 的位置变化而改变，也不应随着模体相对于 CT 机架旋转中心的位置变化而改变。图 3-46 显示了一个 CT 重建的 20 cm 水模。不同位置的 ROI 的平均 CT 值应该一致。由于受射线束硬化、散射、CT 系统稳定性以及许多其他因素的影响，CT 值准确性和均匀性只要保持在一个合理的范围内即可。

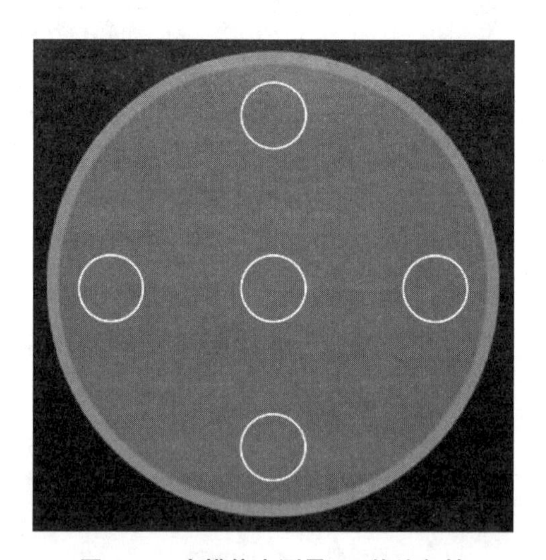

图 3-46 水模体中测量 CT 值均匀性

需要强调的是，CT 值可能随重建算法而发生显著改变。在重建中使用的大多数算法，是针对特定临床应用目的而设计的，不能不加区别地在所有场合中使用。例如，有些锐利的卷积核重建算法的设计是用来增强精细结构的可见度的。该算法具有边缘增强特性，但小物体的 CT 值准确性可能受到图像噪声影响而变差。所以当采用锐利的卷积核算法重建某些肺部结节时，因为结节的 CT 值被人为地提高了，可能被误判为钙化性结节。

（二）测试方法

CT 值的准确性和均匀性可以使用均匀水模体来测试，如制造商有推荐的水模体，应使用制造商推荐的水模体。测试分成头部和体部测试两部分，分别采用两个不同尺寸的模体。头部模体一般为一个直径 200 mm 的圆柱形水模体，体部模体为一个直径 320 mm 的圆柱形水模体。如果测量 CT 值的线性，则需要使用包含多种不同材料的模体，如 Catphan模体。

1. 头部测试

(1) 在典型头部扫描条件下（如轴位扫描方式，管电压为 120 kV，电流时间积为 230 mAs，旋转时间为 1 s，准直器为 64×0.625 mm），使用头部 CTDI 模体测量中心剂量，剂量不应超标。

(2) 采用 10 mm 层厚，如果设备无 10 mm 层厚，应使用设备允许的最大层厚。

(3) 将均匀水模体置于扫描视野中心，并使模体轴线与扫描机架的中心轴重合。

(4) 执行扫描，在重建的 CT 图像中心选择一个圆形的 ROI，在距离模体边缘大约 1 cm 处，相当于时钟 3，6，9，12 点钟的位置选择 4 个 ROI，共 5 个 ROI，上述各 ROI 的直径大约是模体直径的 10%，中心 ROI 与外部 ROI 不应重叠。

(5) 测量 5 个 ROI 的平均 CT 值，中心 ROI 的 CT 值与 4 个外部 ROI 的 CT 值之差的最大值即为 CT 值的均匀性。

(6) CT 的准确性以中心 ROI 的 CT 值计算即可，检查其是否为 0。不同标准对于 CT 值准确性测量时的 ROI 尺寸要求有差别，应依据具体标准的要求选择。

(7) 如果测量 CT 值线性，则对图像中的不同物质分别测量 CT 值。在每种物质的图像中心选择一个不小于 100 像素的 ROI，测量 ROI 的平均 CT 值，即为该种物质的 CT 值。如已知不同物质的衰减系数，可以拟合出 CT 值与衰减系数的函数关系，考查其线性是否合格。

2. 体部测试

将头部模体换成直径为 320 mm 的圆柱形体部模体，重复上述(1)～(7)的测试步骤。

3. 测试结果评价

过量的噪声会影响测量结果的准确性，所以推荐使用平滑的重建算法（例如：选择脑或腹部条件）。CT 值均匀性的标准要求一般为±4 HU，即每个外部 ROI 与中心 ROI 的差值不应超出±4 HU。水 CT 值应在(0±4)HU，空气 CT 值应在(−1000±10)HU。

如果测出的结果大于上述限值，应进行重复测量，以免因测量过程错误导致偏差，如重复多次后结果依然超过限值，则应对设备进行校准或维修。

五、图像噪声

（一）定义

图像噪声是指图像中 CT 值的随机变化，因为即使在均匀物体的影像中，CT 值也并不是绝对均匀的，而是在平均值附近上下随机涨落，其数值可用给定区域 CT 值的标准偏差来表示，见公式(3-43)。图 3-47 显示了一幅均匀 CT 图像上噪声的图示，图中平均 CT 值为 0，而实际CT值在0附近的一定范围内随机变化。

$$\sigma=\sqrt{\frac{\sum_{i,j\in \mathrm{ROI}}(f_{i,j}-\overline{f})^2}{N-1}} \tag{3-43}$$

式中，i和j是二维图像的坐标，N为ROI中的像素总数，$\overline{f}$为ROI中的像素平均强度，对于CT而言，即为ROI中的平均CT值。$\overline{f}$由公式(3-44)计算得到。

$$\overline{f}=\sum_{i,j\in \mathrm{ROI}} f_{i,j} \tag{3-44}$$

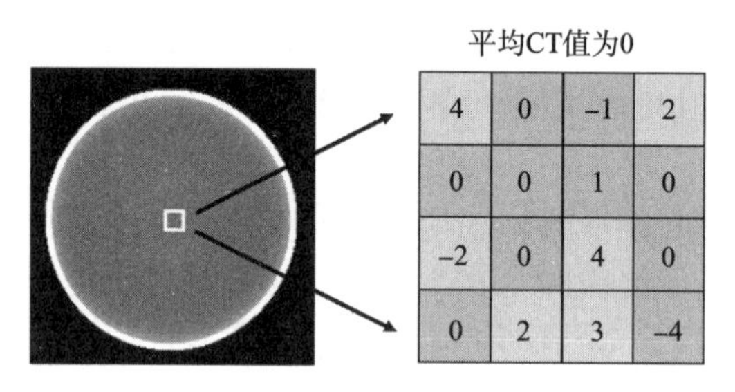

图3-47 图像噪声图示

为了保证测量结果的可靠性，经常采用多个ROI计算标准偏差并取平均值。

（二）CT中图像噪声的主要来源

图像噪声的存在会影响图像质量。CT图像中包含有某些直观的噪声，它的存在使图像出现斑点、细粒、网纹、雪花状或结构异常等，很大程度上会影响CT图像的清晰度。在低对比度分辨力的章节已经提到，噪声的存在可能掩盖或降低图像中某些特征的可见度，尤其是低对比度的物体，因此噪声是低对比度分辨力的主要影响因素。但是在CT的成像过程中，图像噪声是不可避免的，其主要来源包括：量子噪声、电子组件形成的电子噪声及重建算法引起的结构噪声。[11]

1. 量子噪声

量子噪声是由X射线束流或探测到的X射线光子数决定的。光子数越多，噪声越小；反之，噪声越大。量子噪声与光子数的关系见公式(3-45)。

$$量子噪声(\mathrm{SD})\propto\frac{1}{\sqrt{光子数量}} \tag{3-45}$$

量子噪声主要受CT扫描中的技术参数、CT设备的效率和患者因素影响。扫描技术参数主要包括：X射线管电压、管电流、层厚、扫描速度、螺距因子等；影响CT扫描效率的因素主要包括：量子探测效率、探测器几何效率、本影-半影比等；患者因素包括：患者身体尺寸、扫描平面内骨骼和软组织的数量等。扫描技术参数决定了到达病人的X射线光子的数量，而扫描效率决定了穿透病人的X射线光子能转换为有用信号的百分比。

为了减少图像中的噪声，可以通过增大X射线管电流、增大管电压、增大扫描层厚，降低扫描速度或者减小扫描螺距因子等方式。但是如果为了降低噪声而改变各个参数时，会影响图像质量，使图像质量变差或者增加患者的照射量。如：增大管电流的同时，会增加病人的受照剂量并导致X射线管负载增加；增大管电压，会增加穿透人体到达探测器的光子数，因此会降低噪声水平,但同时也可能会降低低对比度目标的探测能力;增加层厚可能会导致纵向分辨力变差并且产生由于部分容积效应带来的对比度下降等问题;降低扫描速度可能导致病人运动伪影和器官覆盖范围减小。因此,设置扫描参数时,需要权衡不同采集参数之间的利弊,在不同参数组合当中寻求一个"最优解"。只要充分理解并掌握了不同参数的权衡,就可以有效地对抗噪声的影响。当前较新的CT设备提供了允许操作人员选择噪声水平的功能,CT设备将根据指定的噪声水平确定所需的X射线管电流。由于病人的解剖结构随位置不同而变化,X射线管电流通常也会随X射线管角度沿病人长轴位置的变化而变化。

2. 电子噪声

图像噪声的第二个来源是系统固有的物理限制,主要是电子噪声。这包括探测器光电二极管中的电子噪声、数据采集系统中的电子噪声、散射辐射等许多因素。上述因素主要由CT的固有性能决定,通常只能通过改进CT探测器性能和更先进的电路设计来改善,CT操作人员很难控制这类噪声的影响。

3. 图像重建过程中产生的噪声

图像噪声的第三个影响因素是图像重建过程,该过程可进一步分为两部分,包括重建参数和校正有效性。重建参数包括不同重建滤波核的选择、重建视野、图像矩阵大小和图像后处理技术。一般来说,高分辨力重建核会使噪声水平增加。这主要是因为这些滤波核保存或增强了投影数据中的高频信息,而大多数噪声表现为高频信号。图3-23说明了重建滤波核对图像噪声的影响,图3-23(b)采用骨骼重建,噪声电平明显高于图3-23(a)中的噪声水平。此外,图像校正技术有助于降低噪声水平,在数字探测器系统中,结构噪声通常可以通过图像校正技术进行校正。

图像噪声与剂量之间的关系是X射线成像过程中必须考虑的问题之一。大多数情况下,患者的照射量虽可减少,但却是以增加量子噪声为代价,还可能降低图像的可见度。在大多数情况下,为了降低图像的噪声,而需要更大的曝光量。因此,在进行噪声测试的时候,需要规定最大的CTDI剂量值。

(三)测试方法

准备一均匀水模体,如CT制造商有推荐的水模,应使用CT制造商推荐的水模体。测试分成头部和体部测试两部分,分别采用两个不同的模体。头部模体通常为一个直径为18 cm～20 cm的圆柱体水模,体部模体为一个直径为30 cm～35 cm的圆柱体水模。

1. 头部扫描

(1) 在典型头部扫描条件下(如:轴位扫描方式,管电压为120 kV,电流时间积为230 mAs,旋转时间为1 s,准直器为64×0.625 mm),使用头部CTDI模体测量中心剂量,并记录剂量值,剂量不能超过规定值(一般为40 mGy)。

(2) 采用10 mm层厚,如果设备无10 mm层厚,应使用能够选择的最大层厚。

(3) 将均匀水模体置于扫描视野的中心。

(4) 扫描后,在图像中心选择一个直径大约为模体图像直径40%的ROI,测量此区域CT值的标准偏差SD,并用公式(3-46)计算噪声值N。

$$N=\frac{s}{CT_{水}-CT_{空气}}\times100\%=\frac{s}{1000}\times100\% \quad (3\text{-}46)$$

式中：

s——ROI中CT值的标准偏差；

N——测量分区图像的噪声。

(5) 如果使用实际最大层厚进行测量，噪声值N应按照公式(3-47)进行转换。

$$N=N\times\sqrt{\frac{d}{10}} \quad (3\text{-}47)$$

式中：

N——测量分区图像的噪声；

d——实际测量层厚。

2. 体部扫描

体部测试方法同头部，区别在于使用直径320 mm的水模体进行测试。重复头部扫描步骤(1)～(5)。

3. 测试结果评价

噪声测试过程中需要注意剂量监测，在测试结束时记录$CTDI_{vol}$，且要保证不超过规定值(一般为40 mGy)。出厂及验收检测，图像噪声N应不大于0.35%，这是YY/T 0310—2015《计算机体层摄影设备通用技术条件》中给出的要求。该标准是CT型式检验和CFDA注册的必用标准。对于日常质量控制，不同标准的要求不同，WS 519《X射线计算机体层摄影装置质量控制检测规范》中规定，在$CTDI_w$不大于50 mGy的剂量条件下，噪声水平不超过0.45%。[29]

(四) 噪声功率谱(NPS)

1. 概述

如前所述，通常用标准偏差来表示图像的噪声，但是仅仅用标准偏差并不能完全表征图像中的噪声。因为CT图像中的噪声不只是白噪声，通常还与频率有关。图3-48显示了用标准偏差σ测量，噪声水平完全相同的两幅图像；然而，这两幅图像的外观有着显著差异。二者的差异是由噪声纹理不同造成的，也就是说，这两幅图像中噪声的空间频率分布是不同的。这证明了一个重要事实，就是如果要充分描述图像中的噪声，仅靠标准偏差是不够的。噪声特性可以用NPS或维纳波谱来描述。如图3-49所示，通过傅里叶变换将图像噪声分解为其频率分量，得到NPS。NPS将噪声方差描述为空间频率的函数，从而表征噪声结构，能够比简单的标准偏差提供更完整的噪声描述[12,30]。

图像噪声在不同频率的表现可以用钢琴的声音类比。就好比用不同琴键弹出的声音，尽管音量相同，但是由于频率不同，声音表现也完全不同。图3-48(a)中的噪声相当于用钢琴左边的琴键产生的声音，即低频声音，而图3-48(b)中的噪声相当于用钢琴右侧的琴键产生的声音，即高频声音。尽管两幅图像的标准偏差相同，即通常意义上的噪声水平相同，但是外观表现却完全不同[31]。只不过对于声音，频率是时间频率，例如以s^{-1}为单位测量，而在图像中，频率是空间频率，以mm^{-1}为单位。

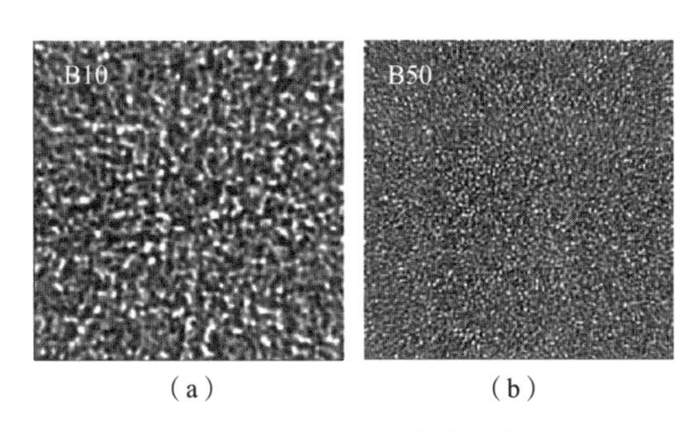

图 3-48　不同频率分布的噪声对比

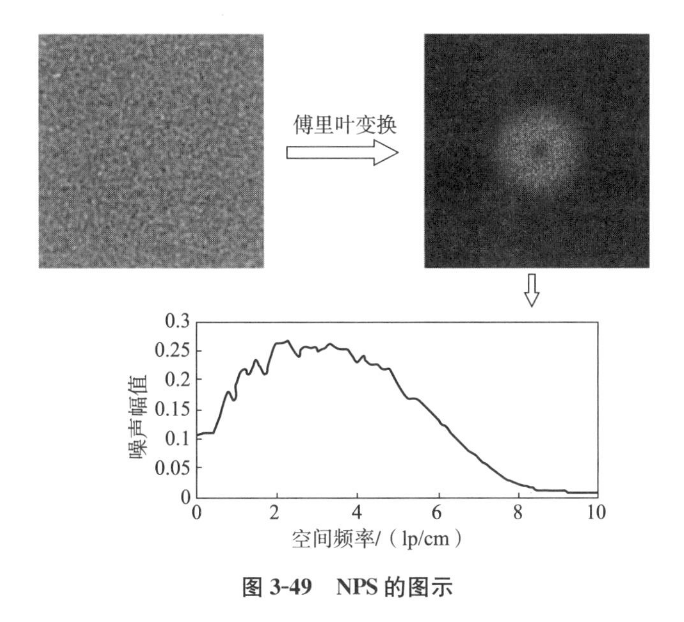

图 3-49　NPS 的图示

为了进一步说明 NPS 对于图像质量的影响，图 3-50 给出了一组低对比度分辨力模体的图像，用不同的管电流扫描，用不同的卷积核重建，两幅图像具有相同的标准偏差，然后低对比度物体的可见性明显不同，再一次证明了仅仅用标准偏差来表示噪声是不够的[32]。

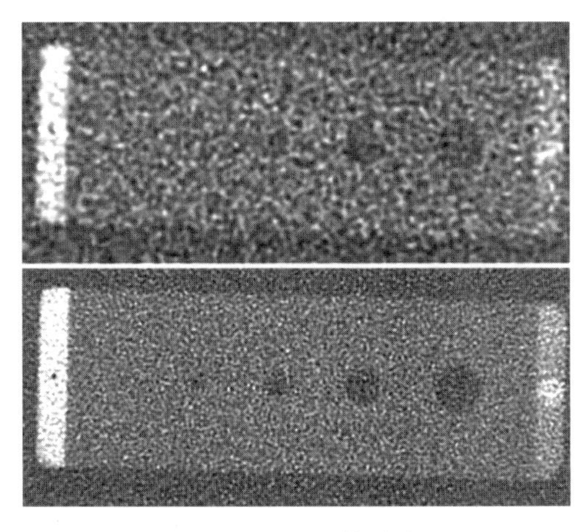

图 3-50　NPS 的影响

2. NPS的定义和表示

功率谱是功率谱密度的简称，定义为单位频带内的信号功率，表示信号功率在频域的分布状态。NPS即为图像中的噪声信号的功率谱，由图像噪声协方差的傅里叶变换后的模计算得到，见公式(3-48)。

$$\mathrm{NPS}(f_x,f_y)=\frac{1}{N}\sum_{i=1}^{N}\left|\mathrm{DFT}_{2D}[I_i(x,y)-\overline{I_i}]\right|^2\frac{\Delta x\Delta y}{N_xN_y} \tag{3-48}$$

式中：

DFT_{2D}——二维离散傅里叶变换；

$\Delta x\Delta y$——水平和垂直方向的像素间距的乘积；

N——图像中选取的ROI的个数；

$I_i(x,y)$——第i个ROI的图像信号值；

$\overline{I_i}$——第i个ROI的图像信号平均值；

N_x,N_y——ROI在两个方向上的像素个数。

3. NPS的测量

接下来说明如何测量NPS。选取合适的扫描条件(如管电压、管电流、旋转时间等)对均匀模体(如水或PMMA模体)进行扫描，产生如图3-51(a)所示的相对均匀的CT图像。在均匀图像中选取N个ROI，如图3-51(a)所示，ROI一般是围绕一个恒定半径的圆进行选取。从图像中提取每个二维的ROI，然后利用一个二维二阶多项式去除图像中的背景趋势，即去掉图像非均匀性的影响，如图3-51(b)所示。对每个ROI进行二维傅里叶变换得到NPS，然后在频域对N个NPS数据集进行多次平均后，得到平均的二维NPS，见公式(3-48)。图3-51(c)显示了该CT图像的二维NPS，其典型外观是一个环面。对二维的NPS沿径向方向进行平均，可以将二维NPS转换为一维的NPS，如图3-51(d)所示。二维NPS中的f_x和f_y频率转换为一维径向频率f_r，见公式(3-49)[12]。

$$f_r=\sqrt{f_x^2+f_y^2} \tag{3-49}$$

一维NPS的正斜率区域是由于在CT滤波反投影重建过程中使用了斜坡滤波，而随后在高频处的衰减是由于重建过程中使用了抑制高频噪声的重建滤波核。不同的滤波核的选择代表空间分辨力和图像噪声之间的不同权衡，但是几乎所有临床上使用的滤波核都会在高频响应时产生衰减，以减小量子噪声对图像的影响。

当前的CT均为多层螺旋CT和锥形束容积CT系统，CT图像不再是传统意义上的断层图像，而是三维容积影像。在扫描长轴方向(z方向)有多排探测器阵列同时采集数据，因此也产生z方向的噪声相关性。对于现代CT而言，为了更全面地描述噪声特性，引入三维NPS是完全必要的。三维NPS是二维NPS函数的直接扩展，定义见公式(3-50)。

$$\mathrm{NPS}(f_x,f_y,f_z)=\frac{1}{N}\sum_{i=1}^{N}\left|\mathrm{DFT}_{3D}[I_i(x,y,z)-\overline{I_i}]\right|^2\frac{\Delta x\Delta y\Delta z}{N_xN_yN_z} \tag{3-50}$$

式中，f_z、Δz、N_z分别表示z方向上的空间频率、体素间距和体素数量，DFT_{3D}为三维离散傅里叶变换。对于CT而言，通常$\Delta x=\Delta y$。如果选取的是正方形ROI，则$N_x=N_y$。然而，z方向中的体素间距Δz通常不等于x和y方向的体素间距。N_z的值也可以不等于N_x或N_y，它取决于扫描的圆柱形模体的直径和沿z方向的扫描长度。

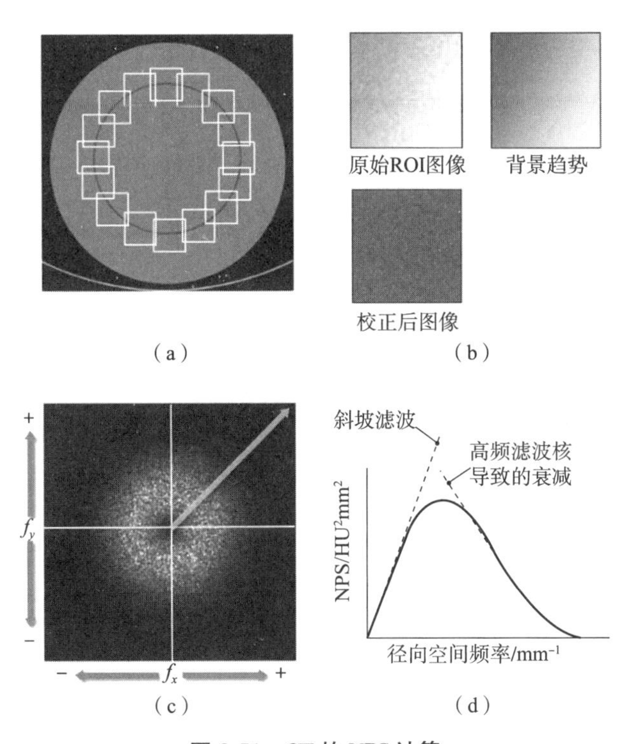

图 3-51 CT 的 NPS 计算

三维 NPS 的测量与二维 NPS 的测量基本一致。区别在于，二维 ROI 变为体积感兴趣区(VOI)，所有计算将针对 x、y、z 三个维度执行[33]。

图 3-52 显示了由 CT 图像计算出的三维 NPS 的不同视图。图 3-52(a)为三维 NPS 的在 x-y 平面的投影；图 3-52(b)为冠状面或矢状面的投影。由于 CT 的旋转对称性，冠状面和矢状面的 NPS 的投影是基本相同的。图 3-52(c)展示了三维 NPS 的 3D 渲染图，为了清晰起见，图中显示了一个镂空视图。

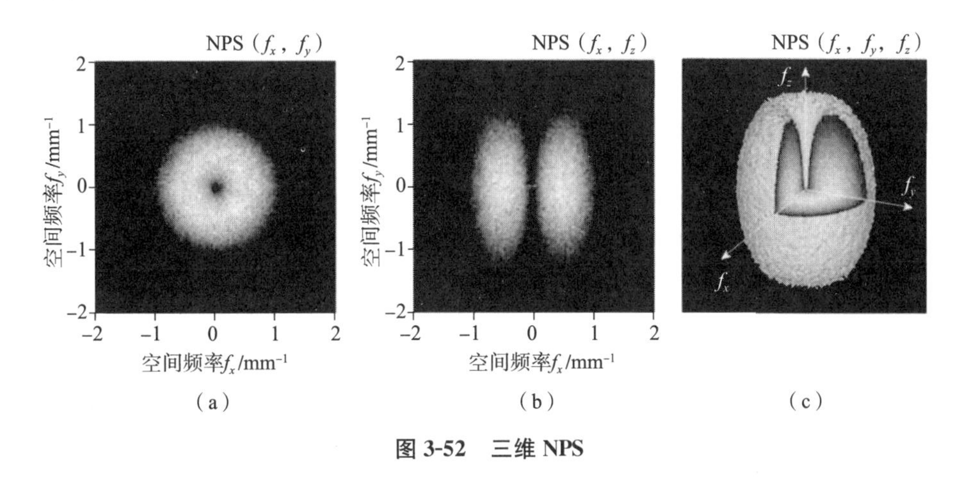

图 3-52 三维 NPS

综上所述，NPS 是有效评价图像噪声的方法。但是往往不同厂家在测量中使用的模体和扫描条件也不尽相同，虽然能够对噪声水平进行评估，但不同 CT 之间的测量结果无法进行有效对比。为了利用 NPS 实现对图像噪声的定量的、客观的评价，应当统一测量中使用的模体的材料和尺寸,并在相同的剂量水平和扫描条件下进行测量[34]。这样不仅能够量化CT系统的噪声,实现对CT噪声性能进行临床评估,还能实现不同CT之间的横向对比。此外,由于低对比度分辨力主要取决于噪声水平的影响,而NPS能够提供完整的噪声特性,将能够在CT的验收和质量控制中代替低对比度分辨力的视觉测量方法。

六、伪影

理论上,CT图像伪影可被定义为图像中被重建数值与物体真实的衰减系数之间的差异。相比普通X射线成像,CT图像中出现伪影的可能性要高得多,这是由CT的成像原理决定的。伪影会严重降低CT的图像质量,而从实际应用角度出发,本章关于伪影的讨论限制在与临床诊断相关的差异上。CT伪影一般可以按照伪影的来源或表现形态进行分类。概括起来,基于物理学的伪影起源于CT数据采集的物理过程;基于患者的伪影由如患者运动或者存在于体表或内部的金属材料等因素引起;基于扫描机的伪影由扫描机的功能缺陷造成;螺旋和多层技术伪影则由图像重建过程产生。虽然现代CT扫描仪的设计特点减少了某些类型的伪影,有些伪影也可利用扫描机的软件实现部分校正。但在许多情况下,细致的患者定位和扫描参数的优化选择是避免出现CT伪影的最重要因素。正确的发现和识别伪影也是CT质量控制中的重要部分。

1. 伪影的形态

一般而言,CT伪影可以分为4种主要类型:条纹伪影、环形和条带伪影、阴影伪影及其他伪影。条纹伪影通常表现为横穿图像的明显直线,可明可暗,不一定平行;在许多场合,因为重建滤波器的特性,亮、暗条纹会成对出现,见图3-53(a)。通常情况下,这类伪影导致误诊的可能性很小,因为人体病理组织很少会具有这样的特征。环形和条带伪影看上去与叠加在原始图像上的环或带相似。环形伪影通常与第三代CT系统相联系,环形伪影如图3-53(b)所示。要特别注意非完整环,它们可能看上去像特定的病理表现。例如,空间上穿过一个主动脉的暗弧容易被看作是主动脉裂口。噪声的存在对环的可分辨性有着明显的影响,通常噪声越大,环状伪影越不容易分辨。阴影伪影通常出现在高对比度目标附近,如出现在骨结构或含气组织附近的软组织区。阴影伪影可能由射线束硬化效应、部分容积效应或者散射辐射导致。阴影伪影可能是亮的或暗的。与条状伪影相比,由于在器官上CT值可以是渐变的,阴影伪影经常看上去像病理表现,所以它容易导致误诊。其他伪影类型包括一些不常见的伪影,如莫尔纹等。这里不对这些伪影做讨论。

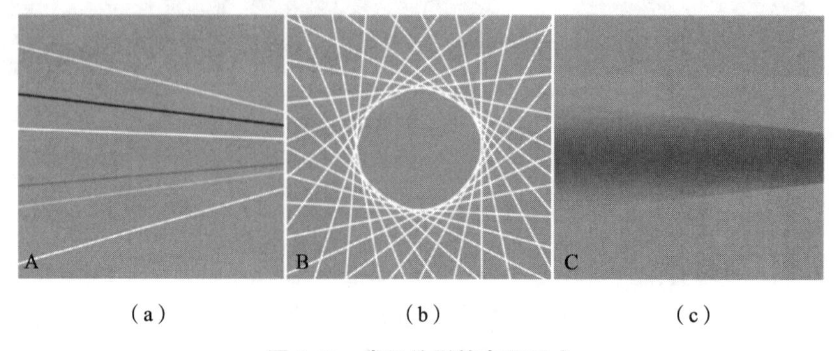

(a) (b) (c)

图3-53 常见伪影的表现形式

2. 基于物理学的伪影

(1) 射线束硬化伪影

X 射线束是由具有一定能量范围的许多个光子组成的。当射线束穿过一个对象时，较低能量的光子更快地被吸收，平均能量增加，射线束变"硬"。图 3-54 中显示了 X 射线束穿透 15 cm 厚和 30 cm 厚的水模体后的 X 射线光谱图[11]。图中可以看出，X 射线束穿透模体后有不同的能量变化，光谱图明显右移，即低能射线被吸收。基于此效应形成的 CT 图像伪影称为射线束硬化伪影。射线束硬化伪影主要有两种类型：杯状伪影和暗带或条状伪影。杯状伪影：射线束通过均质圆柱模体时，中间的射线束穿透的物质的厚度最厚，辐射路径较长，因此中间部分的射线束硬化程度要超过边缘的射线束硬化程度，如图 3-55 所示。理想情况下，均匀物体的强度应该是恒定的。由于射线束硬化效应，结果的衰减分布与理想衰减分布不同，模体横断面的 CT 值分布显示出一种典型的杯状外形[7]，如图 3-55 中虚线所示。暗带或条状伪影：在非常不均匀的断面，暗带或条状伪影通常出现在两个致密物体之间，如头部扫描时出现的著名亨氏暗区，如图 3-56(a)所示。

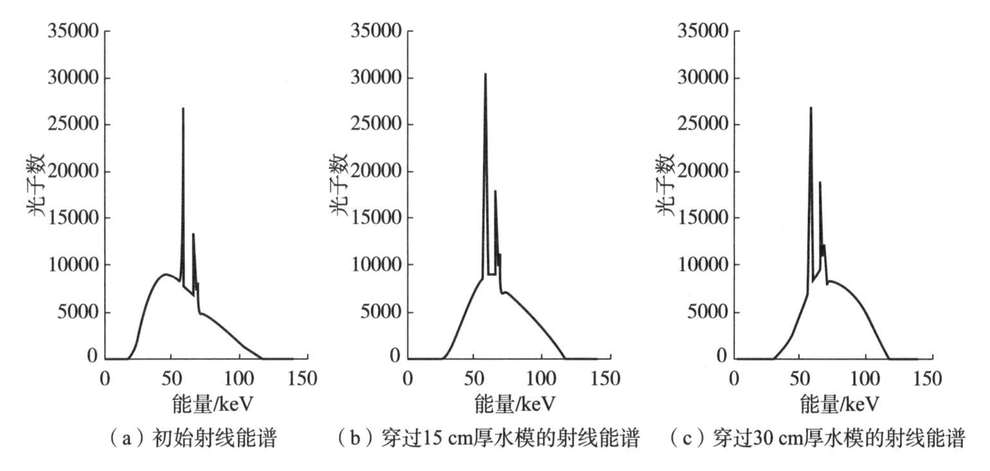

（a）初始射线能谱　（b）穿过15 cm厚水模的射线能谱　（c）穿过30 cm厚水模的射线能谱

图 3-54　X 射线束穿过不同尺寸的目标时的射线束硬化效应

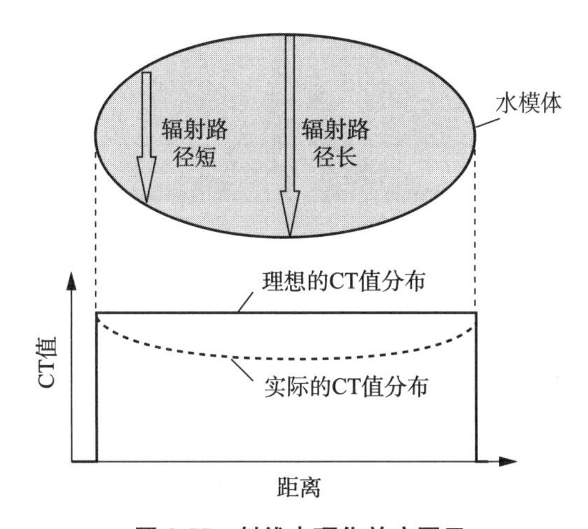

图 3-55　射线束硬化效应图示

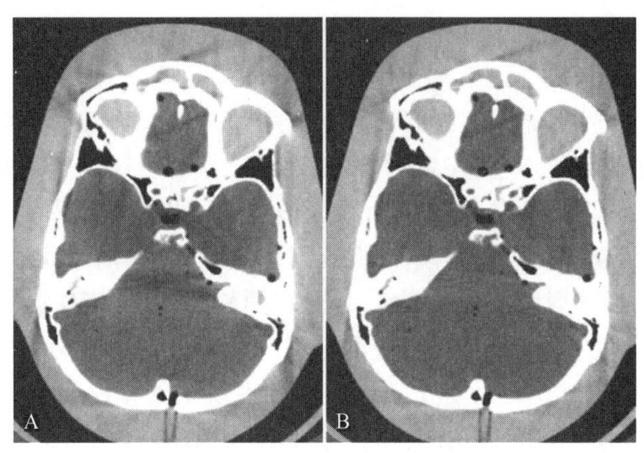

（a）未经射线束硬化校正的图像 （b）射线束硬化校正后的图像

图 3-56 骨骼造成的射线束硬化伪影

一般通过使用过滤、定标校正和射线束硬化校正软件来最大限度地减少射线束硬化伪影。过滤:在射线束穿过患者前利用金属材料滤掉低能成分,“预硬化”射线束;再使用“蝴蝶形”过滤器,进一步硬化射线束的边缘。定标校正:CT 制造商用不同大小的水模体对 CT 定标,在重建前利用多项式拟合投影数据与不同路径长度的函数实现校正,如图 3-57 所示。由于患者的解剖部位无法与圆柱形定标模体完全匹配,所以临床上仍有可能出现轻微的剩余杯状伪影。射线束硬化校正软件:当骨性区域图像重建时,可应用一种迭代校正算法。这有助于脑部扫描时骨骼软组织界面的模糊,而且还会减少非同质断面图像暗带的出现,图 3-56(b)显示了骨骼校正后的效果。CT 技术人员在操作时也可以尽可能地避免射线束硬化伪影的产生,有时候可能通过患者定位或倾斜扫描机架,避免扫描骨骼区域。重要的是选择合适的扫描野,以确保 CT 使用正确的定标、射线束硬化校正数据和合适的蝴蝶形过滤器。

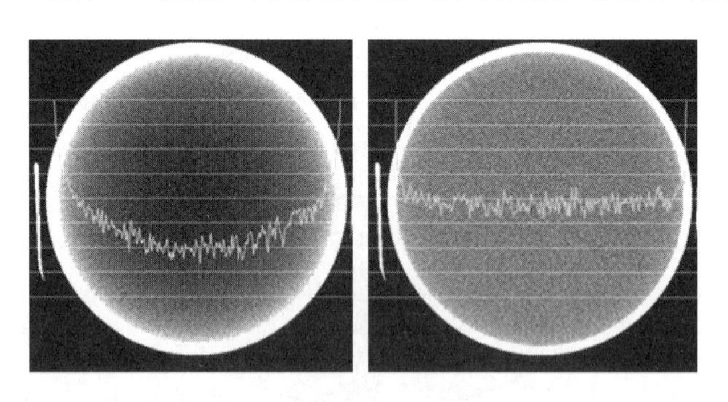

（a）未经射线束硬化校正的图像 （b）射线束硬化校正后的图像

图 3-57 利用水模体进行射线束硬化校正

(2) 部分容积伪影

部分容积效应是指两个或多个不同的组织类型占据相同的像素并且被加权平均。每个像素的 CT 值正比于相应体素中的平均线性衰减系数 μ,如果体素包含的是同一种组织类型(如都是骨骼、都是肝脏),μ 就是那种组织性质的表现。然而,当图像中的某些体素包含不同类型的组织(如包含骨骼和软组织)时,则线性衰减系数 μ 不能代表其中的任何一种组织的特性，取而代之的是两种不同μ值的加权平均。图3-58中说明了部分容积效应产生的具体过程，从骨骼和软组织穿过的X射线强度分别为I_1和I_2，图中左侧，探测器同时接收I_1和I_2，总强度为I_1+I_2。但是由于CT投影过程中需要将线性衰减系数进行取对数运算，进而产生计算过程的非线性问题，见公式(3-51)。探测器平均的非线性，将导致结果的不准确，而产生部分容积伪影。

$$\ln(I_1+I_2)\neq\ln(I_1)+\ln(I_2) \tag{3-51}$$

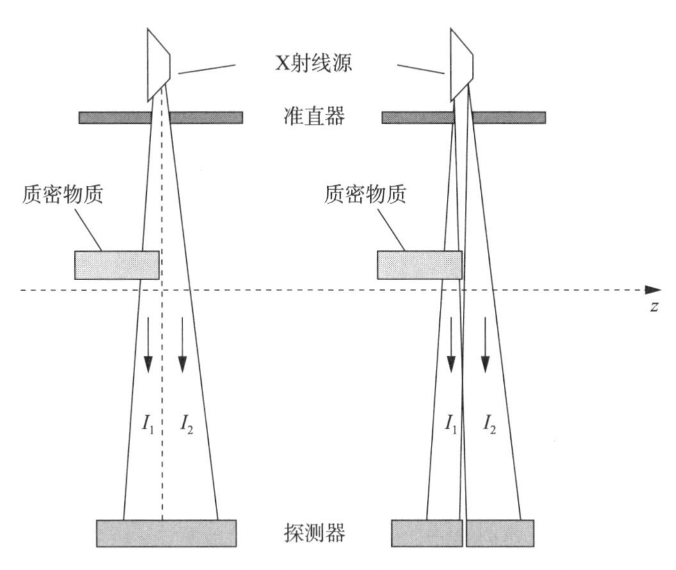

图3-58　部分容积效应的产生原因及校正方法

当高对比度的结构在垂直于扫描平面的z轴方向部分进入扫描平面时，就容易发生部分容积效应，而且随着层厚增加发生部分容积效应的可能性也增加。其根本原因在于信号在z轴切片方向被探测器平均的非线性问题。部分容积效应在图像中表现为宽带状、环状伪影及图像暗区或亮区，这取决于高对比度结构及其在z轴方向与扫描平面的相对位置关系。解决部分容积伪影最直接也是最有效的方法就是减小层厚，如图3-58右侧所示。图中利用薄层扫描，不同强度的射线I_1和I_2分别用两个独立的探测器单元接收，每个探测器单元接收的均是穿过同类型组织的射线束，可以有效避免部分容积伪影的产生。临床上也可以通过薄层扫描较小部分容积伪影，如当进行肺部检查时，对于初始检查经常选择一个5 mm～10 mm的层厚。在确认了一个可疑的结节后，随即进行1 mm或亚毫米的薄层扫描，以获得结节的特性。对于较大层厚的重构需求，可以将层厚分为若干小层厚进行重构后再进行叠加，产生一个较厚切片。使用较小的层厚或较小的显示野可能会增加CT值的准确性。另外，在图像处理中可采用特定的算法减少部分容积伪影。一种算法是估计高密度物体在z轴方向的衰减变化，采用相邻重叠的图像，通过正向投影梯度图像“重新生成”误差图像，从初始图像中减去误差图像，得到最终图像。

3. 基于患者的伪影

(1) 金属伪影

病人体内的金属植入物，如补牙填料、假肢装置、外科手术用金属夹子等，均容易导致金属条纹伪影,如图 3-59 所示,这是 CT 成像中的一个主要问题。金属物体的形状和密度不同,伪影形态可能会显著不同。金属伪影产生的原因和校正方法如图 3-60 所示。金属物体对 X 射线有很强的衰减,产生非常高的投影信号幅度,在滤波步骤之后超出了数字信号处理(DSP)芯片的动态范围,其结果是滤波投影数据被截断,从而产生附加的伪影,见图 3-60(a)。另外,患者运动经常使金属伪影校正复杂化。患者运动导致投影中非连续性更加突出,并加重了条状伪影,如安装了心脏起搏器的患者心脏扫描的情形。

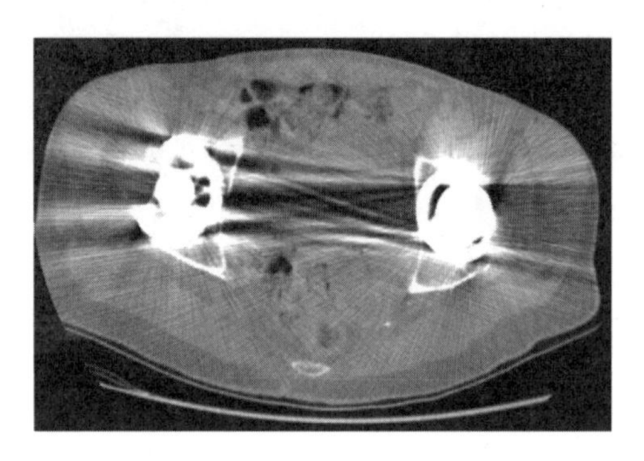

图 3-59 金属植入物导致的金属伪影

减少金属伪影有许多不同的方法。最有效的解决方案是使用较小衰减的材料(如钛)或较小截面的装置防止金属伪影。通过软件校正也可以减少金属伪影的影响。基本原理是:通过识别金属植入物,并通过多项式或线性插值、模式识别或线性预测方法合成投影数据,将被截断的投影数据补充完整,如图 3-60(b)所示。此外,还可采用迭代重建的方法进行金属伪影校正。金属伪影的校正一直是近几十年来的研究热点,但还没有找到一种彻底解决并且鲁棒的方法。由于金属植入物的类型和形状不同,患者的运动和部分容积效应等,导致问题变得非常复杂,同时,医师为了评估病人状况往往对金属植入物周围的组织很感兴趣,这样的临床需求更加增加了金属伪影校正的挑战性。

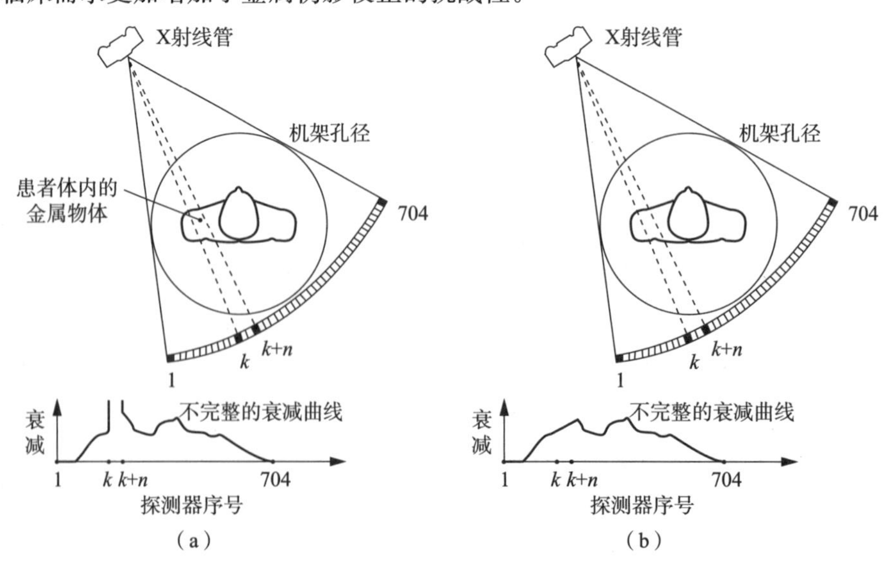

图 3-60 金属伪影产生的原因和校正方法

(2) 患者运动条纹伪影

扫描期间,患者的自主运动和非自主运动都会引起配准不良伪影,前者如呼吸运动,后者如蠕动和心脏运动,通常表现为重建图像上的阴影或条纹状伪影,见图 3-61[37]。

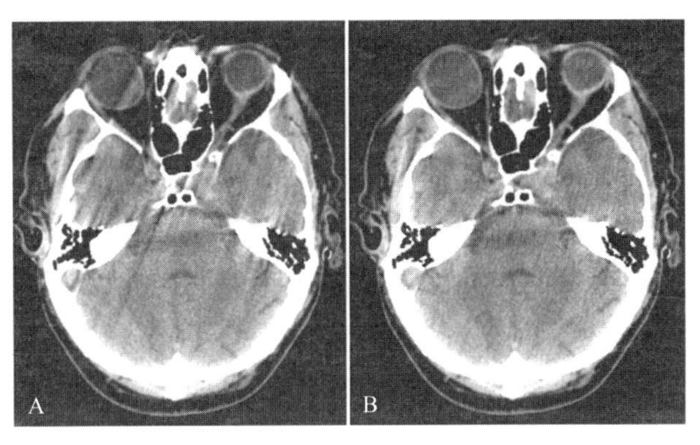

(a) 运动伪影图像　　(b) 运动校正后图像

图 3-61　头部非自主运动伪影

有几种方法来减少 CT 运动伪影。对于患者的活动,如呼吸和吞咽,重要的是让患者固定体位,可以使用定位辅助设备使他们舒适。临床上一般都要求患者保持固定体位并在屏气状态下完成扫描,目的就是抑制运动伪影。但是即使是在最有利的临床条件下(患者能够进行合作),患者也不能彻底地屏住呼吸,更不必说一些因神经系统受损而烦躁不安的患者,或者无法保持屏气的患者。因此相对而言,肺部扫描时呼吸会对运动伪影的形成产生举足轻重的影响。最直接、有效的方法是减少扫描时间,在扫描易于运动的区域时,使用尽可能短的扫描时间,有助于减少运动伪影的形成。定位辅助的使用也足以防止大多数患者的自主运动。然而在某些情况下(如小儿患者),则可能需要通过镇静方式固定患者。总体而言,如果患者能够在扫描期间屏住呼吸,就能够在很大程度上限制呼吸运动的影响。

运动伪影的校正也可以通过软件来完成,如通过过扫描和欠扫描模式、心电门控等抑制运动伪影。过扫描和欠扫描模式:探测器读数的最大差异出现在一个 360°扫描的起点与终点附近获得的图像之间。在标准 360°旋转采集数据集基础上多采集 10%额外数据。对重复的投影取平均,有助于减少运动伪影的严重程度。欠扫描模式的使用也能够减少运动伪影,但可能牺牲了分辨力。软件校正:大多数 CT 机在使用体部扫描模式时,对起点与终点自动应用降低权重的方法,以抑制它们对最终图像的影响。然而,取决于患者的体型,这可能导致在图像的垂直方向增加更多的噪声。心电门控:心脏的快速运动可以导致严重的心脏图像伪影。可利用心电图门控技术和多扇区重建来减少运动伪影。此外,缩短扫描时间也是有效减少运动伪影的方式,如双源螺旋 CT 扫描,能够提供更高的时间分辨力,可有效地避免心脏运动导致的伪影。

(3) 不完整投影伪影

CT 扫描时,如果有患者的任何部分位于扫描野外,计算机将得到与这部分有关的不完整投影信息,可能产生条纹或阴影伪影。如图 3-62 所示,患者的手臂位于扫描野外,虽然它们未表现在图像中,但它们在某些视野中的存在,导致整幅图像中出现了非常严重的伪影,严重降低了图像的可用性。为避免由不完整投影所导致的伪影，患者定位时应使身体完全位于扫描野内。例如，专为放射治疗计划设计的CT，有着比常规CT更大的扫描孔径和扫描野，能够在患者定位时提供更大的灵活性，这种特殊设计的CT对于体型高大或肥胖的肿瘤患者的CT图像定位非常关键。

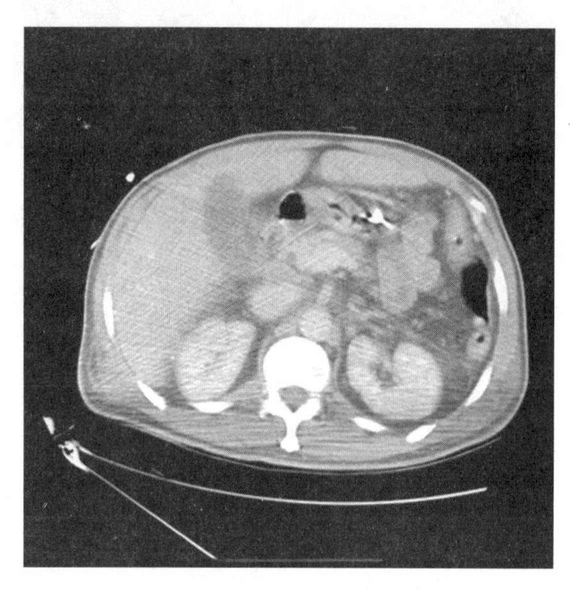

图3-62 不完整投影引起的伪影

4. 基于设备自身的伪影

作为CT成像的主要部件，探测器性能如暗电流偏置、增益、响应非线性、响应均匀性等都会对图像质量产生重要影响。探测器各单元在性能上的不一致性反映在图像上通常是宽窄不一的环形伪影。在螺旋CT系统中，探测器阵列出现一个或若干个偏心或校正不当的探测器，就会导致环形伪影。因为X射线管和探测器阵列同时旋转并且在物理上彼此相互联系，所以如果X射线管有轻微的移位都会导致CT系统产生偏心误差。存在偏心误差或不当校正的探测器探测到的每个光子产生的是不正确的视图，其结果非均一的信息导致出现环状的伪影图像。为消除这种环形伪影，探测器阵列必须重新排列或重新校准。幸运的是，完整的环或带一般不会对诊断产生影响，因为它们与人体组织不相似(图3-63)。作为X射线产生装置，若X射线管发生打火(如当阴极和阳极间存在杂质时)，会直接造成投影数据丢失，从而造成放射状的伪影。X射线管的打火频率会随使用寿命减少而增加。除了在系统调节时采用吸气真空技术避免管腔内存在杂质外，在算法上通常采用邻近角度投影插值来弥补X射线管打火造成的数据丢失。为满足设计上需要，目前X射线管阳极都以旋转阳极为主。转子旋转的平稳性会影响到焦点与探测器的相对关系，当转子旋转发生颤动时，就会破坏正常的投影采集而造成重建图像中的伪影。造成转子转动不平稳的原因往往是部件的疲劳损坏(如轴承的磨损)，这时只有更换已坏部件才能避免伪影的产生。

5. 螺旋CT伪影

一般来说，螺旋扫描时会看到与序列扫描时相同的伪影，但是由于螺旋插值和重建过程，螺旋扫描期间还可能产生另外的伪影。一旦在z方向解剖结构快速变化就会产生伪影

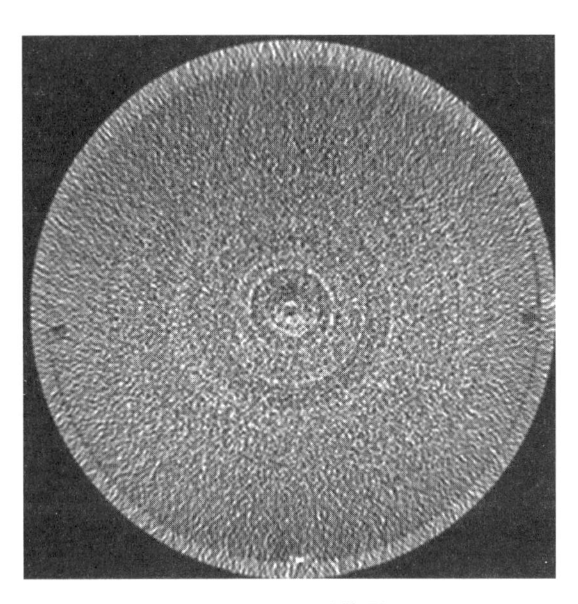

图 3-63 环形伪影

(如在颅骨顶端)而且螺距更高伪影更严重。如果对沿着扫描仪 z 轴置放的锥形模体实施螺旋扫描,则由此产生的轴位图像可能出现环状伪影。事实上,螺旋插值算法中使用了加权函数,因此它们的形状发生了变化。对于某些投影角度,图像受到的影响更加明显,这些影响来自扫描平面前方锥体较宽部位的贡献。对于其他投影角度,这些贡献来自占主导地位的扫描平面后方锥体较窄的部位。故伪影方向的变化是位于图像平面中心 X 射线管位置的函数。如图 3-64 所示的肝脏图像,这里螺旋伪影很容易被误诊为病灶。

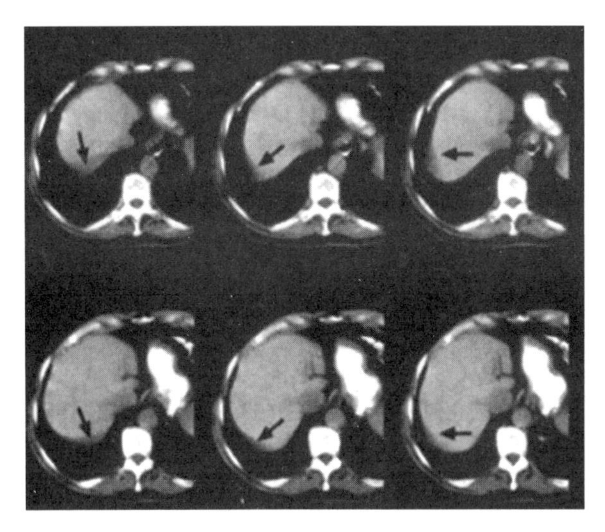

图 3-64 螺旋扫描引起的伪影

为最大限度地降低螺旋伪影,必须采取措施以减少沿 z 轴的变异的影响。这意味着应尽可能使用低螺距值;如果进行螺旋插值,选择 180°而非 360°插值;选择薄层采集而非厚层采集。某些时候最好还是使用轴向而非螺旋成像来避免螺旋伪影(如颅脑扫描)。

总之，伪影的表现形式和来源是多样的。有时相同表现形式的伪影可能是不同原因导致的，必须对其本质进行分析才能采取正确的措施避免或减少伪影的产生。

第三节　CT的X射线质

一、概述

半值层(half value layer)是用来表示X射线质的物理量，它反映了X射线的穿透能力，表示了X射线质的软硬程度，半值层可用字母HVL表示。虽然光谱学方法能够精确测量X射线光谱，但由于其实验设备非常复杂，且价格昂贵，测量过程非常耗时，同时需要大量的专业知识才能得到准确的测量结果。因此，一直以来都是利用半值层来表征X射线光谱特性。CT作为一种特殊的X射线诊断设备，其射线质量也可以用半值层来表示。

CT的X射线质与传统X射线成像设备既有区别也有联系。CT的X射线管也使用钨靶。钨(含5%～10%铼的合金)具有优异的导热性、高熔点，其相对较高的原子序数($z=74$)有助于更有效地通过韧致辐射产生X射线。CT的X射线管产生的大部分光子均由韧致辐射产生，但当管电压高于钨的K边缘70 keV时，特征辐射会产生59 keV和68 keV两个特征峰。相比普通X射线成像设备，CT使用更高的管电压和更厚的过滤，其射线质被认为是医用X射线成像设备中最硬的。X射线质对CT成像非常关键，如果低能射线束过多，X射线穿透人体时会由于射线束硬化而产生伪影。因此，通常CT的X射线管中需要加入更多的附加过滤器，在射线进入人体前提前硬化X射线束，从而减少射线束硬化伪影。此外，提前滤掉无用的低能射线也会降低患者的剂量水平。CT一般使用蝴蝶形过滤器，其在扇形X射线束的中心和边缘的过滤厚度是不同的，在边缘部分，过滤器更厚，这使得X射线进一步硬化。通常，进行CT半值层测量时一般应在射线束中心测量。

此外，现代CT剂量学基本上是基于蒙特卡罗模拟数据获得的。为了达到预期的准确度水平，该方法要求X射线光谱的模型要足够准确。已经证实当X射线束的管电压和半值层均已知的情况下，就可以得到足够准确的X射线光谱模型。从这个角度讲，为了保证CT的剂量学特性的准确，进行CT的半值层的测量也是非常有必要的。

半值层是CT射线质量的有效表示，射线质的稳定对于CT剂量、图像质量都有重要意义。由于CT的系统结构的特殊性，为半值层的测量造成了一定的困难。对于CT而言，半值层的测量虽然非常重要，但尚未作为日常质量控制项目开展，通常只是在设备型式检验或出厂验收时进行评价。本节对CT半值层的测量原理和测量方法进行介绍，目的是使半值层测量成为有效的质量控制工具。

二、半值层的测量原理

当特定辐射能量或能谱的X射线、γ射线辐射束通过一定厚度的规定物质时，空气比释动能(率)、照射量或吸收剂量(率)减小到无该物质时所测量值的一半时的规定物质厚度，称为半值层。X射线束的半值层通常是用可以直接测量空气比释动能的剂量计来测量的。半值层的测量通常要求测量仪器保持固定的位置，在剂量计和X射线源之间放置不同厚度的过滤片。由于 CT 在出束过程中，机架是不停旋转的，按照传统的测量方法，正常工作模式下无法实现半值层的测量。因此，需要进入 CT 的服务模式，使机架在出束过程中不再旋转。而通常进入服务模式，需要一定的权限，医院的工程师和技术人员往往没有上述权限，需要厂家工程师配合才能完成，这给 CT 半值层的测量提出了挑战。

在放射诊断学中，一般使用铝作为表征半值层的材料，CT 也一样。当 X 射线穿过不同厚度 t 的铝，其空气比释动能可近似采用朗伯-比尔定律的多能量形式，见公式(3-52)。

$$K_{\text{air}}(t)=\int_E \phi(E)\mathrm{e}^{-\mu_{\text{F}}(E)t_{\text{add}}}\mathrm{e}^{-\mu_{\text{Al}}(E)t}E\left(\frac{\mu_{\text{en}}}{\rho}\right)\mathrm{d}E \tag{3-52}$$

式中：

$K_{\text{air}}(t)$——X 射线穿过一定厚度 t 的铝过滤片的空气比释动能；

$\phi(E)$——X 射线光子与能量 E 的函数；

$\mu_{\text{F}}(E)t_{\text{add}}$——X 射线管的固有过滤和附加过滤对应的衰减系数与厚度；

$\mu_{\text{Al}}(E)t$——用于半值层测量所附加的铝过滤片的衰减系数与厚度。

需要注意的是，固有过滤是指 X 射线管外壳本身的衰减特性，附加过滤是指永久性地安装在 X 射线管组件上的附加过滤片，用来硬化 X 射线束，减少低能 X 射线的影响。附加滤过并不是为了进行半值层测量而在 X 射线束中插入的铝过滤片。

半值层测量时，在剂量计和 X 射线源之间放置不同厚度的铝过滤片，测量通过不同厚度 t 的铝过滤片后的空气比释动能，根据公式(3-53)计算得到不同过滤片厚度下的空气比释动能与无铝过滤片时的空气比释动能的比值 $A(t)$，当 $A(t)=1/2$ 时对应的厚度 t 即为半值层。

$$A(t)=\frac{K_{\text{air}}(t)}{K_{\text{air}}(0)} \tag{3-53}$$

通过图形法描绘出不同过滤片厚度 t 与 $A(t)$ 的对应关系，然后利用插值法或曲线拟合的方式得到半值层，如图 3-65 所示。

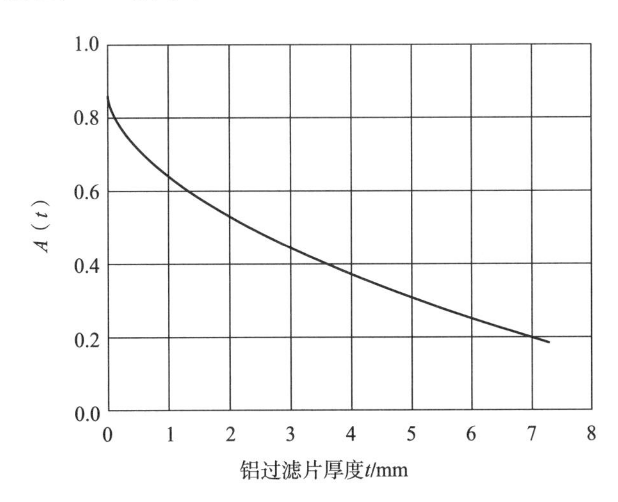

图 3-65　利用图形法测量半值层

三、半值层检测方法

（一）常规的CT半值层检测方法

利用常规的测量方法测量CT半值层,需要进入CT的服务模式。因为只有在服务模式下,CT才能在X射线管保持固定位置不变的情况下工作。在服务模式下,半值层的测量与传统X射线诊断系统一样。保持X射线管与剂量计的相对位置不变,在中间位置添加不同厚度的过滤片,测量得到不同过滤片厚度下的空气比释动能值,利用公式(3-53)就可以得到半值层。按照常规方法进行CT半值层测量的布局如图3-66所示。图中,将铝过滤片直接放置在机架孔径内的外壳上,X射线管位于机架正下方,即6点钟方向,电离室放置于扫描视野中心。将诊断床从机架中退出,防止床面对测量结果造成影响。然后更换不同厚度的铝过滤片进行测量,得到不同厚度过滤片下的空气比释动能。最后通过作图法可以得到CT的半值层。

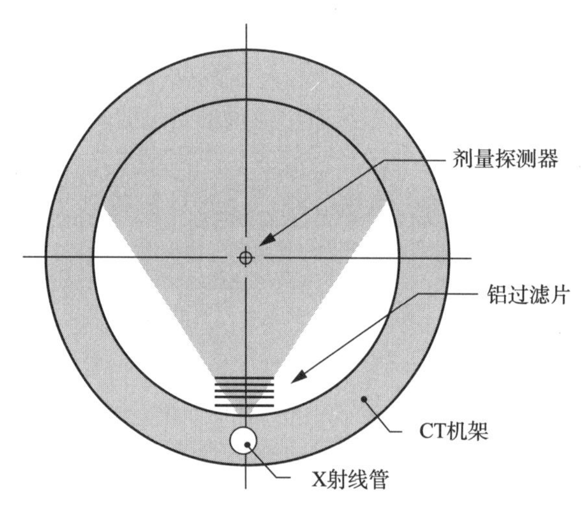

图3-66　常规方法进行CT半值层测量的示意图

一般情况下,医院的技术人员没有进入CT服务模式的密码,也并不熟悉如何在服务模式下安全和有效地操作CT。因此,利用常规方法进行半值层测量并不适用于日常质量控制,这也是为何CT日常质量控制中并不进行半值层测量的原因。

（二）使用同心嵌套的铝圆环测量CT半值层

这里介绍一种无须进入服务模式就可以进行CT半值层测量的方法[38]。该方法利用一系列不同直径的铝圆环嵌套的方式,实现添加不同厚度铝过滤片的目的。这些铝圆环能够以同心圆的方式嵌套,从而产生许多不同的过滤厚度,如图3-67所示。

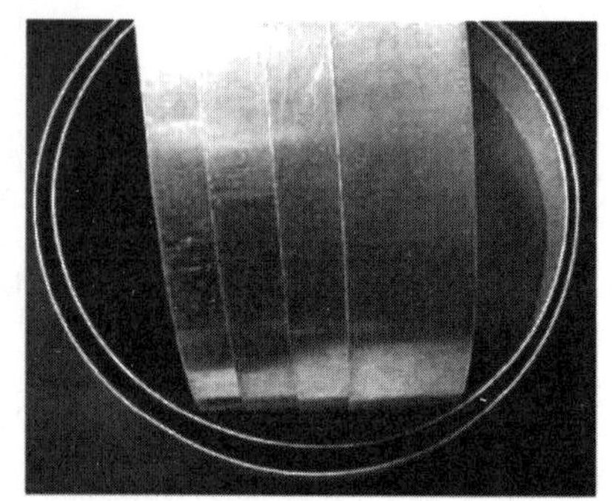

图3-67　同心圆嵌套的铝圆环

首先利用激光灯进行定位,将100 mm的笔形电离室放置于CT扫描视野的中心,在电离室外添加不同厚度的铝圆环,并进行一系列重复的轴位CT扫描。测量时的摆位布局如图 3-68 所示。测量时，将诊断床从机架中退出，防止床面对测量结果造成影响。测量过程中需要使用不同厚度的铝圆环进行嵌套，每个铝圆环的厚度为 2 mm。由于铝圆环可以保证在 CT 扫描层面的各个方向的过滤片厚度相同，能够实现在 CT 旋转模式下进行半值层的测量。

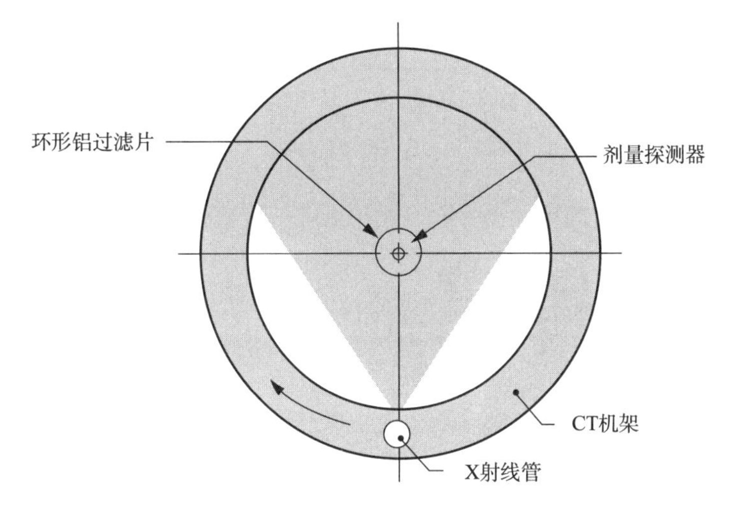

图 3-68　利用同心嵌套铝圆环测量半值层的摆位布局

研究表明，将该方法与常规半值层测量方法进行比较，两种方法在 120 kV 管电压下得到的半值层结果无显著差异，也证实该方法能够得到可接受的半值层测量精度。研究人员还对电离室的摆位不准确可能导致的偏离等中心位置进行了研究，证实了铝圆环方法对电离室摆位误差带来的不确定度并不敏感。该方法的问题在于，测量过程中需要不断地手动添加铝圆环，整个过程会比较耗时。但由于测量时无须进入服务模式，不需要厂家工程师的协助，能够用于日常质量控制当中，相比常规的半值层测量方法有明显的优势。

（三）利用实时剂量仪测量 CT 半值层

这里介绍一种利用实时辐射测量仪和铝笼装置进行 CT 半值层测量的方法。大多数电离室是在积分模式下工作的。在积分模式下，电离室对一定时间间隔内（通常从亚秒到几秒）产生的电荷进行积分，由电荷量得到空气比释动能或者吸收剂量。积分模式的电离室无法实现剂量的实时测量。近年来，实时辐射测量仪逐渐开始得到应用，其能够实现在短时间内（100 μs～1000 μs）对强度不断变化的 X 射线束进行精确测量。因此，利用实时辐射测量仪能够实现每秒 1000 次以上的测量。由于 CT 旋转一圈的时间一般在秒级或亚秒级，利用实时辐射测量仪在旋转模式下进行 CT 半值层的测量是可行的。

具体的测量步骤如下：首先利用激光灯进行定位，将实时辐射剂量仪的探测器定位于 CT 的扫描视野中心。将诊断床从机架中退出，防止床面对测量结果造成影响。测量时使用如图 3-69 所示的铝笼作为衰减。铝笼由一系列不同厚度的铝过滤片组成。图 3-69 中的配置为 8 个不同厚度的铝过滤片。将实时辐射剂量仪的探测器放置于铝笼的中心。进行一次或多次的轴位 CT 扫描，然后利用实时辐射剂量仪采集数据并进行半值层的计算。该方法测量时的摆位如图 3-70 所示。利用实时辐射剂量仪得到的测量数据如图 3-71(a)所示。图中横轴表示测量时间，纵轴为不同时刻下测量得到的空气比释动能，不同幅度的波形表示不同厚度铝过滤片条件下测得的空气比释动能。图中可以看出，在CT旋转一圈(约1 s)的时间内测得了8个不同厚度过滤片条件下的空气比释动能。该测量结果是在120 kV管电压条件下得到的。将不同过滤片厚度对应的空气比释动能值逐点描绘成曲线，如图3-71(b)所示，进行曲线拟合可以得到CT的半值层[12]。目前，已有很多实时辐射剂量仪可用于CT剂量测量，分为空气电离室和固态实时辐射探测器两种。固态实时辐射探测器又分为基于硅二极管的系统和基于闪烁体的探测器两种，由于其能量响应与空气电离室不同，通常需要进行能量响应的校正。

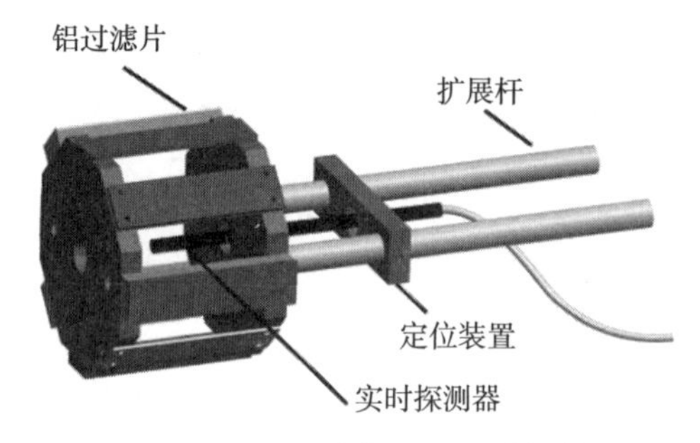

图3-69 用于半值层测量的铝笼

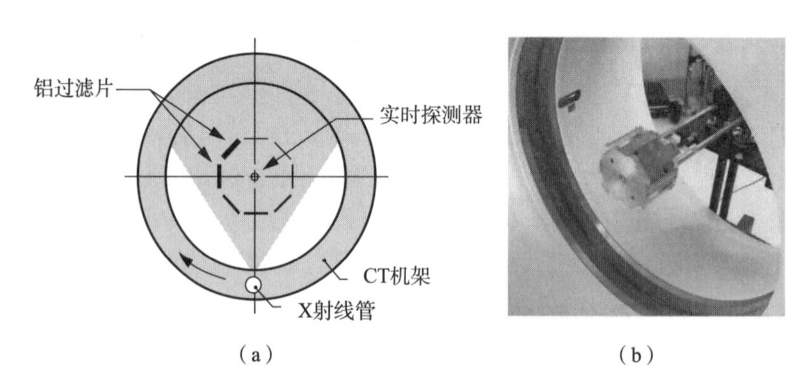

图3-70 利用实时辐射剂量仪和铝笼测量CT半值层

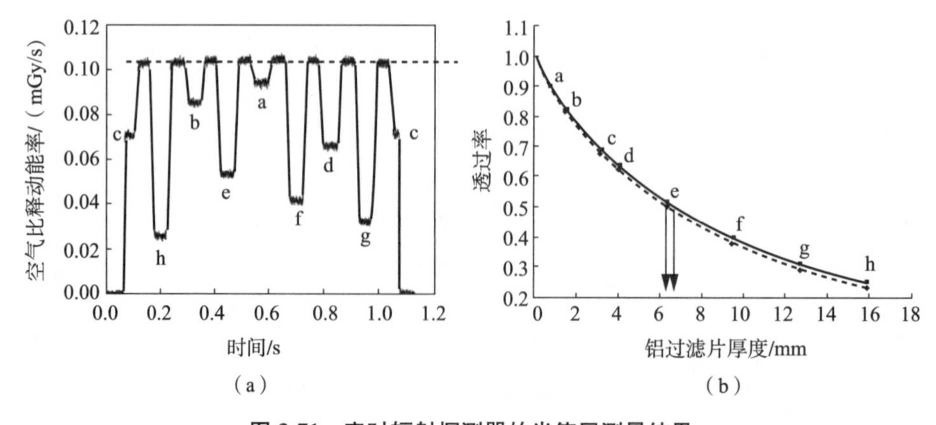

图3-71 实时辐射探测器的半值层测量结果

（四）偏离射线束中心点的半值层测量

由于 CT 一般采用蝴蝶结式过滤器，过滤器的中心与两侧的厚度是不同的，也意味着 CT 的扇形射线束不同角度下半值层也是不同的。越靠近过滤器的边缘，过滤越厚，射线束也越硬化，半值层越大。通常只对 CT 扇形射线束的中央（即扇形角为零的位置）进行半值层测量，并未考虑蝴蝶结式过滤器的影响。如果要测量非零角度的半值层，则只能采用上述常规的测量方法。铝圆环和铝笼的方法均只能对射线束中心的半值层进行测量。另一种间接评估偏离射线束中心的半值层的方法是首先测量得到射线束中心的半值层，然后利用蝴蝶结式过滤器的厚度分布得到不同角度下的衰减系数，再计算半值层。

（五）CT 半值层的典型值

为了降低患者的受照剂量并消除射线束硬化伪影的影响，CT 的射线束相比常规 X 射线摄影设备偏硬，半值层也更大。图 3-72 为 CT 典型半值层与常规 X 射线摄影设备的半值层的对比图[39]。图中显示了两种临床常见的 CT 设备在不同管电压条件下的半值层，明显可以看出，CT 的半值层明显大于常规 X 射线摄影设备的半值层。

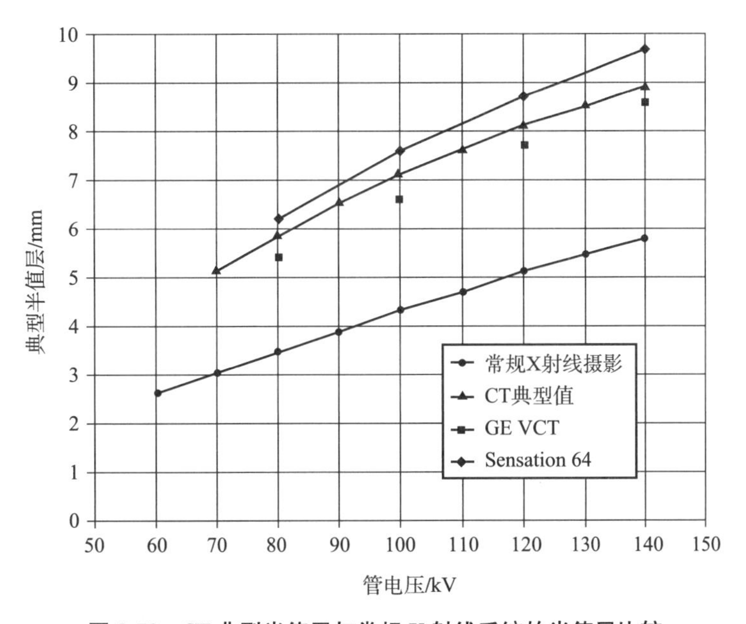

图 3-72 CT 典型半值层与常规 X 射线系统的半值层比较

综上所述，半值层是 X 射线影像设备中的一项重要参数。半值层测量早已成为普通 X 射线摄影、X 射线透视和乳线 X 射线摄影装置的常规质量控制项目，但在 CT 质量控制中应用尚不广泛。究其原因是因为 CT 半值层的测量存在一定难度，需要进入设备的服务模式才能进行。半值层能够反映特定管电压下的 X 射线质量，有效反映射线能量的高低。而 CT 的射线质量在日常使用中应稳定在一定水平，特别是更换 X 射线管后，应确保 CT 射线质量不发生改变。如果能够通过简单和快速的方式对半值层进行测量，就能够监测 CT 射线质量，使半值层测量成为临床上进行质量控制的有效工具，也可以在 CT 验收和周期检测中发挥重要作用。此外，半值层的准确测量对于 CT 剂量评估也有意义。如前所述，在 CT 剂量学评估中，特别是在基于蒙特卡罗模拟的剂量测量研究中，使用准确的X射线束光谱是评估患者、模体和空气中的吸收剂量的重要影响因素，而利用管电压和半值层可以准确得到X射线束的光谱特性。

第四节 CT自动曝光控制

直到21世纪初，CT检查时仍然是手动选择技术参数，如管电压、管电流、曝光时间和螺距因子等。由于自动曝光控制技术在常规X射线成像中发挥了巨大的作用，各CT制造商也针对CT开发了自动曝光控制技术，如今自动曝光控制技术在CT中的应用已经非常普及。由于自动曝光控制技术在CT中的应用发展较晚，传统的CT质量控制方法中并没有针对自动曝光控制的测量方法。近年来，针对自动曝光控制进行检测的方法逐渐成熟，本节对CT的自动曝光控制的检测方法进行介绍。

CT自动曝光控制一般是指利用自动管电流调制技术来优化患者剂量。利用自动管电流调制技术，无论患者在z轴上的身体尺寸发生变化，还是在扫描平面内患者不同器官的衰减发生变化，都能保持恒定的图像质量。自动管电流调制技术被誉为“在优化辐射剂量的同时保持图像质量不变的最重要技术”。尽管在某些情况下手动选择技术参数仍然很常见，但基于自动管电流调制技术的自动曝光控制已经成为CT成像的标准做法。

一、自动管电流调制技术

对于CT，自动管电流调制技术指的是在数据采集（扫描）过程中，分别在两个方向（x-y扫描平面内和z轴）使用特定的技术对管电流进行自动控制，自动控制过程不仅考虑患者的身体尺寸，同时还应考虑不同组织对X射线的衰减差异。自动管电流调制技术的总体目标是无论患者的身体尺寸发生变化，还是不同组织引起的衰减变化，均能提供一致的图像质量。因此，利用自动管电流调制技术扫描时，在扫描过程中，基于患者在扫描平面与z轴的辐射衰减差异，实时调整管电流。在扫描平面（x-y轴）的管电流自动控制称为角度调制（anglar modulation），在z轴方向的管电流自动控制被称为z轴调制或纵向调制。CT的自动管电流调制一般是同时使用这两种调制技术，即为角度-纵向管电流调制，从而实现自动曝光控制。与只使用角度调制技术相比，同时使用角度-纵向调制可以减少高达52%的剂量。

自动管电流调制技术需要提前了解患者身体不同部位的衰减特性，操作人员在扫描前也要先确定所需的图像质量水平。不同厂家对图像质量水平的描述方式有一定差异，如通过噪声因子或参考图像等确定图像质量水平。下面分别介绍两种管电流调制技术。

1. 纵向(z轴)管电流调制

纵向（z轴）管电流调制是基于人体各部位之间衰减的差异。例如，较厚的身体部位（如腹部和骨盆）比较薄的身体部位（如头部、颈部和胸部）对辐射的衰减更大。纵向管电流调制技术是使用特定的计算机算法，在对患者进行从头到脚（沿着z轴）扫描时自动改变管电流或电流时间积，同时保证不同厚度的身体部位的图像保持恒定的噪声水平。图3-73显示了使用纵向管电流调制技术时，有效电流时间积沿病人身体长轴方向的改变[40]。

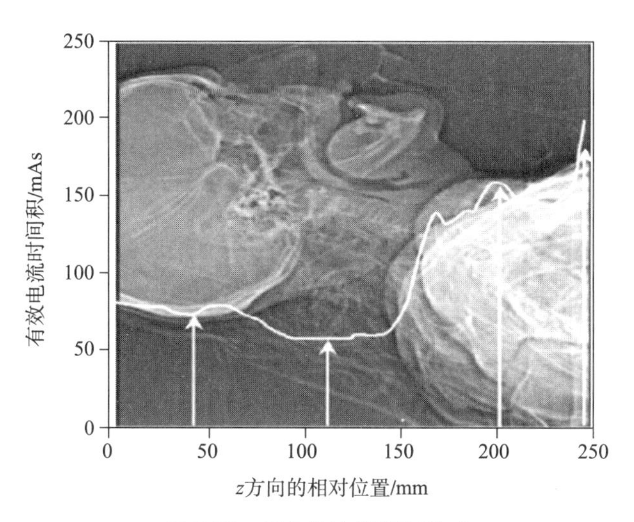

图 3-73 纵向管电流调制技术

2. 角度管电流调制

CT 扫描过程中，当 X 射线管和探测器围绕患者旋转时，人体在不同角度下产生的辐射衰减是不同的，正位投射(AP 方向)的衰减较小，侧位方向的衰减较大。因此，衰减较大的投影方向需要更高的管电流，衰减较小的投影方向需要更低的管电流。角度管电流调制算法保证了扫描过程中，根据不同方向的衰减值动态调整管电流，使 CT 图像保持均匀一致的噪声水平，如图 3-74 所示[41]。

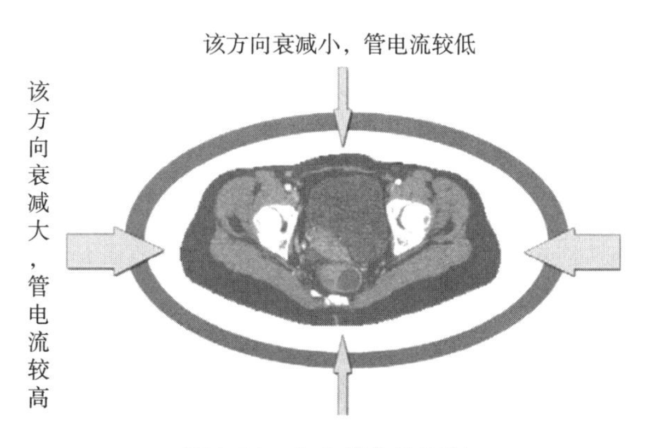

图 3-74 角度管电流调制

3. 获取患者衰减特性的方法

管电流调制技术需要提前获取患者身体的衰减特性，可以通过两种不同的方法实现。第一种方法是利用 CT 扫描定位像来获取衰减特性，第二种方法是利用前一个 180°旋转的投影数据来获取衰减特性，进而实现管电流调制。

二、自动管电流调制技术的检测方法

可以用管电流和图像噪声与不同衰减的函数关系来表征 TCM。这里提出两种互补的测试方法：一种是当目标物体的衰减和尺寸离散变化时，评估 CT 系统的管电流调制；另一种是评估 CT 系统如何应对目标物体的衰减和尺寸连续变化的情况。

1. 使用的模体

进行 TCM 检测,可以使用不同的模体。离散情况下的 TCM 测试应使用在纵向(z 轴)上具有不同尺寸(至少两个尺寸)的水等效模体。连续情况下的 TCM 测试应使用在纵向上尺寸连续改变的水等效模体,也可以使用同时包含离散和连续变化的模体。模体的介绍参见第四章。

2. 测量方法

该检测的目的是在一组固定的操作条件下,评估 CT 系统如何调整管电流作为目标物体尺寸的函数,目标物的尺寸可以离散或连续地衰减变化。

首先应确定扫描条件,通常使用常规的成人体部的扫描协议,如:管电压设置为 120 kV,对于螺旋扫描,螺距因子一般设置为接近 1.0 的值,旋转时间设置为 1 s。扫描时也可以使用轴位扫描模式。使用 CT 默认的 TCM 设置,不同厂家的 TCM 设置有所区别,如噪声指数、标准偏差、图像质量参考电流时间积等。还可以通过附加协议来确定系统的管电流达到最大值或最小值时的模体的尺寸。

对于离散情况下的测试,应扫描至少两个不同大小的模体。对于连续情况下的测试,使用尺寸或衰减连续变化的模体。模体要精确放置于机架中心位置,以评估 TCM 的量。扫描前,进行一到二次 CT 定位像扫描(可以是正位、侧位或同时采集正侧位),定位像应覆盖模体的整个范围。值得注意的是,对于某些 CT 系统,获取 CT 定位像的顺序可能会影响最终的 TCM 剖面线。因为这些 CT 通常用最后一次的定位像进行 TCM 的计算。定义 CT 扫描范围时,应在模体两侧边缘处至少增加 CT 准直宽度的一半的扫描范围,否则模体与空气的边界可能影响结果。使用标准体部滤波核重建图像。如果使用小于 1 mm 的薄层扫描进行重建,将能够提供一个精细采样的管电流剖面曲线,但代价是要重建、传输和处理更多的图像。也可以使用较厚的层厚,但代价是得到的管电流剖面曲线会丢失一些细节信息。

3. 数据分析

对于离散情况下的测试,可以在 CT 控制台上找到并记录扫描不同尺寸的模体时使用的管电流(电流时间积)和 $CTDI_{vol}$ 值,如图 3-75 所示。或者通过在扫描得到的 CT 图像中找到管电流(电流时间积)和 $CTDI_{vol}$ 值。注意,进行 TCM 的扫描过程中,每幅图像的管电流(电流时间积)是随着 X 射线管位置改变的函数,因此 CT 控制台给出的是一个平均值。$CTDI_{vol}$ 在整个扫描过程中也是变化的,因此 CT 控制台给出的也是一个平均值。在模体的图像中心选择一个圆形 ROI,并测量 CT 值的标准偏差。ROI 的直径应不小于 1 cm。在扫描的中心位置附近选择三幅连续图像,计算 CT 值标准偏差的平均值。最后给出不同模体尺寸对应的平均 CT 值标准偏差。

	Scan	kV	mAs / ref.	CTDIvol* mGy	DLP mGycm	TI s	cSL mm
Topogram	1	120	35 mA	0.13 L	10	7.8	0.6
CTDI32	2	120	215 / 210	14.48 L	124	1.0	0.6
Topogram	1	120	35 mA	0.13 L	4	3.2	0.6
CTDI16	2	120	43 / 210	2.90 L	25	1.0	0.6
Topogram	1	120	35 mA	0.13 L	5	3.9	0.6
CTDI10	2	120	23 / 210	1.55 L	13	1.0	0.6

图 3-75 CT 控制台上显示的电流时间积和 $CTDI_{vol}$ 值

对于连续情况的测试，管电流值一般可以从 CT 图像的 DICOM 文件头（Tag 0018，1151）中提取。由于角度管电流调制的存在，不同的投照方向对应的管电流是变化的，DICOM 文件头中记录的管电流通常代表产生该图像的平均管电流。同样，在图像中心选择一个圆形 ROI（直径应不小于 1 cm），测量 CT 值的标准偏差，即图像噪声。最后应报告图像噪声平均值随模体尺寸变化的函数关系。举例说明，如图 3-76 所示，使用一个直径 32 cm 的 CT 体部剂量模体，模体为圆柱体结构，为了进行连续模式下的 TCM 测量，将圆柱形模体的平面端放置于诊断床上，即圆柱体的轴与诊断床垂直。模体的 CT 定位像图像（正位）如图 3-76(a)所示，图中，上下的虚线表示 CT 扫描范围，可以看出，在扫描范围内，模体的尺寸是连续变化的。图 3-76(b)中显示了电流时间积值与 z 轴位置的函数。图中数据为利用西门子 Somatom Definition AS64 型扫描仪在单一的参考条件下采集的，扫描时使用成人体部扫描协议，管电压为 120 kV，旋转时间为 1 s，螺距因子为 1.0。将 TCM 的图像质量参考设置为 210 mAs，曲线设置为“平均”。由图 3-76(b)中可以看出，随着模体衰减的变化，TCM 系统能够连续地调节管电流的值。

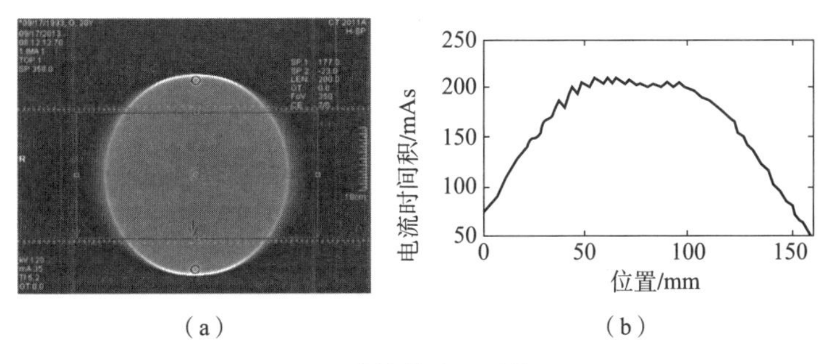

(a) (b)

图 3-76 连续模式下测量 TCM

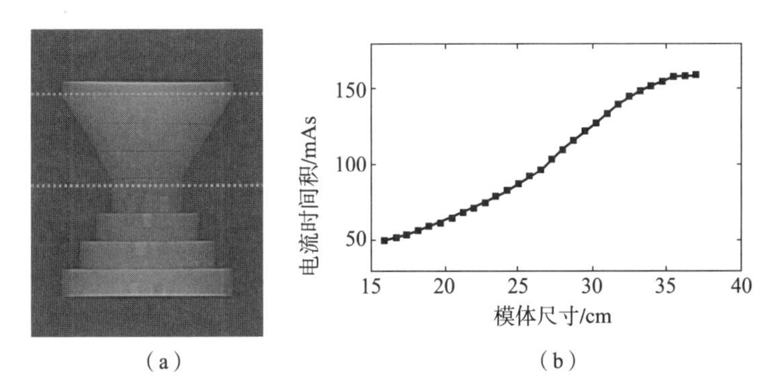

(a) (b)

图 3-77 利用默库瑞锥形模体测量 TCM 的结果

对于上述两种测试，在模体沿 z 轴上每个位置的尺寸已知的情况下，将管电流 I 与模体尺寸进行对数线性拟合，如：$\ln(\mathrm{I})=\alpha(d_w)+\beta$。模体尺寸 d_w 应以水等效直径表示，拟合结果的斜率 α 和线性相关系数 R 作为结果报告。然后将每幅图像测得的标准偏差 σ（表示图像噪声）与模体尺寸 d_w 进行线性拟合，如：$\sigma=\alpha(d_w)+\beta$，测试结果应报告拟合的斜率 α 和线性相关系数 R。图 3-77 给出了利用默库瑞（Mercury）锥形模体进行连续模式下的 TCM 检测的一个示例。图 3-77(a)为模体的 CT 定位片（正位），虚线表示 CT 扫描范围。图 3-77

(b)为电流时间积与模体尺寸的函数。图中可以看出,随着模体尺寸的连续变化,电流时间积也是连续变化的[42]。

第五节 机械及定位精度

一、定位光精度

CT 扫描中,要扫描的患者解剖位置通常用定位光来确定。定位光包括 x、y、z 三个方向,通过定位光能够确定扫描层面(x-y)、冠状面(x-z)和矢状面(y-z)3 个平面,如图3-78所示。通常定位光又分为内定位光(位于机架中的扫描层面上)和外定位光(机架外距离扫描层面一个参考距离上),一般设备上两者均有。

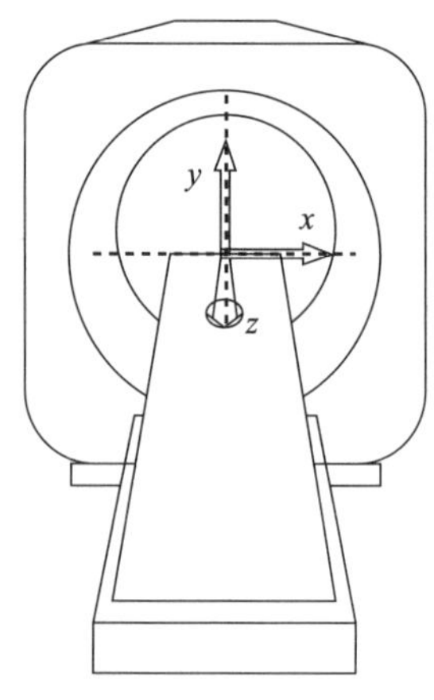

图 3-78 CT 定位光示意图

将定位光对准测试模块的中心面,进行 CT 扫描,扫描图像与理想已知图像的位置偏差即为定位光的偏差。理想状态下,其值应为 0。通常有两种方法进行测试:胶片检测法和模体检测法。测量时,需要分别对 x、y、z 三个方向的定位光精度进行测量。

(一) 胶片检测法

1. 内定位光与外定位光的一致性

该测试是为了检查内定位光和外定位光之间的正确距离,该测试比较简单,使用一张未拆封的胶片或硬纸即可。利用外定位光定位,并将定位光的位置用笔标记在纸上。将诊断床自动进床至扫描平面(即内定位位置),此时,如果内定位光与纸上的标识位置一致,即说明内外定位光的距离是正确的,即二者具有较好的一致性。

2. 扫描层面的定位光精度

该测试需要使用胶片完成。可以使用传统胶片或者免冲洗的慢感光胶片完成。如果是前者,需要在测试之前将未曝光的胶片封装好。如果已经测试了内定位光与外定位光的一致性,则本测试可仅对内定位光进行测试。

步骤如下:

(1) 将胶片放置于诊断床上,用胶带将胶片四角固定,防止在测试过程中胶片移动。

(2) 打开内定位光,移动诊断床,将定位光定位于胶片中心位置,沿定位光在胶片上用针尖扎 2 个或 3 个小孔,小孔直径应尽可能小,且直径最大不应超过 1 mm,小孔间距至少大于 5 cm。如果是免冲洗胶片,可以直接用较细的记号笔在胶片标识 2 个或 3 个小圆点即可。如图 3-79 所示。

(3) 选择一定的曝光条件,采用单层轴位扫描模式进行扫描。

(4) 对扫描后的胶片进行分析,小孔或圆点的标识位置应与 X 射线束的中心重合,如图 3-79 所示。如果二者位置有偏差,则圆点标识与 X 射线束的中心在 z 方向中心的距离即为定位光精度。如果 CT 扫描时选择多层扫描，通常小圆点标识应位于多层射线束的中心位置。如对于 4 层 5 mm 的(即 4×5 mm)的扫描模式，X 射线束一般是覆盖－10 mm～＋10 mm 的范围，而小圆点则应位于 0 位。

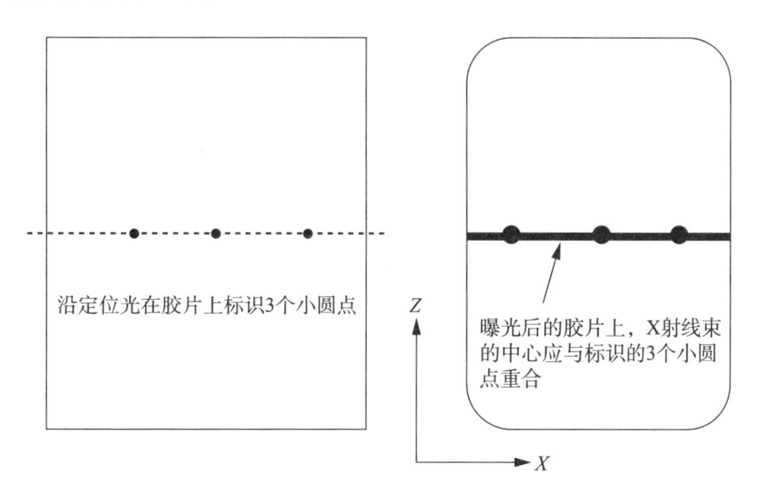

图 3-79　利用胶片进行定位光精度测试示意图

3. 冠状位或矢状位的定位光精度

该测试是为了验证 z 方向定位光的准确性。用一个细长的物体作为标记物，该标记物相对于空气应具有较高的 CT 值，如可以利用掰直的回形针进行测试。将标记物固定于诊断床上，使其平行于 z 轴(垂直于扫描平面)，并定位于等中心位置。设置一定的扫描条件进行扫描，如果定位光准确，则在 CT 图像上，该标记物应显示为位于中心位置的一个小圆点。如果小圆点发生变形，则说明冠状位或矢状位的定位光精度有偏差，需要进行调整。

定位光精度通常在等心处进行测试，然而，在临床实践中，定位光用于在病人体表定位。如果考虑临床实际，可以在距等心 10 cm 的位置上进行定位光的测试，可以通过把胶片或标志物放置于一个模体的表面来实现。

（二）模体检测法

检测模体采用表面具有清晰明确定位标记、内部嵌有特定形状的物体，该物体的形状、位置应与模体表面定位标记具有严格的空间几何关系。

检测步骤如下：

(1) 将检测模体放置于 CT 扫描野的中心位置，模体轴线应垂直于扫描层面，微调模体使其所有表面标记与定位光重合。

(2) 采用临床常用头部条件进行单次轴向扫描，获得定位光标记层面的图像，比较图像中特定物体的形状和位置关系与标准层面是否一致，如果一致，则说明定位光准确。此处用 Catphan 模体来举例说明。Catphan 模体中包含 4 条与扫描层面成一定夹角(23°)的金属线，可以用 4 条金属线的相对位置来判断定位光是否准确。如果图像中的 4 条金属线分别关于 x 轴或者 y 轴对称，如图 3-80(a)所示，则说明定位光准确；如果图像中的 4 条金属线偏离 x 和 y 轴的对称中心，沿顺时针或逆时针发生了偏转，如图 3-80(b)所示，则说明定位光有偏差。

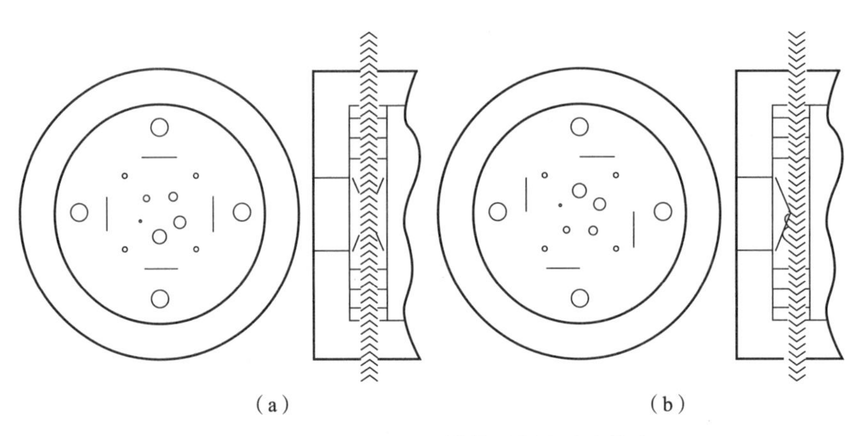

图 3-80 利用 Catphan 模体测量定位光精度

(3) 如果定位光出现偏差，则沿垂直于扫描层面的轴线前后微调床面，即进床或者退床一个小距离。然后按照步骤(2)中的扫描条件，再次扫描成像，直至最终获得与标准层面一致的图像，根据进退床调整的距离，确定定位光的精度。对于 Catphan 模体，如果步骤(2)中 4 条金属线发生位置偏移，则进行进床或退床操作，如进床 0.5 mm 后，4 条金属线重新回到关于 x 轴和 y 轴中心对称的位置，则说明定位光精度偏差为 0.5 mm。定位光精度也可以通过计算金属线的中心偏离图像轴线中心的距离 A 来计算，如图 3-81 所示。因为测量的是 z 轴方向的定位光精度，需要将扫描层面的距离偏差根据角度关系换算为 z 方向的距离偏差，即 $z=A\tan 23°$。

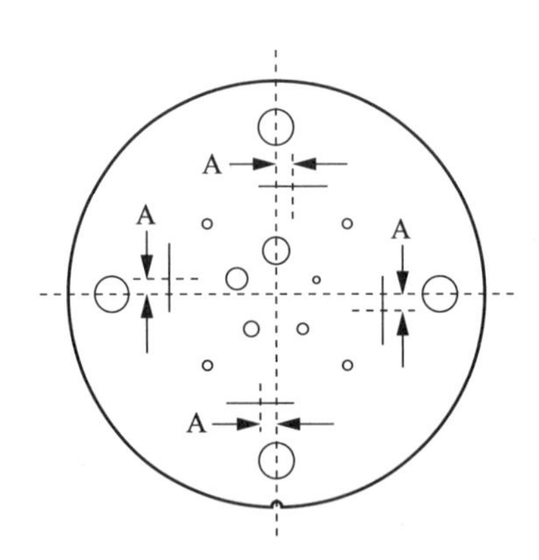

图 3-81 利用 Catphan 模体测量定位光精度

(三) 检测结果评价

定位光精度验收检测结果应在±2 mm 以内为合格，状态检测结果应在±3 mm 以内为合格。

二、诊断床的运动精度

诊断床的运动精度主要是确定诊断床沿 CT 长轴方向(z 轴)运动的准确性和稳定性。在 CT 控制台或者机架上控制诊断床准确到达扫描野内的特定位置，对于确定扫描图像的相对位置很重要。

（一）检测方法

诊断床的运动精度可以方便地使用直尺进行测量，通常利用有效长度1 m或者500 mm的钢直尺进行测量，直尺的分度值不大于1 mm。通过控制台或机架控制诊断床运动一定距离，然后测量诊断床实际运动的距离与机架显示的距离是否一致，如图3-82所示。具体测量步骤如下：

（1）将直尺靠近诊断床的移动床面固定，并保证直尺与床面运动方向平行。

（2）然后在床面上做一个能够指示直尺刻度的标记点。

（3）在诊断床上放置一定负载，一般要求负载为70 kg，即为正常成人的体重。

（4）分别对诊断床给出“进床300 mm”和“退床300 mm”的指令。

（5）记录进床、退床的起始点和终止点在直尺上的示值，进床的起始点与终止点的距离为定位误差，退床后的终止点与进床前的起始点的距离为归位误差。

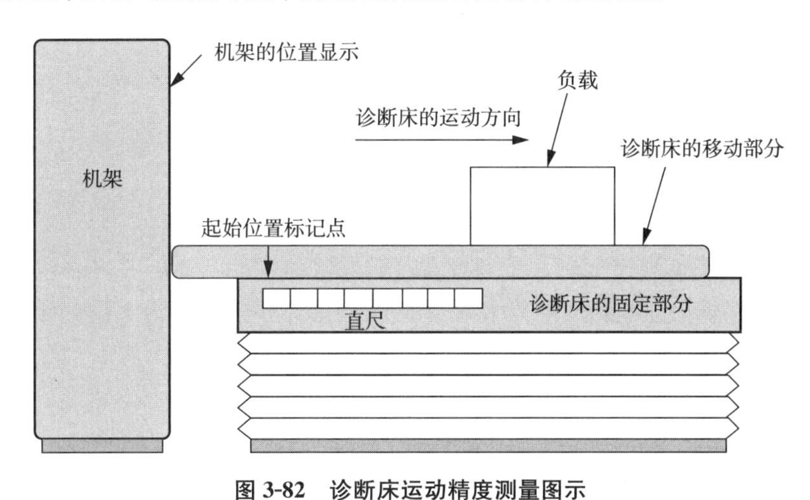

图3-82　诊断床运动精度测量图示

（二）测试结果评价

诊断床的定位精度与归位精度都在±2 mm内为合格。

三、机架倾斜角度

机架的倾斜角度直接影响设备使用周期中对扫描层的准确获取，因此在使用周期中保持机架倾斜角度的准确尤为重要。

（一）胶片测试法

通过胶片测量机架倾斜角度，将其结果与机架上显示的角度进行比较，评估二者的一致性，即为机架倾斜的准确性。测量时，胶片需要与矢状面平行，并与扫描平面和冠状面垂直正交。可以通过将胶片粘贴于长方形的有机玻璃模体表面的方式实现。分别在机架垂直位、正向和负向最大倾斜角度位置进行三次CT扫描。扫描后的胶片将得到三条直线，分别对应机架倾斜不同角度的X射线束，如图3-83所示。在胶片上测量直线之间的夹角θ_+和

θ_-，该角度应与机架上显示的倾斜角度一致。

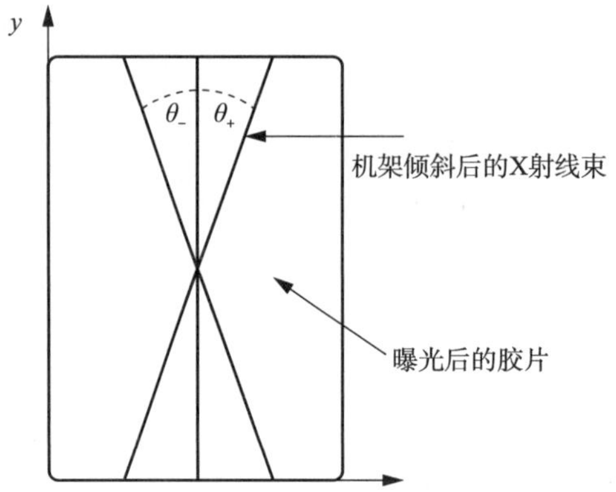

图 3-83 利用胶片测量机架倾斜角度

（二）模体测试法

该测试方法需采用中心具有明确标记的长方体模体。测试步骤如下：

(1) 将模体中心点与扫描野中心重合，并水平固定，调整模体位置，确定扫描层面，使得扫描层面经过模体中心位置。

(2) 采用临床常用的头部扫描条件进行扫描。

(3) 模体固定不动，机架倾斜一定角度，按照步骤(2)中的条件再次扫描。

(4) 使用工作站中的测距软件，测量模体横断面影像中上下边沿之间的距离，分别记为 L_1 和 L_2。

(5) 利用公式(3-54)计算得到扫描架倾角的实际值，将其与设定值比较，确定扫描架倾角精度。

$$\alpha = \arccos \frac{L_1}{L_2} \tag{3-54}$$

式中：

L_1——垂直扫描时模体横断面影像中上下边沿之间的距离；

L_2——机架倾斜 α 角度后模体横断面影像中上下边沿之间的距离；

α——机架倾角大小。

（三）角度仪测试法

可以利用角度仪直接测量机架倾斜角度，步骤如下：

(1) 将扫描机架倾斜角度调为 0°；

(2) 将扫描机架向前后两个方向倾斜至任意角度或最大角度，用角度仪进行角度测量；

(3) 将测量值与设定值比较可得到机架倾斜角度精度。

（四）测试结果评价

设备出厂与验收检测要求倾斜角度误差应不大于±2°，但在日常质量控制测试中可根据实际需要适当放宽。

第六节　其他常见质量控制检测技术参数

一、激光胶片打印机质量控制

CT图像一般都是通过激光胶片打印机打印到胶片上。为了确保胶片能够用于临床诊断，必须保证胶片的图像与CT控制台上显示的图像一致性，即确保打印在胶片上的图像与CT控制台的图像具有一致的灰度水平，并且无伪影。为此，必须进行胶片打印机的质量控制。

（一）测试

1. 质量控制周期(频次)

激光胶片打印的质量控制周期与实际临床使用方式有关。如果胶片作为主要的诊断依据，则必须每月进行一次质量控制检测。对于不常用的打印机(例如备份打印机)，在每次临床使用前应进行质量控制检测。当激光胶片打印机发生了重要变化时，如胶片类型发生变化或胶片打印机性能发生变化，应该执行该测试进行质量控制。

2. 质量控制设备

(1) SMPTE检测模体

SMPTE测试模型由美国电影和电视工程师协会(Society of Motion Picture and Television Engineers)设置，广泛应用于医学诊断图像的显示系统，适用于所有的CT。

SMPTE测试模型包括几个检测模块来检测激光胶片的质量。其中我们最为关注的有两个部分，如图3-84所示。第一部分是灰阶水平从0到100%，以10%递增的方形的不同灰阶图形(共12个灰阶)；第二部分是由一对方形灰阶图形组成，每个方形图形中由两个灰阶水平差异较小的部分组成，左侧的方形由灰阶水平为0的与灰阶水平为5%的模块组成；右侧方形由灰阶水平为100%的部分与一个灰阶水平为95%的部分组成。分别代表0,5%和95%,100%的灰阶对比。

(2) 光密度计

光密度计是用于测量透过X射线胶片的光量，以确定表面吸收光量的仪器，又称为黑白密度计。测量结果为光学密度，是一个没有量纲的物理量，被定义为以10为底的透射系数的倒数的对数。光学密度表明X射线胶片经曝光和显影后还原变黑的程度。

3. 激光胶片质量检测方法

检测步骤：

(1) 在CT控制台的显示器上显示出SMPTE测试模型检测图。依照特定厂商的SMPTE测试模型图值设置窗宽、窗位水平，不要用肉眼观察设置窗宽、窗位。

(2) 检查SMPTE测试模型图以确定显示器的灰阶水平。通过视觉观察，应能分辨从0到100%的12个灰阶。同时，应能在灰阶为0的背景模块中分辨出5%的灰阶影像；在灰阶为100%的背景模块中能分辨出95%的灰阶影像。如果以上2个模块不能加以分辨的话，不能通过调整窗宽、窗位来修正，而是应该分析原因并对显示器加以调整。

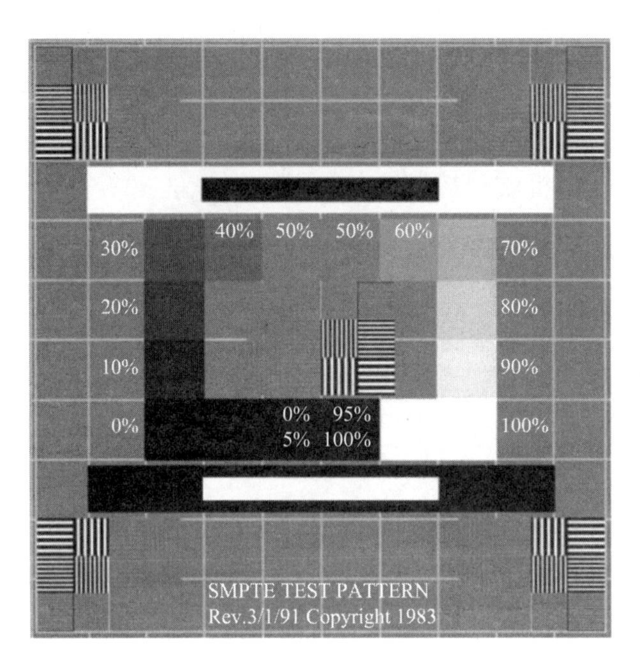

图 3-84　SMPTE 检测模体

(3) 由激光打印机将 SMPTE 测试模型图打印在胶片上。胶片上应能分辨 5%和 95%的灰阶影像。

(4) 使用光学密度计,在 SMPTE 测试模型照片上分别测量 0,10%,40%和 90% 4 个灰阶水平的密度值,其密度值应处于规定的最佳密度范围内,见表 3-6。

(5) 可以将 0,10%,40%和 90% 4 个灰阶水平的光密度值建立质量控制图,光密度基线值在初次进行质量控制时建立。应当标识出任何超出控制范围以外的点。

(6) 将 SMPTE 测试模型胶片放在一个亮度符合要求的观察器(观片灯)上,观察是否存在条纹或密度不均匀等伪影。

注意事项:

如果激光胶片打印机连接多个模态的设备,如同时连接 CT 和磁共振成像(MRI),则连接每个新设备时,均应进行上述质量控制测试。

不同批次激光胶片的感光剂可能发生变化,导致胶片的光密度超出控制范围。因此,为了较少激光胶片打印机的校准次数,不要混合使用不同批次的激光胶片,最好用完一批再换另外一批。

(二) 测试结果分析

表 3-6 提供了 SMPTE 测试模型图像的不同灰度水平对应的光密度值和控制范围。该表可以作为设置激光胶片打印机的基准值。基准值也可由放射技术人员进行适当调整,如参照 Dicom 标准或者其他公开发表的指导手册。

表 3-6 SMPTE 模式性能标准

SMPTE 模式	光密度	控制限
0	3.00	±0.15
10%	2.20	±0.15
40%	1.15	±0.15
90%	0.30	±0.15

如果光密度落在控制范围之外，或者发现伪影，应采取纠正措施。

（三）纠正措施

下面列出纠正措施的一般步骤，为技术人员提供指导。但大多数时候，技术人员结合设备的使用经验，无须执行全部的步骤，就能够直接找到问题的起因。

(1) 重复质量控制程序以确定问题是否真实存在，排除测量误操作引起。

(2) 检查容易纠正的问题：

①是否有胶片在漏光中感光。这将导致胶片的“灰雾”，其表现为测量中的光学密度值增高，90%的灰阶模块有感光。如果可疑，应检查暗室是否有漏光的亮点，然后从新片盒中装上几张相同环境的胶片，重新测量。

②检查片盒中是否是类型正确的胶片，胶片的装载方向是否正确。

③检查是否变换了已用的胶片类型，如果是这样，将重新建立质量控制范围。

④检查片盒中是否有污垢或碎片，这将在胶片上导致瑕疵和印记；但是，不会影响光学密度。

⑤检查传输轴是否清洁，污垢将导致传输轴斑纹。

⑥对于一些湿性的传输处理，检查水是否开启。启动正确的水温，正确的显影、定影补充率。正确的水温和补充率是特定的，厂商有明文规定。

(3) 通知并要求负责胶片质量检验的医学物理师协助解决问题。

(4) 如果问题不能迅速解决，请咨询主管医师以决定在问题得到纠正前是否继续拍片。

二、目视和功能检查

通过目视和功能检查确保CT系统的诊断床运动功能、激光定位灯、对讲机、急停开关、房间的安全指示灯、标牌、显示器等工作正常，确保设备的机械性能和稳定性处于最佳状态。目视和功能检查应至少每月进行一次，同时还应在对CT系统进行了任何维修和保养之后进行。

目视检查清单，其中应该包括：

(1) 检查诊断床的高度指示功能；

(2) 检查诊断床位置指示功能；

(3) 检查机架的角度指示器功能；

(4) 检查激光定位光功能；

(5) 检查高压电缆/电缆是否安全连接；

(6) 检查诊断床的运动功能,如运动是否平稳;

(7) 检查X射线曝光指示灯是否正常;

(8) 检查曝光开关功能是否正常;

(9) 显示窗宽/窗位;

(10) 检查面板开关/灯光/仪表;

(11) 检查门联锁功能;

(12) 检查警告标识是否存在;

(13) 检查对讲机系统功能;

(14) 检查维护和维修服务记录。

上述检查项目可能并不适用于所有的CT系统,可根据实际情况开展,有时还有必要加上一些针对特定的设备和程序的附加项目。其本质是对患者安全和高质量的诊断图像服务。

在上述检查项目中列出的每一项都应该检查通过并记录。未通过的项目应立即纠正。如:机房里缺少的设施应立即配备,有故障的设备应报告给维修工程师尽快检修或更换。

三、泄漏辐射检测

CT是目前医院进行疾病诊断和常规检查的常用医疗设备,使用频率很高。CT在使用过程中,受检者身体距离CT较近,从CT的X射线管组件中泄漏的无用X射线如果直接辐射到受检者身体的其他部位,将严重影响受检者的身体健康。因此,X射线管组件泄漏辐射的测试极为重要,其结果是评价CT辐射防护的最重要的技术指标之一,测试方法的科学性、准确性、有效性更是重中之重。

泄漏辐射有以下两种:加载状态下的泄漏辐射和非加载状态下的泄漏辐射。

(一) 加载状态下的泄漏辐射测试方法

X射线管组件和X射线源组件在加载状态下的泄漏辐射要求是:当X射线管组件和X射线源组件在相当于规定的1 h最大输入能量加载条件下以标称X射线管电压运行时,距焦点1 m处,在任一100 cm^2的区域范围内的平均空气比释动能,应不超过1.0 mGy/h。一般的漏射线巡检仪的感应测量面积均能满足上述要求。

测试步骤:

(1) 将辐射窗完全封闭,以保证泄漏辐射的测量不受通过辐射窗的辐射的影响。为此,所采用的罩应尽可能紧密地封住辐射窗,但不能让它搭接到有效封闭范围以外。简便的方式是通过控制软件将准直器的辐射口完全关闭。

(2) 在测试过程中,采用X射线管组件或X射线源组件的标称管电压。如果该组件是电容式高压发生器,每次加载以标称管电压作为初始管电压。

(3) 在某一常规X射线管电流下,采用连续照射方式;或者在某一常规电流时间积下,采用间歇照射方式。

(4) 在测试期间的任何情况下,负载不得超过规定的定额。

(5) 在以焦点为中心,半径为1 m的球面上,进行足够多次的测量。一般的,在以X射线管焦点为中心的三个正交圆上,每45°测量一个点,如图3-85所示。

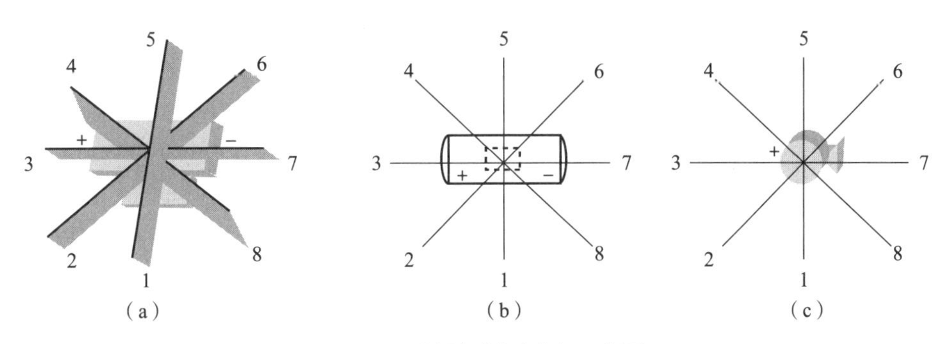

图 3-85　泄漏辐射测试点示意图

（二）非加载状态下的泄漏辐射测试方法

非加载状态下，X 射线管组件和 X 射线源组件在任何接近表面 5 cm 处的泄漏辐射要求是：在任一 10 cm^2 的区域（主要线性尺寸不超过 5 cm）上所求平均空气比释动能率应不超过 20 μGy/h。

X 射线设备的装置或组件在正常使用条件下运行，而不是在最不符合要求的加载状态下运行；在易接近的表面 5 cm 处，测量空气比释动能率，而且测量数量应满足建立整个表面上 1 h 泄漏辐射的分布图的要求。对于日常质量控制，我们可以选取前后左右 4 个位置作为代表，以方便测量。

第七节　基本电气安全检测

一、漏电流检测

（一）漏电流原理

漏电流，就是通过绝缘体流过的电流。任何绝缘体都不是绝对的“绝缘”，都会有极小的导电率，只是通常漏电流小得可以忽略不计。医用电气设备的使用对象和使用环境非常特殊，在连续漏电流测量和选定限值时必须充分考虑下列情况：

(1) 患者因疾病、神经系统损伤或缺陷、药物麻醉或感觉运动失能等原因导致无法对漏电流电击产生常人应有的条件反射；

(2) 患者、操作者由于治疗的原因而使皮肤阻抗降低，失去对电流的正常防护能力；

(3) 当患者同时与多台电气设备相连接时，在不同设备间经患者流过的漏电流；

(4) 患者、操作者因治疗或检查的需要，从而使患者本身成为电路的一个组成部分。

医用电气设备的漏电流要求相对其他电气设备的规定要严格很多。根据 GB 9706.1—2007《医用电气设备　第 1 部分：安全通用要求》中第 19 章连续漏电流规定，应测试对地漏电流、外壳漏电流、患者漏电流和患者辅助电流[43]。GB 9706.1—2020《医用电气设备　第 1 部分：基本安全和基本性能的通用要求》，8.7 条款为漏电流和患者辅助电流的测试要求，规定了应测试对地漏电流、接触电流、患者漏电流和患者辅助电流。接触电流与对地漏电流的概念一致。

1. 对地漏电流(见图3-86):由网电源部分穿过或跨过绝缘流入保护接地导线的电流。

在保护接地导线断开的单一故障条件下,如果有接地的人体接触到与该保护接地导线相连的可触及导体(如外壳),则这个对地漏电流将通过人体流到地,当这个电流大于一定值时,就有电击的危险。

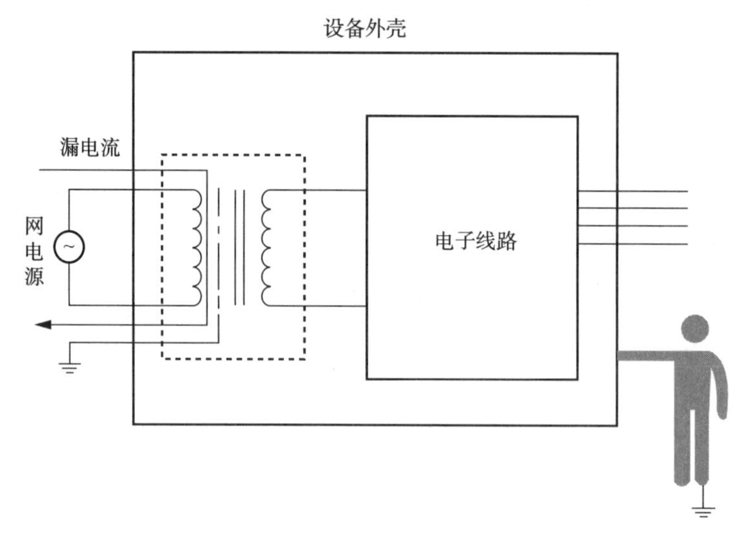

图3-86 对地漏电流

2. 外壳漏电流(见图3-87):在正常使用时,从操作者或患者可触及的外壳或外壳部件(应用部分除外),经外部导电连接而不是保护接地导线流入大地或外壳其他部分的电流。

如果是Ⅱ类设备,由于它们不配备保护接地线,则需要考虑其全部外壳的漏电流;如果是Ⅰ类设备,而它又有一部分的外壳没有和地连接,则需考虑这部分的外壳漏电流;另外,在外壳与外壳之间,若有未保护接地的,则还要考核两部分外壳之间的外壳漏电流。

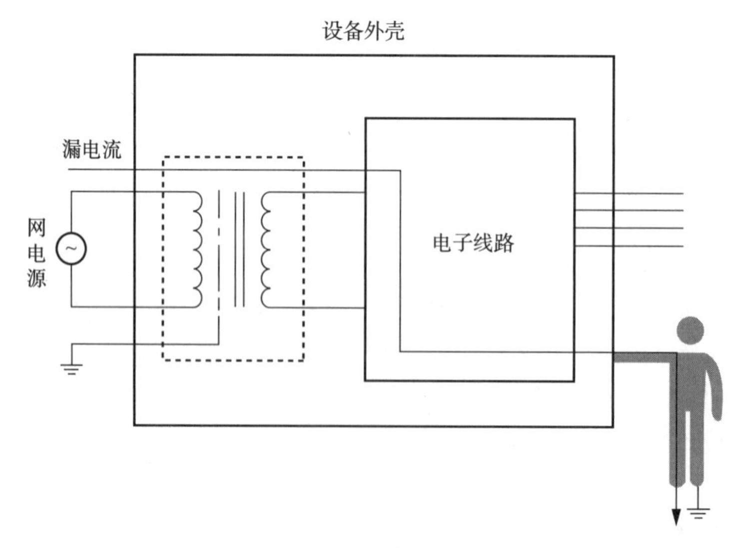

图3-87 外壳漏电流

3. 患者漏电流(见图 3-88):从应用部分经患者流入地的电流,或是由于在患者身上出现一个来自外部电源的非预期电压而从患者经F型应用部分流入地的电流。

这是由于应用部分一定要接在患者身上,而患者又接地(患者往往是站在地上的),如果应用部分对地存在一个电位差,则必然有一个电流从应用部分经患者流到地(这要排除设备治疗上需要的功能电流),这便是患者漏电流。

作为F型隔离(浮地)应用部分本来是浮地的,但是当患者身上同时有多台设备在使用时,或者发生其他意外情况时,使患者身上出现一个外部电源的电压(作为一种单一故障状态),这时也会产生患者漏电流。

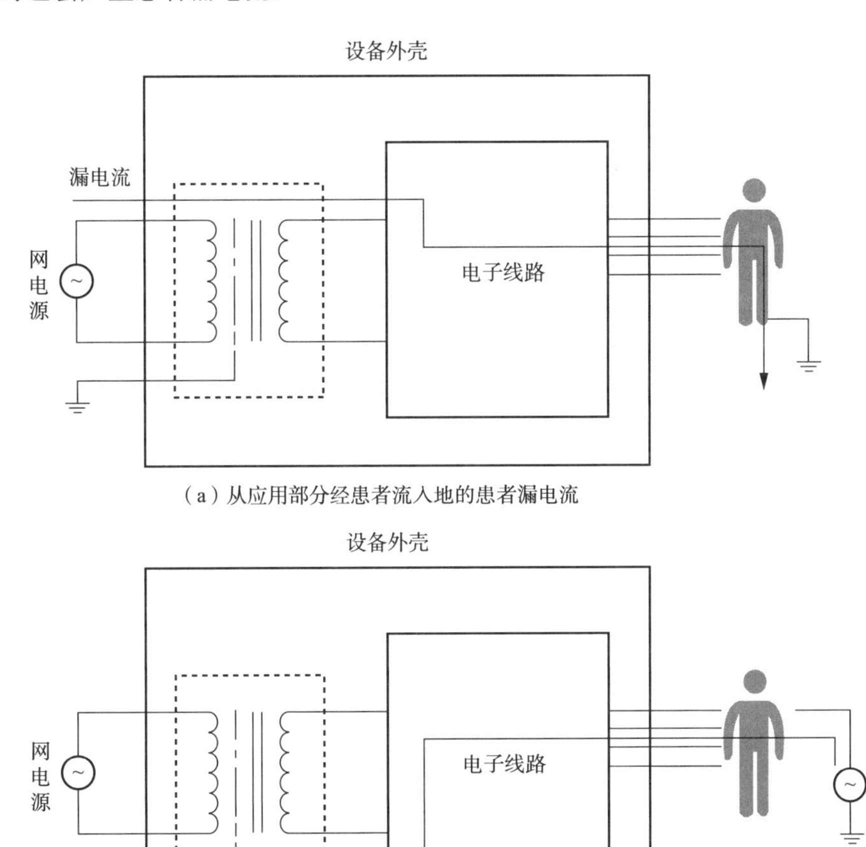

(a) 从应用部分经患者流入地的患者漏电流

(b) 从患者身上流向设备的患者漏电流

图 3-88 患者漏电流

4. 患者辅助电流(见图 3-89):正常使用时,流经应用部分部件之间的患者的电流。此电流预期不产生生理效应。例如放大器的偏置电流、用于阻抗容积描记器的电流。

这里是指设备有多个部件的应用部分,当这些部件同时接入一个患者身上,在部件与部件之间若存在着电位差,则有电流流过患者;而这个电流又不是设备生理治疗功能上需要的电流,这就是患者辅助电流。例如,心电图机各导联电极之间的流过患者身上的电流、阻抗容积描记器的电流均属此例。

“患者辅助电流”这一定义还应区别于打算产生生理效应(如对神经和肌肉刺激、心脏起搏、除颤、高频外科手术,即患者功能电流)的电流。

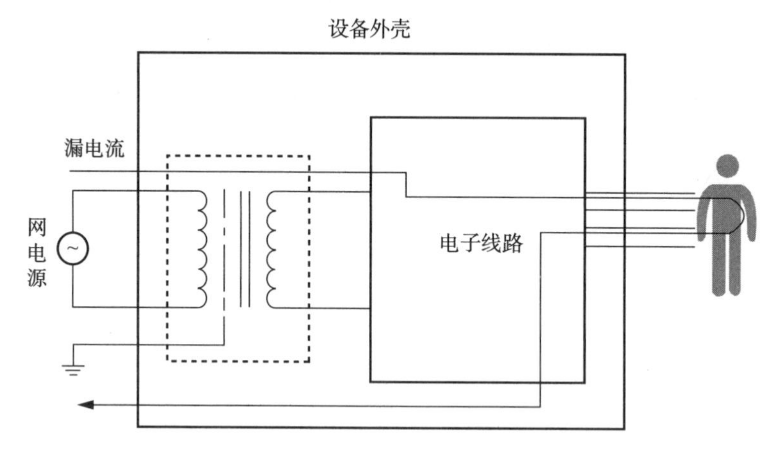

图 3-89 患者辅助电流

(二) 漏电流检测方法

GB 9706.1《医用电气设备 第1部分:安全通用要求》给出了漏电流基础测量网络(简称MD测试盒)。用1 kΩ的阻性阻抗表示人体阻抗,并用RC滤波器滤掉了高频分量。测量电压有效值除以阻性阻抗1 kΩ就得到了漏电流的测量有效值(单位:mA)。

1. 对地漏电流测试方法

用测量装置在设备的保护接地端和墙壁接地端(大地)之间测量。具体测量过程如下:

(1) 进行对地漏电流测试前,要确保被测设备断电后,才能进行漏电流测量装置和被测点的连接操作。

(2) 确认设备是否和大地断开。测量装置的一个端子连接设备保护接地端子,另一端连接网电源保护接地(PE)端子;连接示意图如图3-90所示。

(3) 设备通电后,在正常状态下,测量并记录真有效值电压表处于待机状态和完全工作状态时相应的最大测试值。将测试得到的电压值除以1 kΩ,即得到漏电流值。

2. 外壳漏电流测试方法

用测量装置在地和未保护接地外壳的每个部分之间以及在未保护接地外壳的各部分之间测量。具体测量过程如下:

(1) 进行外壳漏电流测试时,要在被测设备断电后,才能进行漏电流测量装置和被测点的连接操作;

(2) 将测量装置的一个端子连接设备金属外壳或绝缘外壳(应使用尺寸不超过200 mm×100 mm的金属箔紧贴在绝缘外壳上),另一端连接网电源保护接地(PE)端子;或者两端均用上述金属箔紧贴在绝缘外壳上;测量示意图如图3-91所示;

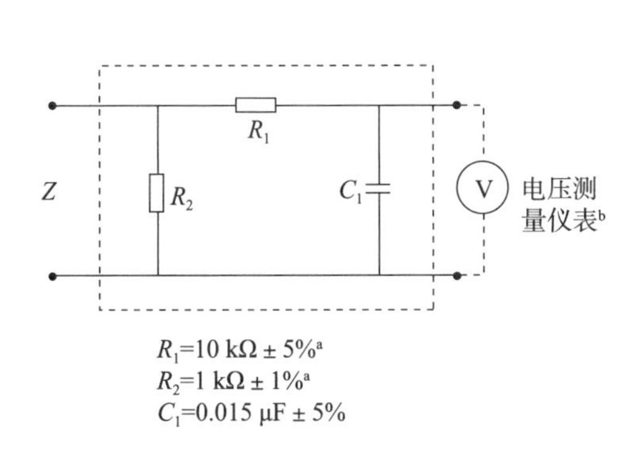

（a）测量装置

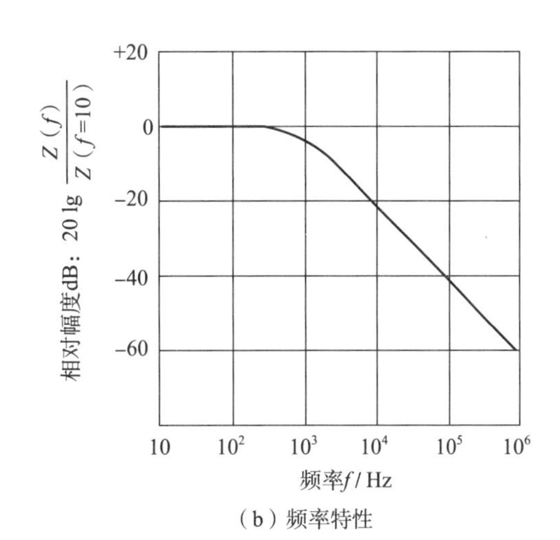

（b）频率特性

注：在后面的图中用符号 —MD— 来代替上述的网络和电压测量仪表。

a 无感元件。

b 电阻值≥1 MΩ，电容值≤150 pF。

c $Z(f)$ 是该网络对于频率为 f 的电流的传输阻抗，也就是 V_{out}/I_{in}。

图 3-90　对地漏电流测量图示

（3）设备通电后，在正常状态下，测量并记录真有效值电压表处于待机状态和完全工作状态时相应的最大的测试值。将得到的电压值除以 1 kΩ，即得到漏电流值。

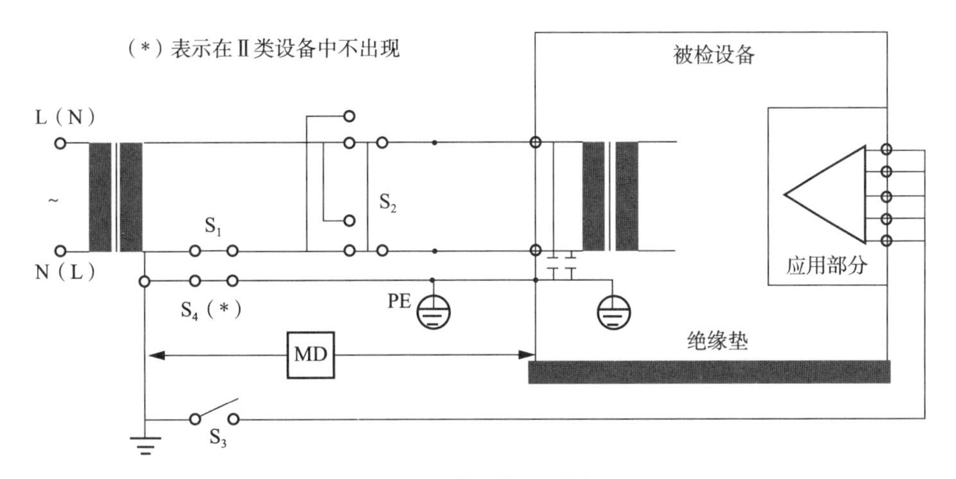

图 3-91　外壳漏电流测量图示

3. 患者漏电流测试方法

（1）进行患者漏电流测试时，要在被测设备断电后，才能进行漏电流测量装置和被测点的连接操作。

（2）将测量装置一个端子连接应用部分，另一端连接网电源保护接地（PE）端子；对应用部分的连接，必须测量的患者漏电流包括：对 B 型应用部分，从连在一起的所有患者连线，或按制造商的说明对应用部分加载进行测量；对 BF 型应用部分，轮流从应用部分的同一功能的连在一起的所有患者连线，或按制造商的说明对应用部分加载进行测量；对CF型应用部分，轮流从每个患者连接点进行测量。测量示意图如图3-92所示。

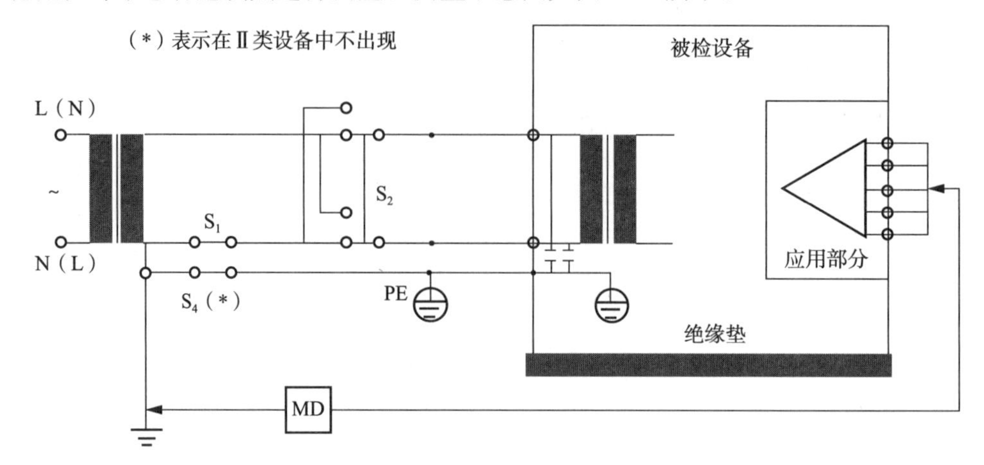

图3-92 患者漏电流测量图示

(3) 设备通电后，在正常状态下，测量并记录真有效值电压表完全工作状态时相应的最大的测试值。将得到的电压值除以1 kΩ，即得到漏电流值。

4. 患者辅助电流测试方法

患者辅助电流测量时对应用部分的连接可参照患者漏电流的要求。具体测量过程如下：

(1) 在进行患者辅助电流测试时，将被测设备断电后，才能进行漏电流测量装置和被测点的连接操作。

(2) 将测量装置的两个端子分别连接应用部分的不同患者。测量示意图如图3-93所示。测量时通过开关PA来获得应用部分之间的所有组合。

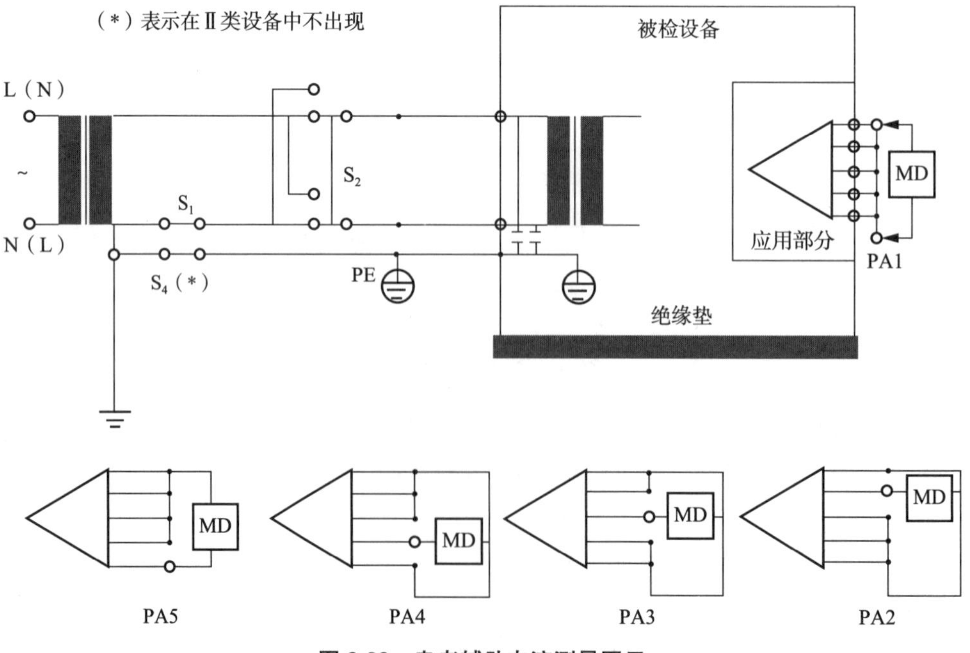

图3-93 患者辅助电流测量图示

(3) 设备通电后，在正常状态下，测量并记录真有效值电压表处于待机状态和完全工作状态时相应的最大的测试值。将得到的电压值除以 1 kΩ，即得到漏电流值。

（三）检测结果评价

测试结果应满足表 3-7 的要求。

表 3-7　漏电流限值

类型	正常状态限值/mA	单一故障限值/mA
对地漏电流	5	10
外壳漏电流	0.1	0.5
患者漏电流	DC 0.01	DC 0.05
	AC 0.1	AC 0.5
患者辅助电流	DC 0.01	DC 0.05
	AC 0.1	AC 0.5

对于型式检验中的漏电流测量，要求对被检设备输入 110％额定电压，同时要求测量正常状态和单一故障状态下的对地漏电流。而在设备的周期性测试中，可仅测量额定电压输入条件下的正常状态下的对地漏电流。

单一故障状态下的漏电流测试方法基本与正常状态的相同，但是需要轮流进行单相供电电源的缺相或三相电源的换相操作，每次只能切断一根相线或者调换两根相线，如表 3-8 所示，通过排列组合给出 6 种单一故障状态的漏电流测试结果。

表 3-8　漏电流的单一故障列表

相线	缺相(三种)			换相(三种)		
A 项	√			√		√
B 项		√		√	√	
C 项			√		√	√

二、保护接地电阻与载流能力检测

（一）保护接地电阻与载流能力检测原理

接地电阻是指被测试点到设备总接地点之间的阻抗值。接地是电力系统中的一个重要组成部分，其主要作用是防止人身遭受电击、设备和线路遭受损坏，预防火灾，防止雷击、静电损害，保障电力系统正常运行。不论是强电设备还是弱电设备，高压设备还是低压设备，接地装置的合格与否都直接影响到系统及设备的正常安全运行。接地分功能接地和保护接地。功能接地端子指直接与测量供电电路或控制电路某点相连的端子，或者直接与为功能目的而接地的屏蔽部分相连的端子。保护接地端子指为安全目的与Ⅰ类设备导体部分相连接的端子，该端子通过保护接地与外部保护接地系统相连接。通常我们说的“接地”都是指保护接地。保护接地回路不可接保险丝。GB 9706.1—2007《医用电气设备第1部分：安全通用要求》规定不用电源软电线的设备，保护接地端子与保护接地的所有可触及金属部件之间的阻抗，不能超过0.1 Ω。GB 9706.1—2020《医用电气设备第1部分：基本安全和基本性能的通用要求》规定，对于永久性安装的设备，保护接地端子与任何已保护接地部件之间的阻抗，不应超过0.1 Ω。除非在相关绝缘短路的情况下，如果相关电路具有限制电流的能力，使得单一故障状态下的接触电流和患者漏电流不超过容许值，则保护接地间的阻抗允许超过0.1 Ω。

载流能力的指标有两个，一是连接是否良好，二是指设备在故障状态下，通过保护接地回路能够承载的电流大小。承载的电流大小应为25 A或设备额定电流的1.5倍，两者取较大的一个。

（二）接地电阻与载流能力测试方法

接地电阻测量最常采用的方法是利用接地电阻测试仪进行测量。这种测试仪器的工作原理是根据仪器要求布置电流极和电压极，测量通过接地装置的电流和电压，依据欧姆定律，计算出接地装置的接地电阻值。同时接地电阻测试仪会产生规定的电流，以测试设备的载流能力。

打开接地电阻测试仪，用频率为50 Hz或60 Hz、空载电压不超过6 V的电流源，产生25 A或1.5倍于设备额定电流的电流，两者取较大的一个(±10%)，在5 s～10 s的时间里，在保护接地端子和在基本绝缘失效情况下可能带电的每一个可触及的金属部件之间流通。测量上述有关部分之间的电压降，根据电流和电压降确定电阻。在接地电阻测试仪上可直接读出接地电阻值。检测得的电阻值应不大于0.1 Ω。

CT的额定功率一般都在100 kVA以上，工作电流可达数百安培，这给接地电阻的测量带来一定困难。由于市面上通常的接地电阻测试仪的最大工作电流只有60 A，按照1.5倍的原则，只能测量40 A最大额定电流，而CT的工作电流远超40 A，故一般的接地电阻测试仪无法满足检测标准的要求，更高的输出电流需要去定制设备。但根据IEC 60601-1：2005+A1的条款，允许采用评估的方式来代替载流能力的测试。评价方法如下：

(1) 对于电流超过40 A的子部件，检查所有接地回路的载流能力，整个回路通常由金属机架、接地导线、固定螺丝螺母以及接线端子排等组成，载流能力的评估变成对金属机架的厚度、接地导线的截面积、螺丝螺母的接触面积以及接线端参数的检查。通过计算以上参数来评估整个回路是否能够承载1.5倍的故障电流。

(2) 对于额定电流小于40 A的子部件，利用接地电阻测试仪进行直接测试。

第四章　CT 质量控制检测设备简介

本章介绍 CT 质量控制中使用的检测设备和模体，对不同设备和模体的结构组成、功能和特性进行了描述。当前能够用于 CT 质量控制检测的仪器设备和模体有很多，本书不可能全部包括，仅选取相对有代表性的进行简要介绍，更详细的设备信息请参阅设备说明书。

第一节　CT 剂量检测设备

CT 剂量检测设备主要包括剂量检测模体和剂量计。

一、剂量检测模体

（一）标准剂量检测模体

要测量人体内部的吸收剂量，必须在能够模拟人体组织吸收的模体上进行测量，头部和体部的模体的尺寸要求是不同的。一直以来，用于 CT 剂量测量的模体是由美国医学物理师协会诊断放射学委员会 CT 模体工作组报告定义的，目前已被 IEC 采用，并作为测量 CT 剂量的标准模体。CT 剂量模体是由 PMMA 制成的圆柱体，分为头部和体部模体。头部模体用于模拟人体的头部，体部模体用于模拟人体的体部或躯干，有时头部模体也可用于儿童的体部模体，其横断面积与典型 2 岁儿童相当。头部模体的直径为 16 cm，体部模体的直径为 32 cm，两个模体的高度一般均为 15 cm，有时也设计为 14 cm，但不应小于 14 cm。在模体的特定位置打孔，以容纳长杆电离室。模体应包括一个中心孔，一个或多个周边孔，这些孔应平行于模体的对称轴。周边孔一般为 4 个，以 90°间隔围绕模体四周分布，位于距离模体边缘 10 mm 处。孔的直径一般为12 mm，尺寸应足够容纳 10 cm 长的长杆电离室。模体的示意图如图 4-1 所示，图4-1(a)为头部模体，图 4-1(b)为体部模体。两个模体的横断面示意图分别如图 4-2(a)、图 4-2(b)所示。当长杆电离室放入一个孔进行测量时，其他插孔应插入与模体材料相同的插棒，避免模体中出现中空的孔。一个典型的剂量模体外形如图 4-3(a)所示，图 4-3(b)显示了模体的 CT 图像。

测量的步骤是先将电离室放置在第一个孔(一般为中心孔)中，进行 CT 扫描，记录电离室测量得到的剂量值。然后将电离室移至下一个孔，并将相同材料的圆棒放置在原来的孔内，进行 CT 扫描，记录电离室测量得到的剂量值，重复此过程，直至在模体中的不同孔中完成剂量测量。对不同位置的剂量进行加权可得到加权剂量指数($CTDI_w$)。

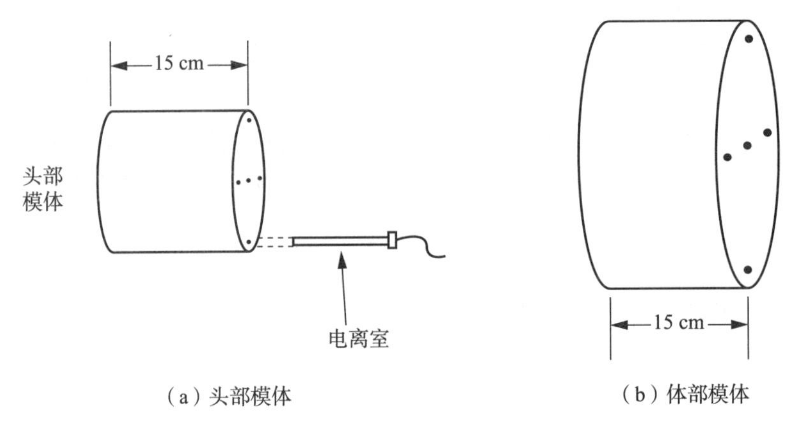

（a）头部模体　　（b）体部模体

图 4-1　头部和体部剂量模体

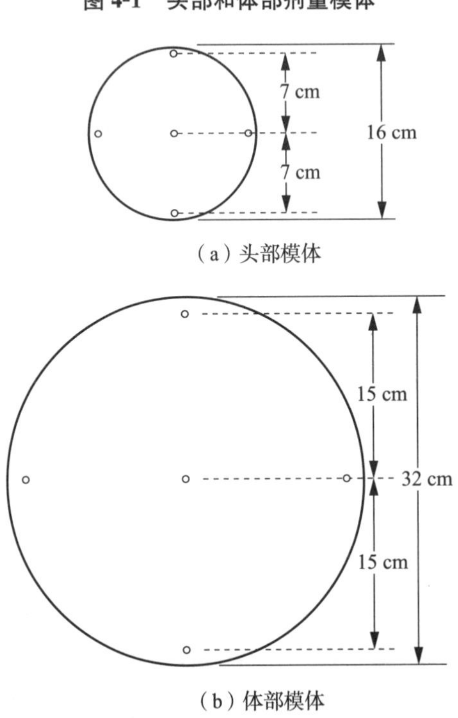

（a）头部模体

（b）体部模体

图 4-2　头部和体部剂量模体横截面示意图

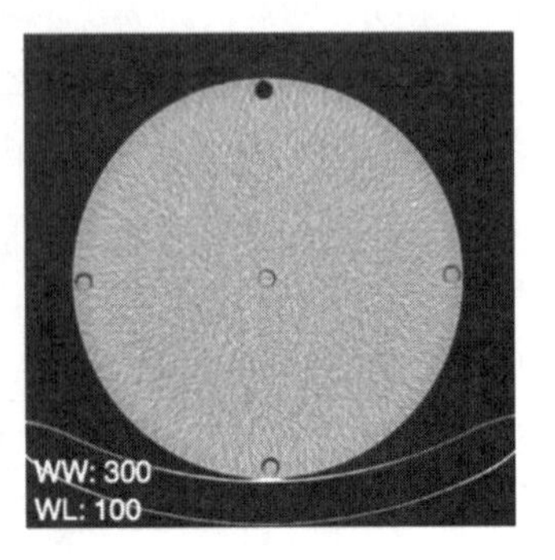

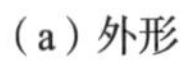

（a）外形　　（b）CT图像

图 4-3　CT 剂量模体

（二）ICRU 剂量检测模体

由于散射辐射的存在，上述 140 mm 长的圆柱形剂量模体无法测量到包括散射辐射在内的全部剂量分布。因此，需要建立一个足够长的能够捕获大部分散射辐射的标准模体来精确测量剂量。国际辐射单位与测量委员会（ICRU）与美国医学物理师协会的 200 号任务组（TG-200），合作设计了一个模体，以下简称为“ICRU 剂量模体”，如图 4-4 所示。图 4-4（a）为模体的总体设计图，图 4-4（b）为一个实际模体的外形图。ICRU 剂量模体为一个直径 300 mm、总长度为 600 mm 的圆柱体，材料为高密度聚乙烯（质量密度为 0.97 g/cm³）。由于模体的质量很大，有 41 kg，因此将其均分为 3 个部分，每个部分长 200 mm。由于测量时，需要将辐射探测器放置于模体的中心（z 轴方向），然后用 CT 扫描整个模体，所以 3 个部分应紧密连接，避免在连接处出现空腔导致出现错误的高剂量读数，从而影响测量结果。为了保证 3 个部分的紧密连接，在模体连接部分设计了对齐插棒。为了在不同位置进行剂量测量，在模体的中心和靠近边缘处，以及中心和边缘之间的中间位置开孔，以放置电离室（例如，小体积的指型电离室）。图 4-5 显示了模体的结构组成。更详细的技术图纸可参考美国医学物理师协会第 200 号报告。

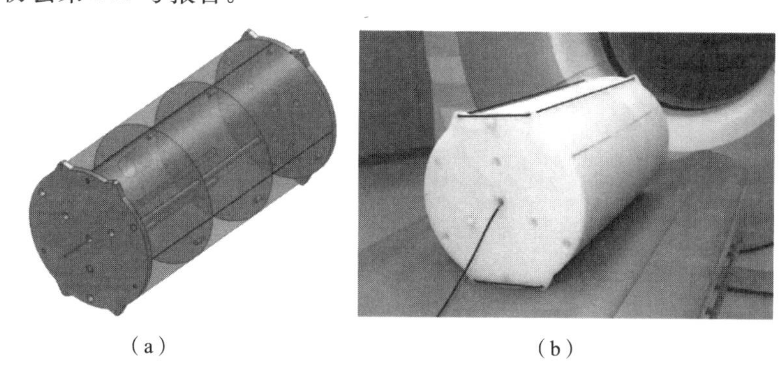

（a）　　　　　　（b）

图 4-4　ICRU 剂量模体外形图

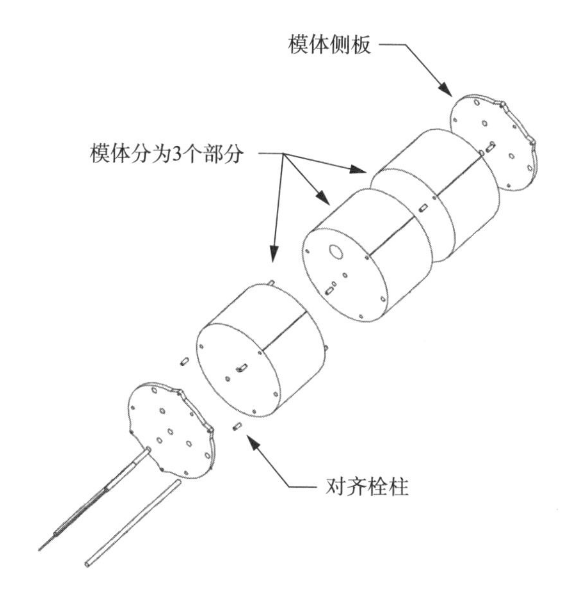

图 4-5　ICRU 剂量模体的结构示意图

ICRU 剂量模体的设计能够足够精确地测量平衡剂量 D_{eq}，目前主要用于 CT 剂量学的研究，以及 CT 制造商对 CT 设备的剂量评估中。由于该模体重量比较重，在临床环境中进行 CT 剂量的常规测量并不方便。

二、剂量计

在过去，有多种不同剂量计被用来测量 CT 的剂量，包括胶片剂量计、热释光剂量计，以及专为 CT 设计的电离室。目前，通用的表示 CT 剂量的方法是 CTDI，是利用 100 mm 长杆电离室进行测量的。近年来，固体半导体场效应管(MOSFET)型探测器也逐渐用于 CT 剂量学研究，固态半导体探测器配合实时剂量仪能够实现剂量的实时测量。我国的计量检定规程 JJG 961—2017《医用诊断螺旋计算机断层摄影装置(CT)X 射线辐射源》中，规定了 CT 诊断水平剂量计必须是电离室型或半导体型的剂量计。说明基于半导体探测器的剂量计已经得到认可[44]。接下来对 CT 中常用的剂量仪和电离室进行介绍。

（一）积分型剂量计和长杆电离室

电离室是一种用来准确测量电离辐射的仪器。电离室由处于不同电位的电极和其间的介质组成。电离辐射在介质中产生电离离子对，在电场的作用下，正负离子分别向负极和正极漂移，形成电离电流。由于电离电流与辐射的强度成正比，测量该电流即可得到电离辐射的强度。电离室分为治疗水平电离室、诊断水平电离室、防护水平电离室和环境水平电离室。测量 CT 剂量时应使用诊断水平电离室，该电离室为 100 mm 的长杆结构，电离室中心有一根长的石墨电极穿过整个电离室空腔，电离室空腔的体积约为 3 cm^3，如图 4-6 所示。长杆电离室能够保证在长轴方向上产生均一的能量响应。

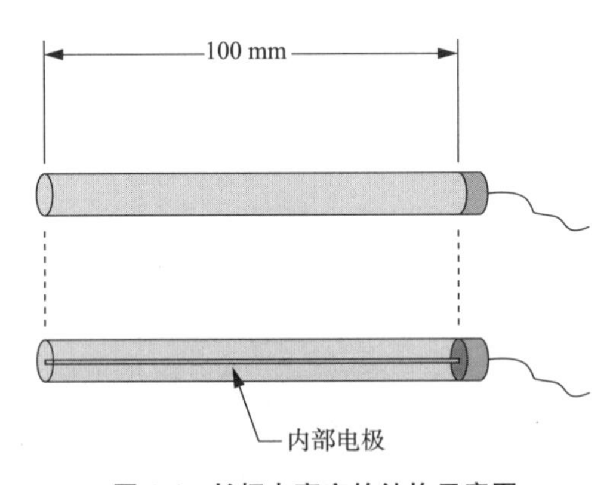

图 4-6 长杆电离室的结构示意图

目前，常用的剂量计和电离室有以下几种，瑞典 RTI 公司的 Piranha(比拉那)和美国福禄克公司的 RaySafe X2。二者均为多功能的测量仪，能够实现多个参数的测量，如管电压、管电流、电流时间积、曝光时间、剂量、剂量率、半值层、波形等。进行 CT 剂量测量时，需要配合长杆电离室使用。Piranha 及长杆电离室如图 4-7 所示，RaySafe X2 和长杆电离室如图 4-8 所示。目前，长杆电离室有 100 mm 和 300 mm 两种规格，后者主要用于宽射线束 CT 的剂量测量。瑞典 RTI 公司的 100 mm 电离室的有效测量体积为 5.3 cm^3，有效测量长度为 100 mm，技术参数见表 4-1；300 mm 电离室的有效测量体积为 16 cm^3，有效测量长度为 300 mm。

图 4-7　Piranha 和 DCT10 型长杆电离室

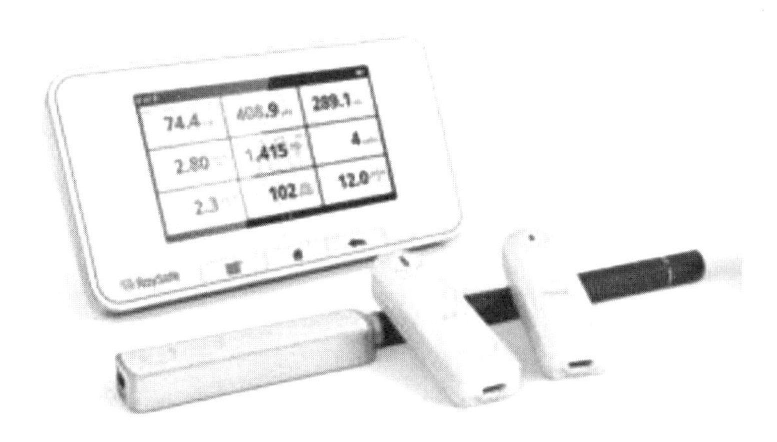

图 4-8　RaySafe X2 和长杆电离室

表 4-1　CT 长杆电离室的技术特性(DCT10 型)

技术参数	参数值
有效测量体积	5.3 cm^3
有效测量长度	100 mm
直径	12 mm
典型漏电流值	±20 fA
辐射质量	70 kV～150 kV
灵敏度	30 mGy cm/nC
能量响应	±1%
空气比释动能测量范围	0.3 mGy cm/s～3 Gy cm/s

（二）指型电离室

CT 剂量测量可以用小体积的指型电离室测量，指型电离室的体积一般在 0.1 cm^3～

1.0 cm^3。美国医学物理师协会111号报告中使用体积为0.6 cm^3的指型电离室进行CT剂量的测量。指型电离室的外电极为硬的圆柱形状，一端封闭，另一端装在支撑杆上，如图4-9所示。该电离室体积小，并非在整个射线束范围内进行积分，而是能够实现CT螺旋扫描中在长轴方向逐点测量剂量值，因此能够实现平衡剂量(D_{eq})的测量。

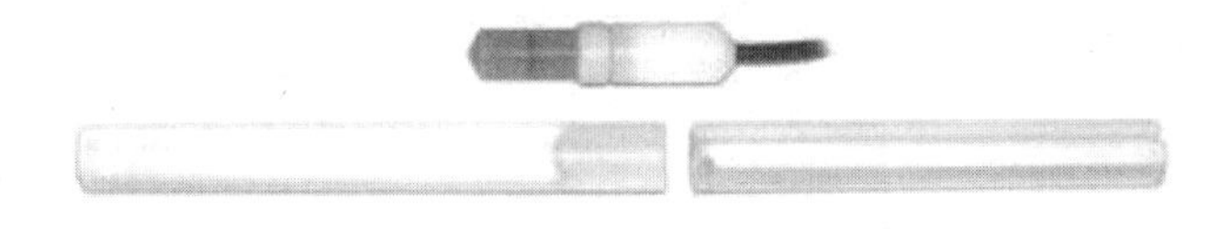

图4-9 0.6 cm^3的指型电离室及圆柱形插杆

（三）实时测量剂量仪

如第三章中所述，美国医学物理师协会在200号报告中推荐了使用实时剂量计测量CT剂量的方法。利用一个实时剂量探测器在机架等中心处穿过X射线束，就能够得到沿z轴方向的剂量曲线。由于CT扫描过程中，射线束是动态变化的，实时剂量计的采样率应至少为1 kHz以上。实时剂量计有两种实现方式，一种是半导体固态X射线探测器，另一种是具有实时读出能力的空气电离室。

半导体固态探测器可以用许多不同的探测器材料制作，它有两个电极，电极两端加上一定的偏压，当入射离子进入半导体探测器的灵敏区时，即产生电子-空穴对。在两极加上电压后，电荷载流子就向两极做漂移运动，收集电极上会感应出电荷，从而在外电路形成信号脉冲。半导体固态探测器的优势在于，入射离子产生一个电子-空穴对所需消耗的平均能量比空气电离室产生一个离子对所消耗的能量低很多，因此，其能量分辨力要好得多。半导体固态探测器的问题在于，其能量响应与空气不同，为了实现与空气电离室相同的测量，需要对其能量依赖特性进行修正。

利用小体积的指型电离室作为实时探测器，也存在一定的技术挑战。因为空气的密度比固态探测器要小三个数量级，因此基于空气的探测器中产生的信号水平要低很多，容易受到噪声的干扰。相比之下，二者各有优劣。尽管空气电离室用于放射诊断学的剂量测量有着悠久历史，但是固态探测器近年来发展很快，也被广泛地用于放射诊断剂量学测量中。目前国内应用较多的实时测量剂量仪是RTI公司的半导体探测器CT Dose Profiler，其型号为CT-DP，以下简称为CT-DP探测器。

CT-DP探测器的核心传感器位于距离探测器边缘3 cm处，如图4-10所示。CT-DP探测器通过加长可与CT剂量模体适配，加长部分由PMMA材料制成，标准长度为45 mm。加长后，当探测器与剂量模体边缘对齐时，传感器位置正好位于剂量模体中心。CT-DP的探测器部分非常薄，仅为250 μm，因此相对于射束宽度而言，其体积可以忽略不计，可以认为探测器总是被完全照射的。其技术特性见表4-2。

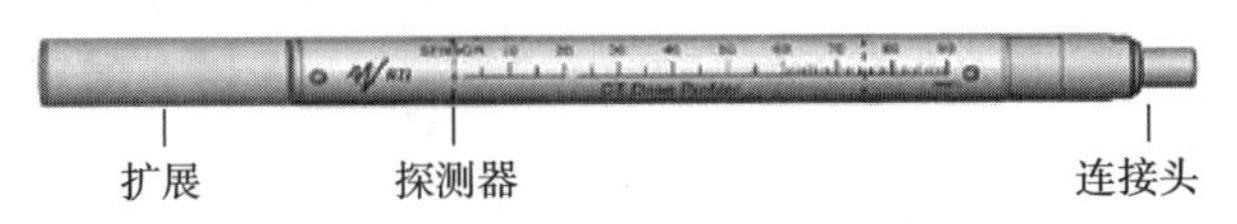

图4-10 CT Dose Profiler探测器

探测器的作用不仅是在扫描过程中采集剂量曲线；同时，探测器本身也作为触发开关，一旦接收到X射线，探测器即开始记录每个点的剂量值并传输至剂量计主机。剂量计采样速率很高，可实现每秒采样2000个剂量值，满足实时剂量计的要求。

表4-2　CT-DP探测器的技术特性

技术参数	参数值
长度	169 mm
探测器灵敏区域	250 μm
典型的校准因子	0.28 mGy/C
空气比释动能测量范围	40 nGy/s～760 mGy/s
误差范围	±5%或±10 nGy/s

为了采集不同位置的点剂量并描绘剂量曲线，在CT扫描过程中CT-DP探测器应穿过整个CT射线束。实际测试时，应进行螺旋扫描，扫描范围应覆盖整个剂量模体，完成剂量曲线的数据采集，如图4-11。

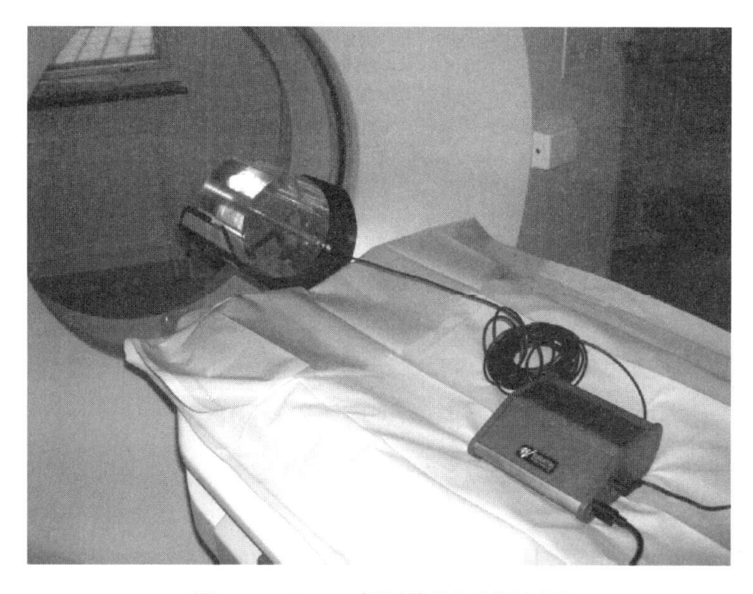

图4-11　CT-DP探测器进行剂量测量

软件程序能够对剂量曲线进行分析，并自动计算$CTDI_{100}$、半高宽(FWHM)、几何效率、散射因子等参数。利用CT-DP探测器在模体中测量CTDI的结果如图4-12所示。

实时剂量计进行剂量测量的优势是通过一次测量就可以得到完整的剂量曲线，同时由于探测器体积小，测量时不受CT的射线束宽度$N\times T$的限制。随着宽射线束CT的普及，实时剂量计的应用必将更加广泛。

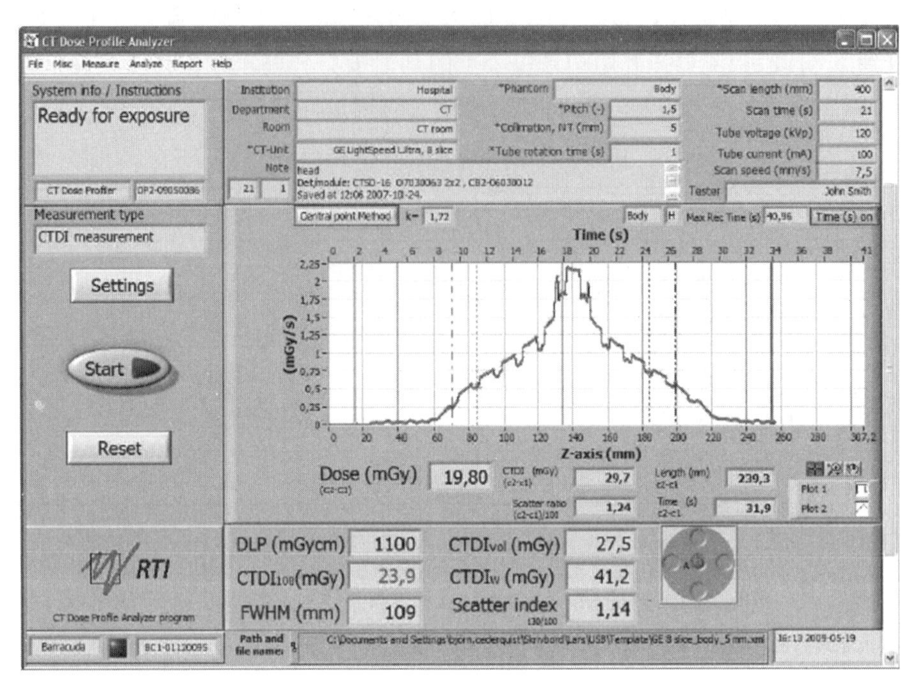

图 4-12 测试显示

第二节 CT 图像质量检测模体

目前可用于CT图像质量检测的模体很多,包括:美国体模实验室的Catphan系列模体、美国放射学会认证的ACR 464模体、美国医学物理师协会推荐的模体等。我国使用较多的是美国体模实验室的Catphan系列模体,也是国际上认可的模体。不同模体的外观和结构设计不同,但模块功能基本一致,均能实现CT图像质量的检测。在实际的CT性能检测中,由于不同模体的内部结构不同,检测结果可能会存在一定的差异。下面对CT检测中常用的图像质量模体进行介绍。

一、Catphan 模体

Catphan模体由美国体模实验室研制,包括一系列不同型号的模体,如:Catphan 500、Catphan 600、Catphan 700等,目前国内应用更多的是Catphan 500和Catphan 600。Catphan模体的检测项目包括定位光精度、CT值准确性、低对比度分辨力、空间分辨力、层厚、图像均匀性等。检测项目基本能够覆盖我国相关检测标准的要求,Catphan模体用固体材料代替水,成分稳定,不存在气泡和漏水等问题,具有检测准备时间短、携带方便等优点。而且其为整体结构,一次定位可连续多层扫描,节约检测时间。

本书仅介绍Catphan 500和Catphan 600模体。Catphan 500的外形如图4-13所示,两个型号的结构布局如图4-14所示。两个型号的模体包含的检测模块有所区别,但均能实现CT检测的项目要求。下面分别对模体中的不同模块进行介绍。

图 4-13 Catphan 500 外形图

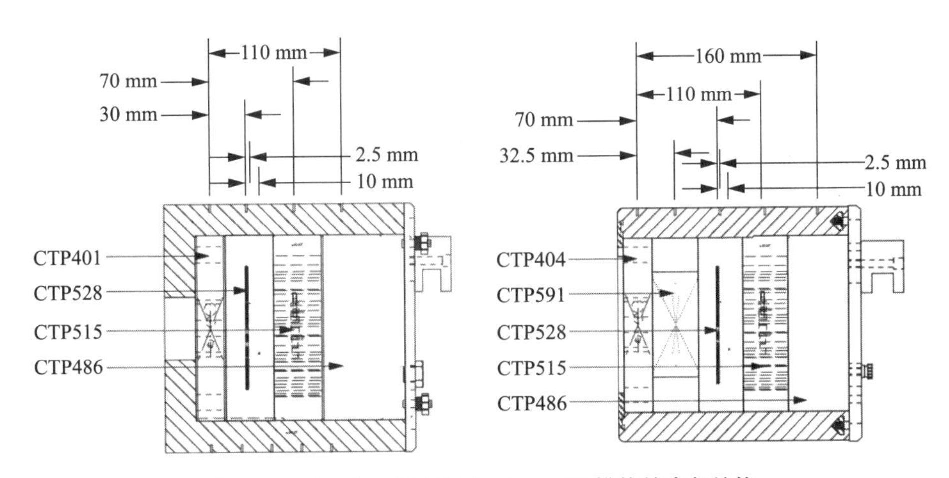

图 4-14 Catphan 500 和 Catphan 600 模体的内部结构

1. 层厚、CT 值线性测试模块

该模块的型号为 CTP 401 或 CTP 404，模块包含若干个直径为 1.25 cm 的小圆柱体，由不同物质构成，分别表示不同的 CT 值，用于 CT 值线性测量。CTP 401 包含 4 种不同物质，分别为聚四氟乙烯(高密度物质，类似骨头，也称为特氟隆)、丙烯酸、低密度聚乙烯和空气。CTP 404 除上述物质外，还增加了聚甲醛、聚苯乙烯、聚甲基戊烯等材料。模块中还包含了 4 条与 CT 扫描平面成 23°的斜线，用于测量层厚和层灵敏度剖面线。CTP 401 模块的外形图和示意图分别见图 4-15(a)、图 4-15(b)。

2. 空间分辨力测试模块

空间分辨力测试模块为 CTP 528，模块直径 15 cm，厚 4 cm，主要用来测试 CT 的空间分辨力，如图 4-16 所示。2 mm 厚的铝呈放射状镶嵌在模块内，构成不同尺寸的线对模型，最高可达 21 lp/cm。模块中还包含一个 0.28 mm 的金属小球，用于测量点扩展函数(PSF)和调制传输函数(MTF)。

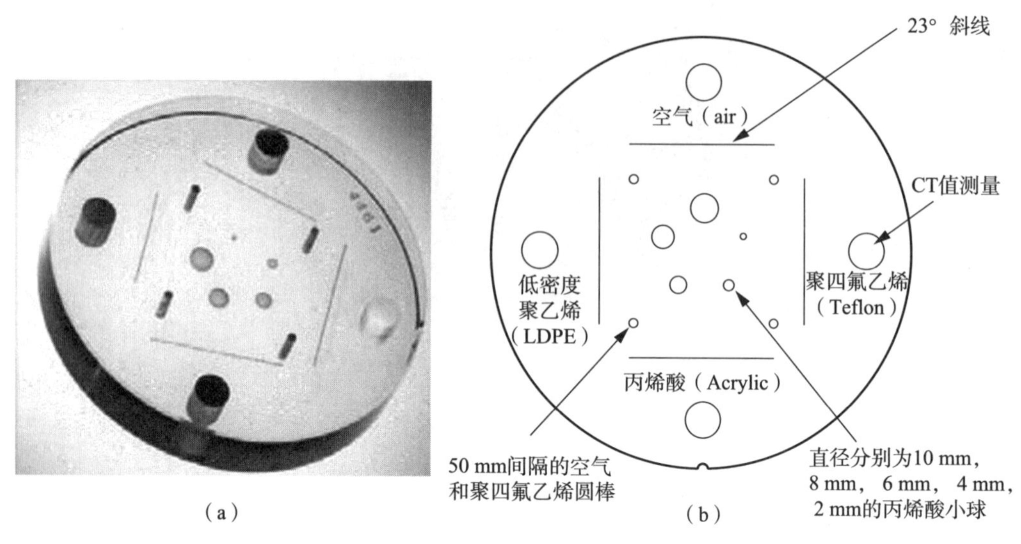

（a） （b）

图 4-15 CTP 401 模块

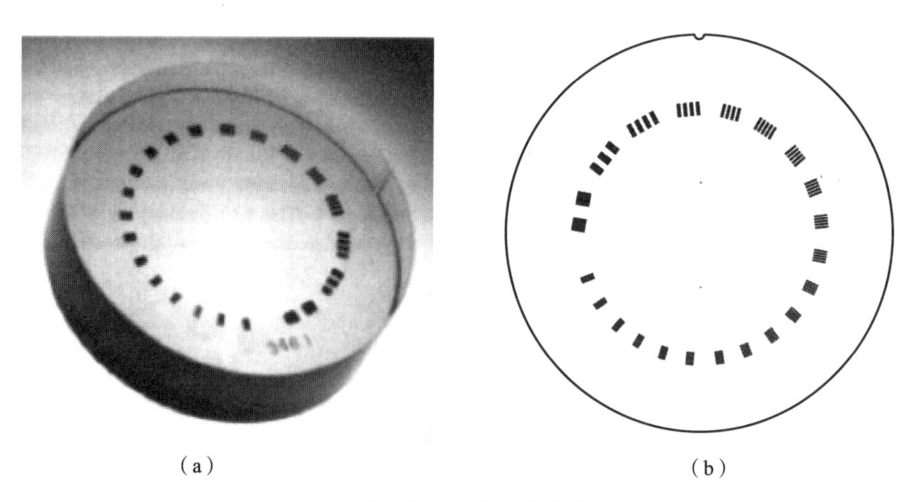

（a） （b）

图 4-16 空间分辨力测试模块

3. 低对比度分辨力测试模块

低对比度分辨力测试模块为 CTP 515，模块直径 15 cm，厚 4 cm。模块内包含一系列对比度和直径都不相同的圆柱体。圆柱体根据长度不同又分为 2 种，分别为超层（supra-slice）和子层（subslice）。超层的圆柱体长 40 mm，在 40 mm 的范围内，z 轴的对比度值是一致的。由于常规的 CT 扫描层厚均小于 40 mm，因此就保证了圆柱体的对比度不受部分容积效应的影响。超层的圆柱体每组对比度包含 9 个不同直径，分别为 2 mm，3 mm，4 mm，5 mm，6 mm，7 mm，8 mm，9 mm 和 15 mm。共有 3 种不同的对比度，分别是 0.3%，0.5%和 1%，如图 4-17 所示。子层的目标物质圆柱在 z 轴上的长度不同，包括3 组不同长度的圆柱体，分别为 3 mm，5 mm 和 7 mm。每组的直径分别为 3 mm，5 mm，7 mm和 9 mm。

该模块中不同目标物质和背景的有效原子数相同，仅仅是密度不同，这样既能体现不同物质具有不同的有效衰减系数，又避免了伪影的产生。

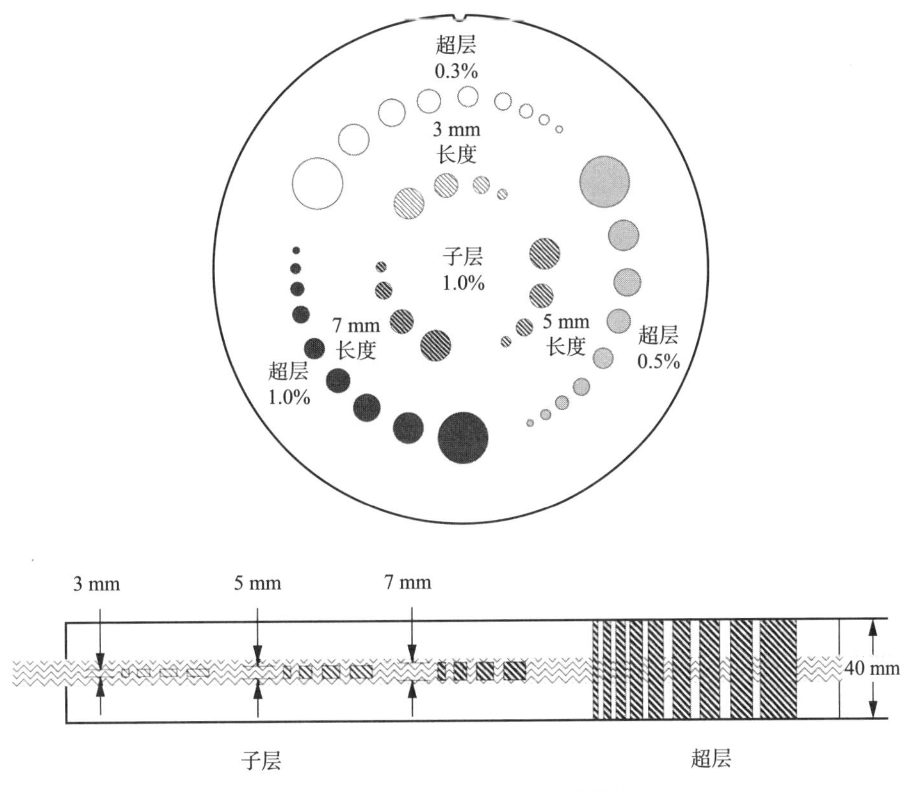

图 4-17　低对比度分辨力测试模块

4. 均匀性和噪声测试模块

均匀性和噪声测试模块为 CTP486，由均匀材料构成。对于标准的 CT 扫描序列，该材料的 CT 值与水的 CT 值的偏差不超过 2%，即不超过 20 HU。典型的 CT 值在 5 HU 至 18 HU之间。该模块主要用于测试 X 射线的场均匀性和噪声，如图 4-18 所示。

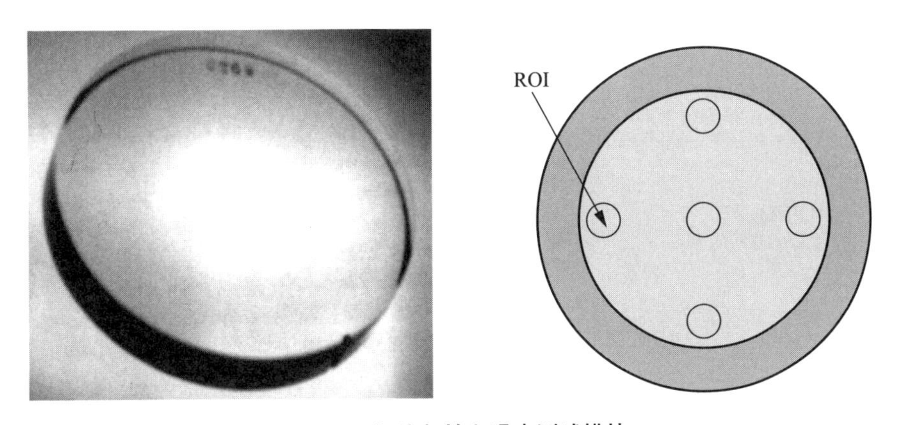

图 4-18　场均匀性和噪声测试模块

一般的测试模体采用水模来测试场均匀性和噪声，但液体水模因水质不同会导致衰减系数不一致，而且灌注液体水操作起来也很不方便。但固态均质物质因各个方向的均匀性一致使其成为理想的检测体，并且固态均质物质不会存在泄漏和温度过低而结冰等问题。

二、ACR 464 模体

ACR 464 模体是符合美国放射学院认证指南的模体，能够实现 CT 图像质量的多个参数的测试，如：定位精度、CT 值准确性、低对比度分辨力、空间分辨力、层厚、图像均匀性等。模体的外形图如图 4-19 所示。

图 4-19 ACR 464 模体

模体由水等效材料组成，即固体水，CT 值为 0 HU。模体包括 4 个模块，模块 1 为 CT 值准确性、层厚和定位精度的测量模块。模块中包含 5 种不同 CT 值的目标物体，分别为：骨等效材料(Bone)、水等效材料(Water)、聚乙烯(Polyethylene)、丙烯酸(Acrylic)和空气(Air)，如图 4-20 所示。

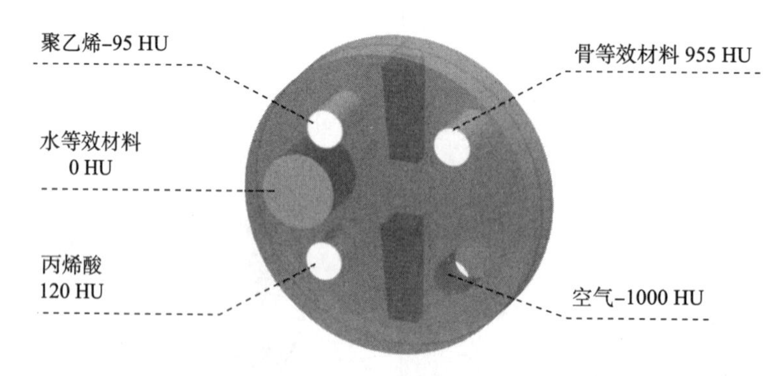

图 4-20 CT 值准确性、层厚和定位精度的测量模块

模块 2 为低对比度分辨力测试模块。模块由一系列的不同直径的圆柱体组成，与背景材料构成 0.6% 的对比度，即与背景的 CT 值偏差为 6 HU。圆柱体直径分别为：2 mm，3 mm，4 mm，5 mm，6 mm，25 mm，如图 4-21 所示。

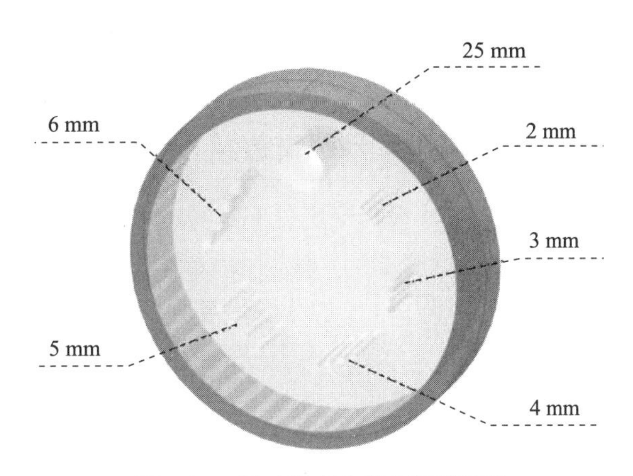

图 4-21　低对比度分辨力测试模块

模块 3 为图像均匀性测试模块,模块中包含 2 个小的目标物体,二者距离 100 mm,能够实现准确测量平面内距离的功能,如图 4-22 所示。

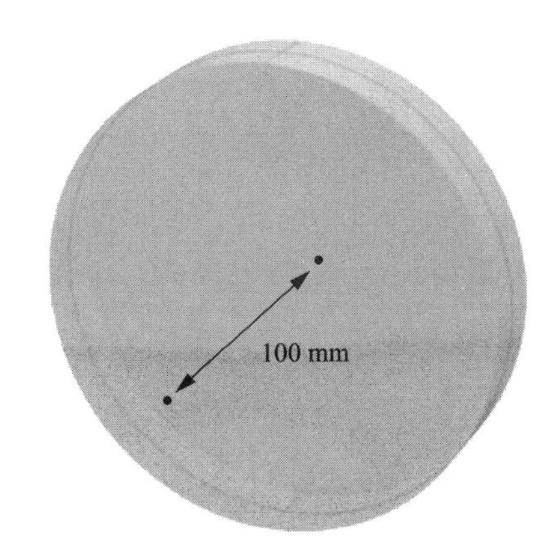

图 4-22　图像均匀性测试模块

模块 4 为空间分辨力测试模块,包含 8 个高对比度的线对卡,分别为 4 lp/cm,5 lp/cm,6 lp/cm,7 lp/cm,8 lp/cm,9 lp/cm,10 lp/cm,12 lp/cm,如图 4-23 所示。

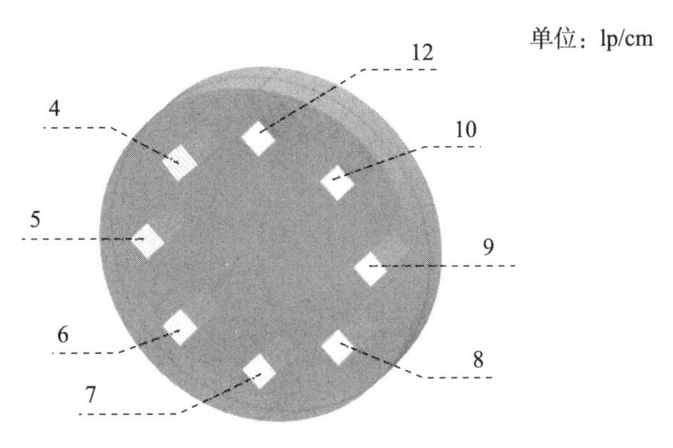

图 4-23　空间分辨力测试模块

此外,模体还有扩展组件及体环,前者用于评估体部的性能,可将上述模块插入体环中使用;后者用于在 z 轴方向对模体长度进行扩展,对宽射线束 CT 中散射的评估更为准确。

三、美国医学物理学会图像质量检测模体

1977 年美国医学物理学会第 1 号报告定义了 CT 的技术性能参数并描述了使用特定模体进行检测的方法。按照该标准设计的模体称为 AAPM 模体,如:CIRS 的 Model 610 模体,如图4-24所示。该报告因为比较陈旧,现今已很少被使用,但作为第一个定义 CT 性能评价的技术报告,美国医学物理学会第 1 号报告有其特殊意义,AAPM 模体也仍然可用于 CT 图像质量检测。AAPM 模体为直径为 8.5 in(1 in=2.54 cm)的圆柱形结构,用水填充,模体中包含 CT 值线性插件、高对比度分辨力插件和层厚插件等。模体配有快速开关阀门,便于使用时加水和排水。

四、CTIQ 模体

CTIQ 模体为一家英国公司的 CT 图像质量模体。该模体为直径 160 mm 的圆柱体结构,材料为 PMMA,圆柱体上包含 6 个圆柱形空洞,用于放置不同插件。该模体能够实现多项图像质量参数的检测,包括:几何畸变、CT 值准确性、噪声、图像均匀性、伪影、空间分辨力、低对比度分辨力、层厚、MTF 等。模体如图 4-25 所示。

图 4-24 美国医学物理学会图像质量检测模体

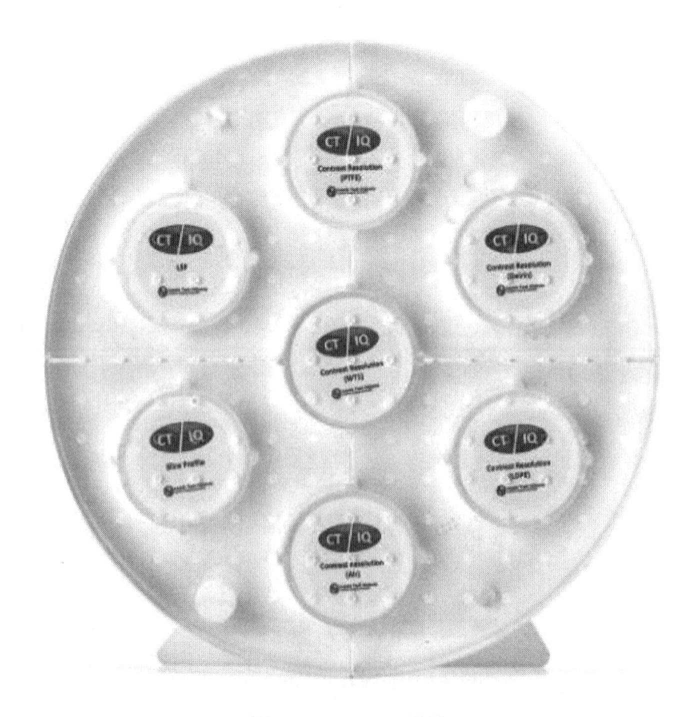

图 4-25 CTIQ 模体

五、CT 图像质量检测模体(Advanced iqModules™)

美国太阳核(SunNuclear)公司的先进的 iq 模体(Advanced iqModules™)由 4 个模块组成,能够实现多项图像质量参数的检测,如:空间分辨力、低对比度分辨力、层厚、几何尺寸评价、图像均匀性等。每个模块均为圆柱体结构,直径为 20 cm,长度为 4 cm,由等效水材料制成。

空间分辨力模块包含了 ACR 464 模体的空间分辨力模块的全部线对模型,同时又进行了扩展,包括高达 32 lp/cm 的线对模型,如图 4-26(a)所示,对于高分辨力 CT 的图像质量评价有着重要意义。

低对比度分辨力模块提供 3 种不同的对比度目标物体,分别为 0.3%,0.6%,1.0%。每种对比度又包含直径为 1.5 mm,2 mm,3 mm,4 mm,5 mm,7 mm,9 mm,12 mm,25 mm 的目标物体,如图 4-26(b)所示。相比 ACR 464 模体,该模体增加了 2 组不同的对比度水平,目标物体的数量和直径也有所变化,进一步提升了低对比度分辨力的测量范围。

层厚与几何特性测量模块的结构较为复杂,包括:由直径为 0.05 mm 的钨丝组成的斜坡结构,能够实现对层厚和 SSP 的测量;两组相对放置的金属小珠(直径分别为0.18 mm和0.28 mm)构成的斜坡结构,也可以用于层厚和 SSP 的测量;以相对模体中心轴 5°的角度放置的直径为 0.05 mm 的钨丝,用于测量 MTF。模块示意图如图 4-26(c)所示。

图像均匀性测试模块如图 4-26(d)所示,该模块由均匀的水等效材料构成,能够实现图像均匀性和噪声的测量,模体中镶嵌 2 个直径为 0.28 mm 的钨珠,间距 100 mm,可用于测量距离。

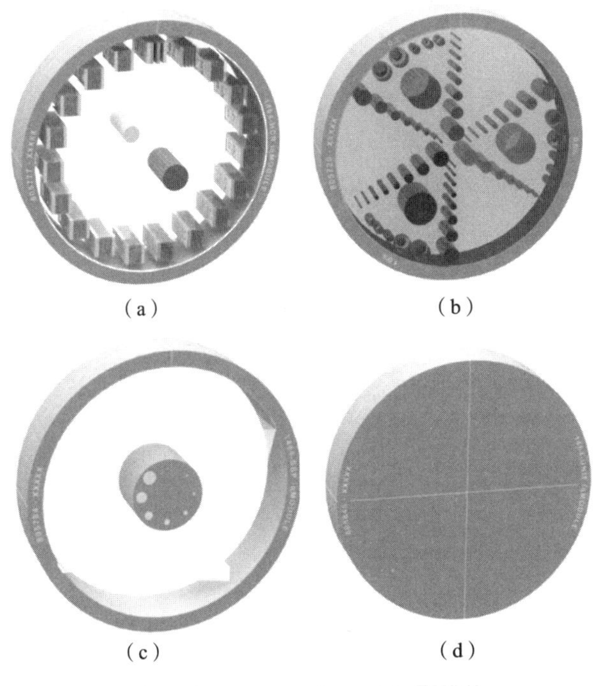

(a)　(b)　(c)　(d)

图 4-26　Advanced iqModules™模体

六、CT 自动曝光控制模体

默库瑞(Mercury)模体是用于 CT 自动曝光控制检测的模体,用于检测 CT 自动曝光控制或自动管电流调制的性能。该模体由 5 个尺寸不同的部分按层列式结构组成,如图 4-27 所示。各部分的直径分别为 16 cm,21 cm,26 cm,31 cm,36 cm,对应于不同的病人身体尺寸。模体材料为聚乙烯,内含固体水、模拟骨骼材料等,用于实现不同的对比度。该模体除了能够检测自动曝光控制,还能够检测 NPS、MTF 等参数。

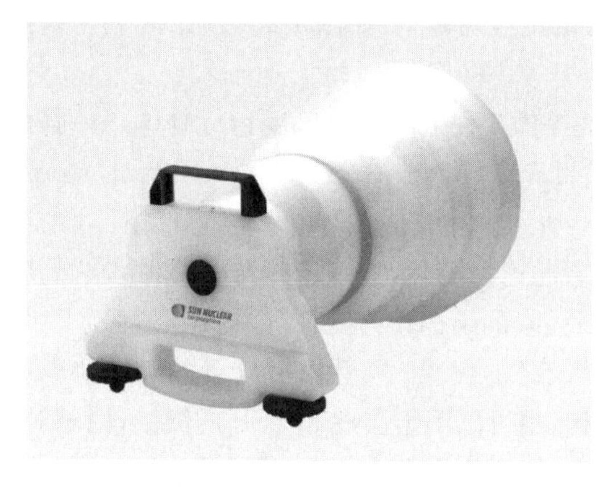

图 4-27 Mercury 模体

第五章　CT质量控制检测技术标准与检测流程

第一节　CT质量控制检测的技术标准

一、概述

随着科学技术的突飞猛进，CT设备也不断推陈出新，其在医学领域日益得到广泛应用与迅速普及，然而在为医学工作者提供便捷、科学、准确的诊断与治疗技术的同时，与之相伴而生的质量问题（如因CT设备质量问题导致受检者受到额外的医疗辐射照射、因其影像质量欠佳而导致的误诊、漏诊等）正日益凸显，并越来越受到业界的关注与重视。近年来，国家卫生行政部门逐渐加大了对CT质量控制的监管力度，医疗机构对CT质量控制的技术服务需求与日俱增，同时对技术服务机构的CT性能检测技术提出了更高的要求。

为了适应行业监管的需要，我国出台了一系列的法规和技术标准，对CT质量控制与质量保证中的技术活动进行规范。现行有效的标准主要包括：

（1）国家卫生部和国家标准化管理委员会发布的国家标准GB 17589—2011《X射线计算机断层摄影装置质量保证检测规范》。该标准规定了医用X射线计算机断层摄影装置以质量保证为目的进行检测的方法及项目与要求，适用于CT验收检测、使用中的CT状态检测及稳定性检测。

（2）国家质量检验检疫总局发布的GB/T 19042.5—2006《医用成像部门的评价及例行试验　第3-5部分：X射线计算机体层摄影设备成像性能验收试验》。该标准适用于影响图像质量、患者剂量和定位的CT扫描装置的相关部件。主要依赖非介入式的测量，使用适当的试验设备，在安装期间或安装完成之后，对设备进行验收检测。目的是验证按规范进行安装后，CT的图像质量、患者剂量和定位是否受到影响。

（3）国家卫生健康委员会发布的卫生行业标准WS 519—2019《X射线计算机体层摄影装置质量控制检测规范》。该标准在GB 17589—2011的基础上修订而成，修改了部分检测项目的判定标准，同时增加了部分检测方法。

（4）国家质量监督检验检疫总局发布的JJG 961—2017《医用诊断螺旋计算机断层摄影装置（CT）X射线辐射源》。该检定规程适用于新安装、使用中和影响成像性能的部件修理后的医用诊断螺旋CT中X射线辐射源的检定[29,44-47]。

二、不同技术标准的对比分析

有关CT质量控制的标准很多，不同标准的检测项目与判定标准也有一定差别，下面对不同标准的差别进行对比。表5-1中列出了上述4个检测标准中的全部检测项目，共14项。不同标准中的检测项目的名称有所区别，表5-1中主要按照GB 17589的项目名称列出。其中,“随机文件”和“设备、仪器的标识和试验条件”为检查项目,其余12个为需要进行检测的项目。通过对比发现,不同标准的检测项目具有较好的一致性。12个检测项目中,有7个出现在4个标准中,有10个出现在3个标准中。为了进一步了解不同标准中使用的检测项目名称、检测设备、检测方法、评判标准的差别,接下来针对每个检测项目进行不同标准间的对比分析。

表5-1 不同标准的检测项目对比

序号	检测项目	检测标准			
		GB 17589—2011	GB/T 19042.5—2006	WS 519—2019	JJG 961—2017
1	诊断床定位精度	+	+	+	—
2	定位光精度	+	+	+	—
3	扫描架倾斜角度	+	+	+	—
4	重建层厚偏差	+	+	+	+
5	$CTDI_w$	+	+	+	+
6	CT值(水)	+	+	+	+
7	均匀性	+	+	+	+
8	噪声	+	+	+	+
9	高对比度分辨力(率)或空间分辨力(率)	+	+	+	+
10	低对比度可探测能力或低对比度分辨力(率)	+	+	+	+
11	CT值线性	+	—	+	—
12	图像之间的一致性	—	—	—	+
13	随机文件	—	+	—	—
14	设备、仪器的标识和试验条件	—	+	—	—

注:表中“+”表示应检测或检查该项目,“—”表示不检测或检查该项目。

1. CTDI

CTDI是评价CT剂量水平的重要参数。不同标准对于CTDI的测量方法基本一致,均是来源于IEC规定的测量方法。但因为不同标准的应用范围不同,测量的具体要求和评判标准有所区别。GB/T 19042.5—2006作为性能验收的标准,不仅要求测量加权剂量指数$CTDI_w$,还对空气中的剂量指数$CTDI_{free-in-air}$的测量提出了要求。GB 17589和WS 519要求测量$CTDI_w$,而JJG 961则以$CTDI_{vol}$作为测量结果。此外,各标准对于测量结果的评判标准也不完全一致。更详细的对比分析见表5-2。

表 5-2 CTDI 检测的对比分析

<table>
<tr><th rowspan="2">序号</th><th rowspan="2" colspan="3">项目</th><th colspan="4">检测标准</th></tr>
<tr><th>GB 17589—2011</th><th>GB/T 19042.5—2006</th><th>WS 519—2019</th><th>JJG 961—2017</th></tr>
<tr><td>1</td><td colspan="3">检测项目名称对比</td><td>$CTDI_w$</td><td>剂量</td><td>$CTDI_w$</td><td>$CTDI_{vol}$</td></tr>
<tr><td>2</td><td colspan="3">检测用设备</td><td colspan="4">1.剂量模体；
2.剂量计和长杆电离(应进行检定或校准)。JJG 961 允许使用半导体型的剂量计</td></tr>
<tr><td>3</td><td colspan="3">检测方法</td><td>在典型头部条件和体部条件下测量单次轴向扫描的 $CTDI_w$</td><td>分别测量 $CTDI_w$ 和 $CTDI_{free-in-air}$，并由 $CTDI_w$ 计算得到 $CTDI_{vol}$</td><td>在典型头部条件和体部条件下测量单次轴向扫描的 $CTDI_w$</td><td>在典型头部条件和体部条件下测量单次轴向扫描的 $CTDI_w$，并计算得到 $CTDI_{vol}$</td></tr>
<tr><td rowspan="6">4</td><td rowspan="6">评判标准</td><td rowspan="2">验收检测</td><td>头部</td><td rowspan="2">与厂家说明书指标相差±10%以内</td><td rowspan="6">所有剂量值与随机文件给出的规定值的偏差应在±20%以内。计算的头部和体部 $CTDI_{vol}$ 应在操作者控制台显示值的±20%以内</td><td rowspan="2">与厂家说明书指标相差±15%以内</td><td rowspan="4">厂家给出的 $CTDI_{vol}$ 与实际测量值的变化范围在20%以内</td></tr>
<tr><td>体部</td></tr>
<tr><td rowspan="2">状态检测</td><td>头部</td><td>与厂家说明书指标相差±15%以内，若无说明书参考，应小于 50 mGy</td><td>与厂家说明书指标相差±20%以内，若无说明书参考，应小于 50 mGy</td></tr>
<tr><td>体部</td><td>与厂家说明书指标相差±15%以内，若无说明书参考，应小于 30 mGy</td><td>—</td></tr>
<tr><td rowspan="2">稳定性检测</td><td>头部</td><td rowspan="2">与基线值相差±15%以内</td><td>与基线值相差±15%以内</td><td>—</td></tr>
<tr><td>体部</td><td>—</td><td>—</td></tr>
<tr><td>5</td><td colspan="3">检测周期</td><td>1 年</td><td>—</td><td>1 年</td><td>1 年</td></tr>
</table>

2. 诊断床定位精度

诊断床定位精度决定了诊断床能否准确地把患者送入预定或适当的位置上，床的移动要平滑，移动的精度要符合标准要求。除 JJG 961 外，其他 3 个标准均对该检测项目的检测方法和检测周期提出了要求，不同标准的对比见表 5-3。

表 5-3 诊断床定位精度检测的对比分析

序号	项目	检测标准			
		GB 17589—2011	GB/T 19042.5—2006	WS 519—2019	JJG 961—2017
1	检测项目名称对比	诊断床定位精度	患者支架定位	诊断床定位精度	—
2	检测用设备	最小刻度为 1 mm,有效长度为 500 mm 的直尺	直尺	最小刻度为1 mm,有效长度不小于 300 mm 的直尺	—
		70 kg 的负载	等效一个人体重但不超过 135 kg 的负载	70 kg 的负载	
3	检测方法	床进 300 mm 和退床 300 mm,计算定位误差和归位误差	1.向前和向后移动一个设定的距离,计算误差和归位误差; 2.在正常 CT 运行条件下重复进行,扫描架在扫描模式下驱动,以 10 mm 增量累计移动 30 cm,向前和向后两个方向移动	床进 300 mm 和退床 300 mm,计算定位误差和归位误差	—
4	评判标准	±2 mm	±1 mm	±2 mm 内	—
5	检测周期	一个月	—	一个月	—

3. 定位光精度

CT 扫描中,要扫描的患者解剖位置通常用定位光来确定。定位光的准确与否直接影响患者的定位是否准确。不同标准对定位光精度的测量方法和评判标准有一定区别,具体见表 5-4。

表 5-4 定位光精度检测的对比分析

序号	项目	检测标准			
		GB 17589—2011	GB/T 19042.5—2006	WS 519—2019	JJG 961—2017
1	检测项目名称对比	定位光精度	患者定位准确度	定位光精度	—
2	检测用设备	模体:要求表面具有清晰明确的定位标记,内部嵌有特定形状的物体	直径约为 1 mm 的金属丝	模体:要求表面具有清晰明确的定位标记,内部嵌有特定形状的物体	—
		胶片	一个细小的吸收体,如一支削尖的铅笔	胶片	

表 5-4(续)

序号	项目		检测标准			
			GB 17589—2011	GB/T 19042.5—2006	WS 519—2019	JJG 961—2017
3	检测方法		只测轴向的患者定位光精度 1.模体检测法； 2.胶片检测法	分别测量轴向定位光精度、冠状位和矢状位的定位光精度	只测轴向的患者定位光精度 1.模体检测法； 2.胶片检测法	—
4	评判标准	验收检测	±2 mm	1.轴向定位光精度要求:±2 mm； 2.冠状位和矢状位的定位光精度参照厂家技术要求	±2 mm	—
		状态检测	±3 mm		±3 mm	—
		稳定性检测	—		—	—
5	检测周期		一年	—	一年	—

4. 扫描机架倾角精度

该检测项目用于检测扫描机架的物理倾斜角度是否符合设定的参考位置。有 3 个标准中对扫描机架倾角精度的检测提出了要求，不同标准中对该项目的命名有所不同，检测方法也有所不同，包括模体检测法、胶片检测法和斜率指示器检测法。检测项目的对比见表 5-5。

表 5-5　扫描机架倾角精度检测的对比分析

序号	项目		检测标准			
			GB 17589—2011	GB/T 19042.5—2006	WS 519—2019	JJG 961—2017
1	检测项目名称对比		扫描架倾角精度	机架倾斜的准确度	扫机架倾角精度	—
2	检测用设备		中心具有明确标记的长方形模体	1.胶片(如放疗验证胶片)； 2.直尺； 3.量角器； 4.足够大的丙烯酸模体； 5.胶带	中心具有明确标记的长方形模体 斜率指示器	—
3	检测方法		模体检测法	胶片检测法	1.模体检测法； 2.斜率指示器检测法	—
4	评判标准	验收检测	±2°	±2°	±2°	—
		状态检测	—		—	—
		稳定性检测	—		—	—
5	检测周期		—	—	—	—
注:"—"表示无该项参数的检测要求。						

5. 重建层厚偏差

重建层厚偏差即层厚的测量值与标称值的偏差。CT扫描分为轴向扫描模式和螺旋扫描模式，因此我们可以分别测量轴向扫描层厚和螺旋扫描层厚的偏差。不同标准对重建层厚偏差的规定有所不同，如：WS 519—2019和JJG 961—2017中仅要求测量轴向扫描的层厚偏差，而GB 17589—2011和GB/T 19042.5—2006则同时规定了轴向扫描和螺旋扫描的层厚测量方法，但GB/T 19042.5—2006明确提出，螺旋扫描的层厚检测不是强制性的。不同标准中对于层厚偏差的测量方法和判定标准也有所区别，见表5-6。

表5-6 重建层厚偏差检测的对比分析

序号	项目		检测标准							
			GB 17589—2011		GB/T 19042.5—2006		WS 519—2019		JJG 961—2017	
1	检测项目名称对比		重建层厚偏差		体层切片厚度		重建层厚偏差		层厚	
2	检测用设备		1.连续斜坡结构的层厚测量模体；2.等间隔小珠结构的层厚测量模体；3.小薄片或小珠模体		1.连续斜坡结构的层厚测量模体；2.等间隔小珠结构的层厚测量模体；3.小薄片或小珠模体		连续斜坡结构的层厚测量模体		连续斜坡结构的层厚测量模体	
3	检测方法		模体检测法		模体检测法		模体检测法		模体检测法	
4	评判标准	验收检测	s≥8 mm	±10%	s>2 mm	±1 mm	s>2 mm	±1 mm	s>2 mm	±1 mm
			8 mm>s>2 mm	±25%	2 mm≥s≥1 mm	±50%	2 mm≥s≥1 mm	±50%	2 mm≥s≥1 mm	±50%
			s≤2 mm	±40%	s<1 mm	±0.5 mm	s<1 mm	±0.5 mm	s<1 mm	±0.5 mm
		状态检测	s≥8 mm	±15%	—		s>2 mm	±1 mm	—	
			8 mm>s>2 mm	±30%			2 mm≥s≥1 mm	—		
			s≤2 mm	±50%			s<1 mm	—		
		稳定性检测	与基线值相差±20%或±1 mm，以较大者控制		—		与基线值相差±20%或±1 mm，以较大者控制		—	
5	检测周期		一年		—		一年		一年	

注：表中s表示标称层厚。

6. CT值

该项目用于测量CT值的准确性，一般是测量水的CT值，JJG 961—2017中增加了空气CT值的要求。不同标准对于CT值的测量方法和评判标准基本一致，测量过程中ROI的选取有一定差别，具体见表5-7。

表 5-7　CT 值检测的对比分析

序号	项目		检测标准			
			GB 17589—2011	GB/T 19042.5—2006	WS 519—2019	JJG 961—2017
1	检测项目名称对比		CT 值(水)	平均 CT 值	CT 值(水)	CT 值
2	检测用设备		水模体	头部扫描:外径为 16 cm~20 cm 的均匀模体;体部扫描:外径为 30 cm～35 cm 的均匀模体	内径为 18 cm~22 cm 的圆柱形均质水模体	装有水或等效水组织的直径为 20 cm 的模体
3	检测方法		头部扫描条件,选取图像中心大约 500 个像素点大小(约 10 分之一模体面积)的 ROI,测量 ROI 的平均 CT 值	头部扫描条件,图像中心选取直径约为测试模体图像直径 10%的 ROI,测量 ROI 的平均 CT 值	头部扫描条件,图像中心选取直径约为测试模体图像直径 10%的 ROI,测量 ROI 的平均 CT 值	头部扫描条件,选取约 100 mm^2 的 ROI
4	评判标准	验收检测	±4 HU	与随机文件中的规范比较,如果缺少规范,应不超过±4 HU	±4 HU	空气:(−1000±30)HU;水:(0±4)HU;
		状态检测	±6 HU		±6 HU	
		稳定性检测	与基线值相差±4 HU		与基线值相差±4 HU	
5	检测周期		一个月	—	一个月	一年

7. 均匀性

均匀性即 CT 的整个扫描野中,均匀物质图像的 CT 值的一致性。对于均匀性的检测,4 个标准的测量方法基本一致,但评判标准有所区别,具体见表 5-8。

表 5-8　均匀性检测的对比分析

序号	项目	检测标准			
		GB 17589—2011	GB/T 19042.5—2006	WS 519—2019	JJG 961—2017
1	检测项目名称对比	均匀性	均匀性	均匀性	均匀性
2	检测用设备	水模体	头部扫描:外径为 16 cm~20 cm 的均匀模体;体部扫描:外径为 30 cm~35 cm 的均匀模体	内径为 18 cm~22 cm 的圆柱形均质水模体	装有水或等效水组织的直径为 20 cm 的模体

表 5-8(续)

序号	项目		检测标准			
			GB 17589—2011	GB/T 19042.5—2006	WS 519—2019	JJG 961—2017
3	检测方法		图像的中心和四周选取5个ROI,ROI的直径约为测试模体图像直径10%,图像四周ROI的平均CT值与中心ROI的CT值的最大差值作为均匀性			
4	评判标准	验收检测	±5 HU	与随机文件中的规范比较,如果缺少规范,应不超过±4 HU	±5 HU	新安装CT:±4 HU 使用中CT:±5 HU
		状态检测	±6 HU		±6 HU	
		稳定性检测	与基线值相差±2 HU		与基线值相差±2 HU	
5	检测周期		一个月	—	一个月	一年

8. 噪声

噪声是均匀物质的CT图像中某一区域内CT值偏离平均值的程度,一般用ROI内的CT值的标准偏差来表示。不同标准中对ROI的大小定义有所区别,对于噪声的判定标准也不完全一致,具体见表5-9。

表 5-9 噪声检测的对比分析

序号	项目		检测标准			
			GB 17589—2011	GB/T 19042.5—2006	WS 519—2019	JJG 961—2017
1	检测项目名称对比		噪声	噪声	噪声	噪声水平
2	检测用设备		水模体	头部扫描:外径为16 cm~20 cm的均匀模体; 体部扫描:外径为30 cm~35 cm的均匀模体	内径为18 cm~22 cm的圆柱形均质水模体	装有水或等效水组织的直径为20 cm的模体
3	检测方法		选取图像中心大约500个像素点大小(约十分之一模体面积)的ROI,测量ROI中CT值的标准偏差	图像中心选取直径约为测试模体图像直径40%的ROI,测量ROI中CT值的标准偏差	图像中心选取直径约为测试模体图像直径40%的ROI,测量ROI中CT值的标准偏差,同时对测量结果进行层厚因子修正	选取模体图像直径40%的ROI,测量CT值的标准偏差,并进行层厚因子修正
4	评判标准	验收检测	<0.35%	使用随机文件规范里声明的数值和误差;如果缺少,测量值与随机文件中规定的值偏差不应超过±15%	<0.35%	新安装CT:与CT随机文件中规定值的偏差不超过±15% 使用中CT:≤0.35%
		状态检测	<0.45%		<0.45%	
		稳定性检测	与基线值相差±10%		与基线值相差±10%	
5	检测周期		半年	—	一个月	一年

9. 空间分辨力

空间分辨力是在目标物体与背景的差别与噪声相比足够大的情况下，CT 分辨不同目标物体的能力。有时候也称为高对比度分辨力。空间分辨力的检测方法分为利用线对模型的视觉观察法和相对客观的 MTF 方法。不同标准对于空间分辨力的检测的要求不同，见表 5-10。

表 5-10　空间分辨力检测的对比分析

<table>
<tr><th rowspan="2">序号</th><th rowspan="2" colspan="3">项目</th><th colspan="4">检测标准</th></tr>
<tr><th>GB 17589—2011</th><th>GB/T 19042.5—2006</th><th>WS 519—2019</th><th>JJG 961—2017</th></tr>
<tr><td>1</td><td colspan="3">检测项目名称对比</td><td>高对比度分辨力</td><td>空间分辨力</td><td>高对比度分辨力</td><td>空间分辨力</td></tr>
<tr><td>2</td><td colspan="3">检测用设备</td><td>1.空间分辨力模体；
2.MTF 模体</td><td>MTF 模体或可视觉分辨的空间分辨率测试模型</td><td>1.空间分辨力模体；
2.MTF 模体</td><td>1.空间分辨力模体；
2.MTF 模体</td></tr>
<tr><td>3</td><td colspan="3">检测方法</td><td>线对模体检测法或 MTF 检测法</td><td>MTF 检测法或可视觉分辨的空间分辨力测试方法</td><td>线对模体检测法或 MTF 检测法</td><td>线对模体检测法或 MTF 检测法</td></tr>
<tr><td rowspan="5">4</td><td rowspan="5">评判标准</td><td rowspan="2">验收检测</td><td>常规算法 $CTDI_w$＜50 mGy</td><td>线对数或 MTF_{10}＞6 lp/cm</td><td rowspan="5">MTF 曲线上 50% 和 10% 处的测量值应在规定的标称值±0.5 lp/cm 或±10% 范围内，取较大的一个</td><td>线对数或 MTF_{10}＞6 lp/cm</td><td rowspan="2">MTF 曲线上 50%和 10%处的测量值应在规定的标称值±0.5 lp/cm 或±10%范围内，取较小的一个</td></tr>
<tr><td>高对比算法 $CTDI_w$＜50 mGy</td><td>线对数或 MTF_{10}＞11 lp/cm</td><td>线对数或 MTF_{10}＞11 lp/cm</td></tr>
<tr><td rowspan="2">状态检测</td><td>常规算法 $CTDI_w$＜50 mGy</td><td>线对数或 MTF_{10}＞5 lp/cm</td><td>线对数或 MTF_{10}＞5 lp/cm</td><td>常规算法：≥5 lp/cm</td></tr>
<tr><td>高对比算法 $CTDI_w$＜50 mGy</td><td>线对数或 MTF_{10}＞10 lp/cm</td><td>—</td><td>高分算法：≥7.5 lp/cm</td></tr>
<tr><td colspan="2">稳定性检测</td><td>与基线值相差±15%以内</td><td>—</td><td>—</td></tr>
<tr><td>5</td><td colspan="3">检测周期</td><td>半年</td><td>—</td><td>半年</td><td>一年</td></tr>
</table>

10. 低对比度分辨力

低对比度分辨力，也叫低对比度可探测能力，是评价 CT 识别低对比度细节的能力，一般用能分辨的细节的最小尺寸来表示。检测结果需要同时报告细节的最小尺寸和相应的对比度。不同标准对于低对比度分辨力的检测的要求不同，见表 5-11。

表 5-11 低对比度分辨力检测的对比分析

序号	项目		检测标准			
			GB 17589—2011	GB/T 19042.5—2006	WS 519—2019	JJG 961—2017
1	检测项目名称对比		低对比度可探测能力	低对比度分辨力	低对比度可探测能力	低对比度分辨力(率)
2	检测用设备		低对比度可探测能力模体:细节直径为0.5 mm～4 mm,对比度为0.3%～20%	低对比度可探测能力模体	低对比度可探测能力模体:细节直径为2 mm～10 mm,对比度为0.3%～2%	低对比度可探测能力模体:Catphan模体的低对比度分辨力模块
3	检测方法		临床常用的头部和体部扫描条件,每种标称对比度细节所能观察到的最小直径	按设备制造商的规范进行	常规头部扫描条件,每种标称对比度细节所能观察到的最小直径,进行噪声水平修正后,将细节直径与对比度的乘积平均值作为检测值	常规头部扫描条件,每种标称对比度细节所能观察到的最小直径
4	评判标准	验收检测	<2.5 mm	符合设备制造商的要求	<2.5 mm	1%对比度能分辨2 mm圆孔和0.3%对比度可分辨5 mm圆孔
		状态检测	<3.0 mm		<3.0 mm	1%对比度能分辨3 mm圆孔和0.3%对比度可分辨6 mm圆孔
		稳定性检测	—		—	—
5	检测周期		—	—	—	一年

11. CT值线性

CT值线性是指CT值与成像物体的线性衰减系数之间的对应关系。线性可以通过扫描由不同材料组成的模体进行测试。4个标准中只有GB 17589与WS 519规定了CT值线性的测量要求。二者的测量方法基本一致,结果的评价标准有所区别,见表5-12。

表 5-12　CT 值线性检测的对比分析

<table>
<tr><th rowspan="2">序号</th><th rowspan="2" colspan="2">项目</th><th colspan="4">检测标准</th></tr>
<tr><th>GB 17589—2011</th><th>GB/T 19042.5—2006</th><th>WS 519—2019</th><th>JJG 961—2017</th></tr>
<tr><td>1</td><td colspan="2">检测项目名称对比</td><td>CT 值线性</td><td>—</td><td>CT 值线性</td><td>—</td></tr>
<tr><td>2</td><td colspan="2">检测用设备</td><td>采用嵌有 4 种以上不同 CT 值模块的模体，且不同模块的 CT 之差应大于 100 HU</td><td></td><td>采用嵌有 3 种以上不同 CT 值模块的模体，且不同模块的 CT 之差应大于 100 HU</td><td></td></tr>
<tr><td>3</td><td colspan="2">检测方法</td><td colspan="4">按照模体说明标准的衰减模块在相应射线质条件下的衰减系数，计算得到相应的标称 CT 值；在不同模块中心选取 ROI，测量 CT 值，计算 CT 测量值与标称 CT 值的差值</td></tr>
<tr><td rowspan="3">4</td><td rowspan="3">评判标准</td><td>验收检测</td><td>±50 HU</td><td rowspan="3">—</td><td>±50 HU</td><td rowspan="3">—</td></tr>
<tr><td>状态检测</td><td>±60 HU</td><td>—</td></tr>
<tr><td>稳定性检测</td><td>—</td><td>—</td></tr>
<tr><td>5</td><td colspan="2">检测周期</td><td>—</td><td>—</td><td>—</td><td>—</td></tr>
</table>

由上面的对比分析可以看出，无论标准如何变化，一台 CT 设备应始终关注以下与使用有关的参数：诊断床定位精度、定位光精度、扫描机架倾角精度、重建层厚偏差、CTDI、CT 值、噪声水平、CT 值均匀性、高对比度分辨力、低对比可探测能力等。上述参数的测量方法在第三章已经进行了详细介绍，下一节将基于标准对上述参数的如何开展检测进行解读，并给出具体检测流程，为大家实际开展 CT 检测提供参考。

第二节　CT 的质量控制检测流程

本节以 GB 17589—2011《X 射线计算机体层摄影装置质量保证检测规范》，JJG 961—2017《医用诊断螺旋计算机体层摄影装置（CT）X 射线辐射源》和 WS 519—2019《X 射线计算机体层摄影装置质量控制检测规范》为技术导则，采用美国模体实验室制造的 Catphan 500 模体、CT 剂量模体、剂量计及长杆电离室为检测工具，对 CT 质量控制检测过程进行描述。

一、CTDI 的检测

CTDI 是用来表征受检者剂量大小的参数，通常用 $CTDI_w$ 或 $CTDI_{vol}$ 来表示。通过在头部剂量模体或体部剂量模体的中心孔和 4 个距离模体表面 1 cm 处的孔的位置测量吸收剂量并进行加权平均得到。关于 CTDI 的详细介绍参见本书第三章，本章重点介绍其具体测量步骤。CTDI 的测量按照标称射线宽度不同，分为两种情况，测量步骤也有差别，以下分别进行介绍。

(一) 标称射线宽度 $N\times T\leqslant 40$ mm时

1. 测量步骤

(1) 模体的摆位。将头部模体放置于CT的头部托架上，调节模体水平，使圆柱模体的对称轴线与CT机架的旋转轴一致，即与扫描层面垂直。打开CT的激光定位灯，通过移动诊断床使模体置于扫描野中心，如图5-1(a)所示。如果是测量体部剂量，应使用体部模体，一般要去除扫描头架，将模体放置在诊断床前端，如图5-1(b)所示。

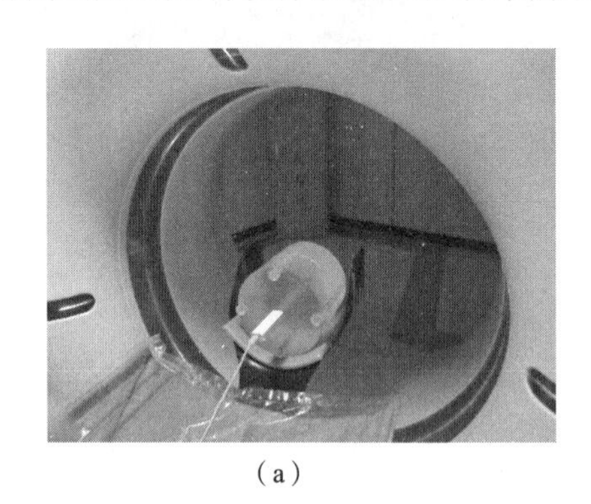
(a)

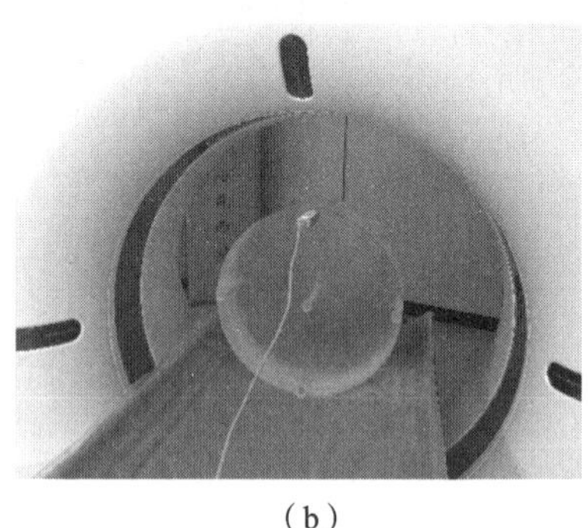
(b)

图5-1 剂量模体摆位

(2) 连接剂量计和100 cm长杆电离室。测量CTDI时，一般先在模体的中心孔测量剂量。将长杆电离室插入到CT剂量头模的中心孔，电离室的有效探测中心位于扫描层面的中心位置，剂量模体的其他孔应插入与模体相同材料的插棒。

(3) 分别按照厂家说明书中给定的典型成人头部条件和体部条件进行单次轴向扫描，或者采用临床常用头部和体部条件进行单次轴向扫描。记录扫描条件和剂量计的读数。注意，单次扫描不是单层扫描，应根据典型条件设置标称射线束宽度，不用刻意选择单层扫描。

(4) 依次将长杆电离室插入模体周边的四个孔中，其他孔应插入与模体相同材料的插棒，设置与中心孔测量时相同的扫描条件，记录电离室在每一孔测得的剂量值。

(5) 计算吸收剂量。各点测量的吸收剂量值应按照公式(5-1)计算，计算结果即为每个孔的CTDI_{100}。如果剂量计的示值单位为mGy，结果需乘以探测器的有效测量长度。

$$D=M\cdot N_{\mathrm{k}}\cdot d^{-1} \tag{5-1}$$

式中：

D——模体中的吸收剂量，mGy；

M——剂量计的示值，mGycm或者mGy；

N_{k}——空气比释动能刻度因子，cm或者无量纲；

d——标称射线束宽度$N\times T$，cm。

(6) 计算加权剂量指数$\mathrm{CTDI}_{\mathrm{w}}$

$$\mathrm{CTDI}_{\mathrm{w}}=\frac{1}{3}\mathrm{CTDI}_{100\text{中心}}+\frac{2}{3}\mathrm{CTDI}_{100\text{周边}} \tag{5-2}$$

式中：$\mathrm{CTDI}_{100\text{中心}}$代表模体中心的$\mathrm{CTDI}_{100}$值，$\mathrm{CTDI}_{100\text{周边}}$代表模体四周边缘的4个位置(相当于时钟3,6,9,12点钟的位置)的CTDI_{100}平均值。

2. 实例分析

下面以测量某CT的$CTDI_w$为例对具体的检测方法加以描述。

(1) 头部CTDI

将剂量头部模体摆位后，选择CT头部常规扫描条件，本例中管电压为130 kV，管电流设置为自动电流时间积(有效电流时间积为152 mAs)，射线宽度($N \times T$)为64×0.6 mm=38.4 mm，机架旋转时间为0.5 s。如图5-2所示。

General Scan	Dose		Timing		Config	Physio Scan	
Scan Mode	kV	Eff. mAs	CTDIvol [mGy]	DLP [mGy*cm]	Acquisition [mm]	Feed [mm]	Rot. Time [s]
RoutineSequenceAdultHead	130	152	(16 cm) 34.16	131.2	64 x 0.6	34.5	0.50

图5-2　设置CT扫描条件

在剂量头模的5个位置分别测量剂量值，示值分别为：中心141 mG • ycm，上144.0 mGy • cm，下145.8 mGy • cm，左145.5 mGy • cm，右149.4 mGy • cm。已知剂量计校准因子N_k=0.965。根据公式(5-1)计算模体中各点的吸收剂量值$CTDI_{100}$，然后根据公式(5-2)计算加权剂量指数$CTDI_w$。由于采用轴位扫描模式，容积剂量指数$CTDI_{vol}$与$CTDI_w$相同。详细结果见表5-13。

表5-13　头部CTDI测量结果

电离室位置	中心	上	下	左	右
剂量计示值/(mGy • cm)	141	144	145.8	145.5	149.4
$CTDI_{100}$/mGy	35.4	36.2	36.6	36.6	37.5
$CTDI_w$/mGy	36.3				
$CTDI_{vol}$/mGy	36.3				

测量时应记录CT控制台上显示的$CTDI_{vol}$值，如图5-3所示。将测量结果与CT控制台的$CTDI_{vol}$值进行比较，二者的偏差不应超过±15%。本例中，CT控制台显示的$CTDI_{vol}$为34.28 mGy，实测值的偏差为5.9%。剂量值符合标准要求。

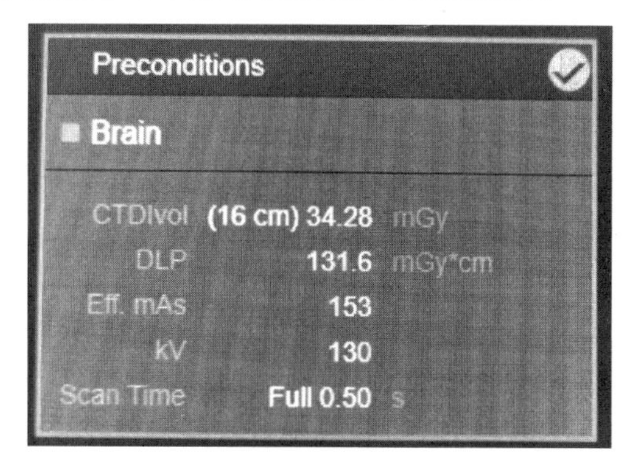

图5-3　CT控制台的处方剂量值

(2) 体部CTDI

将剂量体部模体摆位后，选择CT胸部或腹部的常规扫描条件，注意，一定要选择轴向扫描序列。本例中管电压为120 kV，管电流设置为自动电流时间积(有效电流时间积为103 mAs)，射线宽度($N \times T$)为64×0.6 mm＝38.4 mm，机架旋转时间为0.5 s。如图5-4。

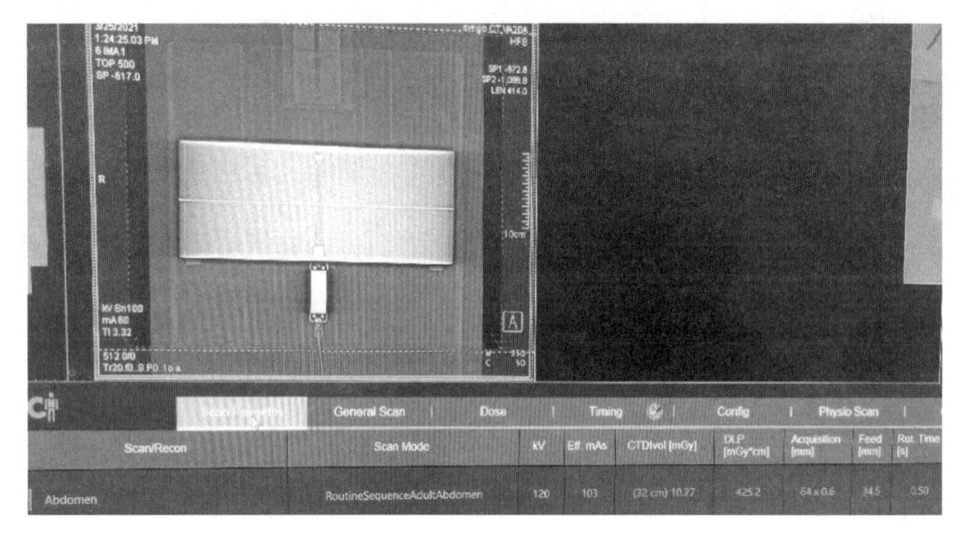

图5-4 设置CT体部扫描条件

在剂量模体的5个位置分别测量剂量值，示值分别为：中心41.47 mGy·cm、上89.91 mGy·cm、下89.75 mGy·cm、左90.84 mGy·cm、右65.6 mGy·cm。已知剂量计校准因子N_k＝0.965。根据公式(5-1)计算模体中各点的吸收剂量值$CTDI_{100}$，然后根据公式(5-2)计算加权剂量指数$CTDI_w$和容积剂量指数$CTDI_{vol}$，结果见表5-14。

表5-14 体部CTDI测量结果

电离室位置	中心	上	下	左	右
剂量计示值/(mGy·cm)	41.47	89.91	89.75	90.84	65.6
$CTDI_{100}$/mGy	10.42	22.59	22.55	22.83	16.49
$CTDI_w$/mGy	17.55				
$CTDI_{vol}$/mGy	17.55				

测量时应记录CT控制台上显示的$CTDI_{vol}$值，如图5-5所示。将测量结果与CT控制台的$CTDI_{vol}$值进行比较，二者的偏差不应超过±15%。本例中，CT控制台显示的$CTDI_{vol}$为18.55 mGy，实测值的偏差为－5.4%。剂量值符合标准要求。

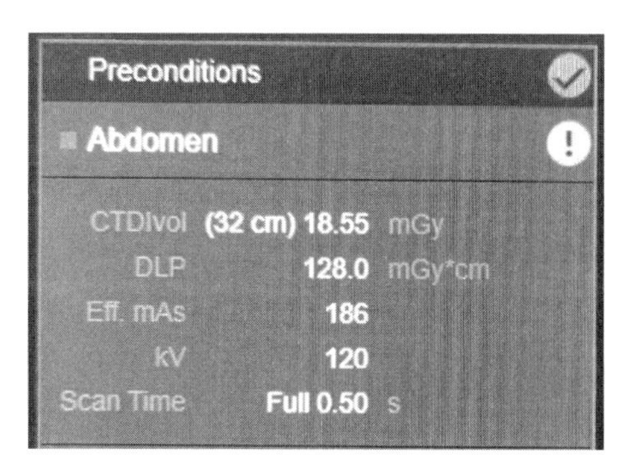

图5-5　CT控制台的处方剂量值

（二）标称射线束宽度 $N\times T>40$ mm时

1. 测量步骤

当标称射线束宽度$N\times T>40$ mm时，由于散射的影响导致剂量曲线展宽，100 mm长杆电离室无法直接准确测量CTDI，需要通过设置一个窄射线束的参考条件进行测量。具体测量步骤如下：

(1) 采用$N\times T=20$ mm（或者小于20 mm并且最接近20 mm）的射线束宽度作为参考条件，如果无法直接选择20 mm射线束宽度则采用2 mm厚铅板进行屏蔽达到目的。按照标称射线束宽度$N\times T\leqslant 40$ mm时的测量方法进行CTDI的测量，得到$CTDI_{100,ref}$。

(2) 分别在标称射线束宽度$N\times T>40$ mm和窄射线束参考条件下测量空气中的剂量指数，分别记为$CTDI_{free-in-air,N\times T}$和$CTDI_{free-in-air,ref}$。

(3) 测量空气中的剂量指数时，采用固定支架将电离室放置于射线照射野中心，用常规成人条件扫描，如图5-6所示。

测量空气中的剂量指数时，对电离室的最小积分长度是有要求的。当标称射线束宽度$N\times T>60$ mm时，应利用100 mm长杆电离室进行多次步进的方式进行测量。一般需要进行2至3次测量，直至测量长度覆盖完整的射线束宽度。

(4) 按照公式(5-3)计算标称射线束宽度$N\times T>40$ mm时的$CTDI_{100,N\times T>40}$。

$$CTDI_{100,N\times T>40}=CTDI_{100,ref}\times\frac{CTDI_{free-in-air,N\times T}}{CTDI_{free-in-air,ref}} \tag{5-3}$$

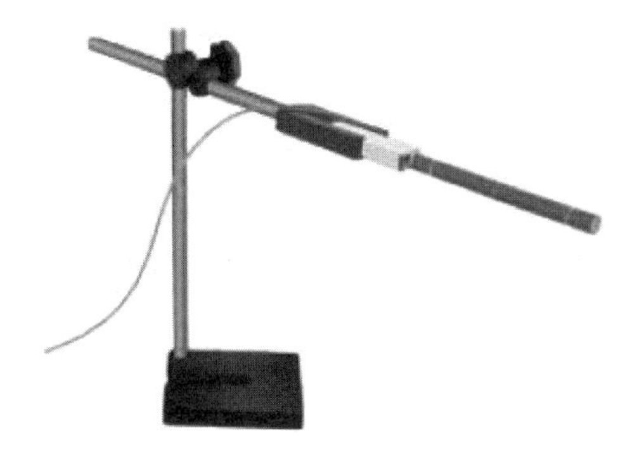

图5-6　测量空气中的CTDI

2. 实例分析

下面以测量某宽射线束CT的$CTDI_w$为例对具体的检测方法加以描述。选择该CT最宽的标称射线束宽度$N \times T = 160$ mm进行测量。

(1) 在剂量头模中测量$N \times T = 20$ mm时的CTDI

将剂量头部模体摆位后，选择CT头部常规扫描条件，本例中管电压为120 kV，管电流设置为200 mA，机架旋转时间为0.75 s，射线宽度($N \times T$)为20 mm。测量步骤与$N \times T <$ 40 mm的情况相同，实际测量得到$CTDI_{100,ref} = 35.73$ mGy，详细结果见表5-15。

表5-15 $N \times T = 20$ mm时的CTDI检测结果

电离室位置	中心	上	下	左	右
剂量计示值/(mGy·cm)	69.12	79.42	73.79	78.01	74.86
$CTDI_{100}$/mGy	33.35	38.32	35.60	37.64	36.12
$CTDI_{100,ref}$/mGy	35.73				

CT控制台显示的CTDI值为34.5 mGy，结果偏差为3.6%。

(2) 在空气中测量$N \times T = 20$ mm时的剂量指数$CTDI_{free\text{-}in\text{-}air,ref}$

采用固定支架将长杆电离室放置于射线照射野中心，扫描条件与上一步骤相同，剂量计示值为111.8 mGycm，计算得到$CTDI_{free\text{-}in\text{-}air,ref}$为55.9 mGy。

(3) 在空气测量$N \times T = 160$ mm时的剂量指数$CTDI_{free\text{-}in\text{-}air,N \times T}$

同样采用固定支架将长杆电离室放置于射线照射野中心，将射线束宽度设置为$N \times T =$ 160 mm，保持其他扫描参数不变，如图5-7所示。$N \times T = 160$ mm时，最小积分长度为160 mm+40 mm=200 mm。由于长杆电离室的有效测量长度为100 mm，进行2次步进测量刚好能达到最小积分长度。但为了保证测量的准确性，本次测量采用3次步进完成。3次测量得到的结果分别为：137.8 mGy·cm，461.3 mGy·cm，192 mGy·cm，累积的积分剂量为791.1 mGy·cm。按照公式(5-1)计算得到$CTDI_{free\text{-}in\text{-}air,N \times T} = 791.1$ mGy·cm/16 cm=49.44 mGy。

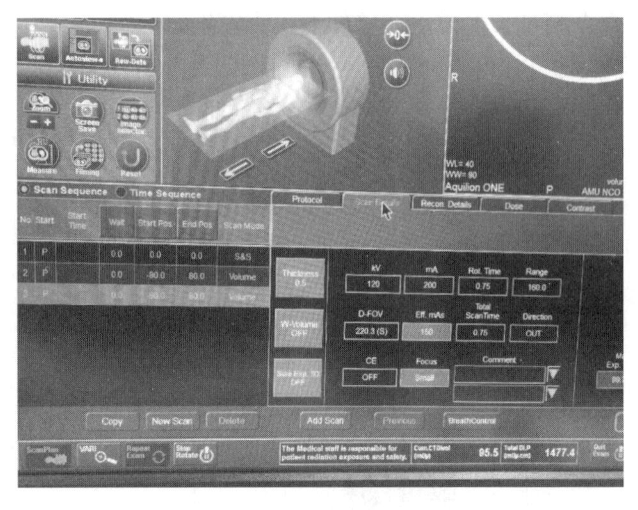

图5-7 设置CT扫描条件

(4) 按照公式(5-2)计算得到 $CTDI_{100,N\times T>40}$。即 $CTDI_{100,N\times T>40}$ = 35.73 mGy×49.44 mGy/55.9 mGy=31.6 mGy。

测量时应记录 CT 控制台上显示的 $CTDI_{vol}$ 值，然后将测量结果与 CT 控制台的 $CTDI_{vol}$ 值进行比较，二者的偏差不应超过±15%。本例中，CT 控制台显示的 $CTDI_{vol}$ 为 30.5 mGy，DLP=487.7 mGy，如图 5-8 所示。$CTDI_{vol}$ 实测值为 31.6 mGy，偏差为 3.6%，剂量值符合标准要求。

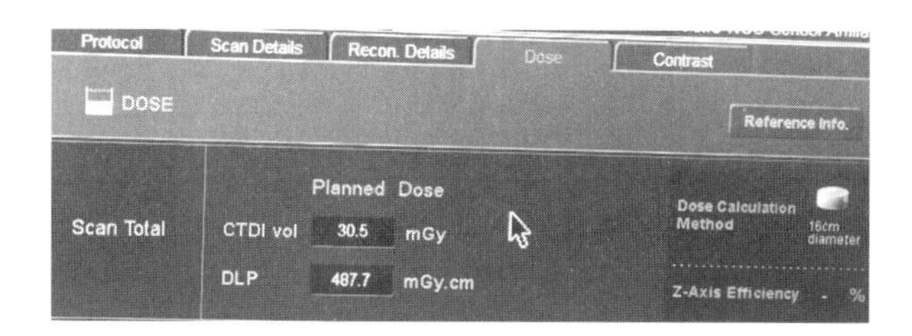

图 5-8　CT 控制的 CTDI 显示

3. 小结

上述对 CTDI 的测量过程进行了详细描述，并用 2 个不同实例进行了说明。值得注意的是，对于 CT 的验收检测，检测条件应按 CT 制造商提供的系统用户手册中的质量控制相关章节的典型 CT 操作条件进行检测，并根据该手册提供的 $CTDI_w$ 或 $CTDI_{vol}$ 参考值来评价 $CTDI_w$ 的偏离程度，但对于状态检测则可在常规临床条件下进行测量，将测量值与 CT 控制台显示的示值进行比较即可，同时要求剂量值不能大于 50 mGy。

二、图像质量的检测

（一）检测前准备

将模体正确摆放、对位，使用模体检测 CT 性能指标时一般要将模体放置在诊断床前端，去除扫描头架。将模体摆在机架的中心后采用扫描架定位光来确保模体中心定位正确。模体对称轴必须与 CT 的扫描旋转轴一致，扫描平面与模体的对称轴垂直。如果是用 Catphan 模体进行检测，需要将模体从木箱中取出，并挂在木箱的一侧，然后将木箱和模体一起放置于诊断床上，如图 5-9(a)所示。还需通过水平仪调整模体的水平，并用激光灯与模体外的标记点对齐，如图 5-9(b)所示。

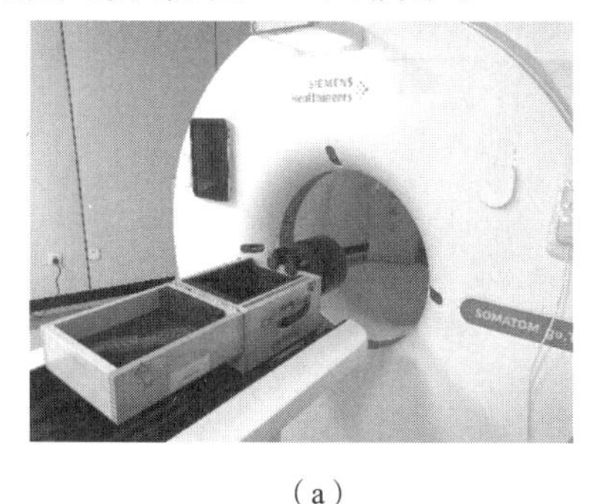

(a)

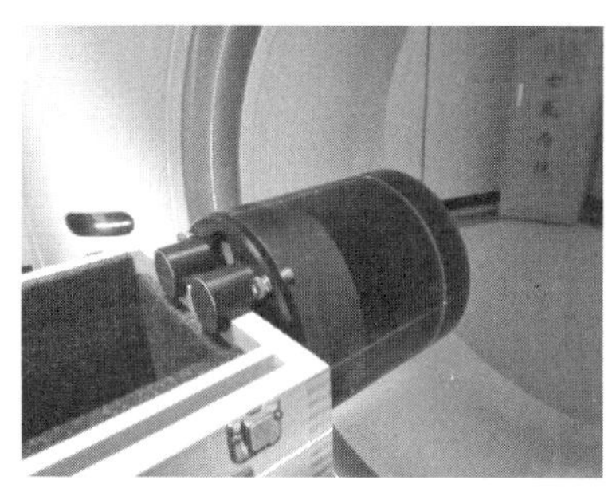

(b)

图 5-9　Catphan 模体摆位

测量时需要对模体的不同层面进行扫描,选择层面的方式有 2 种,可以通过模体表面的定位点来选择层面进行扫描,也可以通过 CT 定位像来确定扫描层面。利用定位像选择扫描层面时如图 5-10 所示。

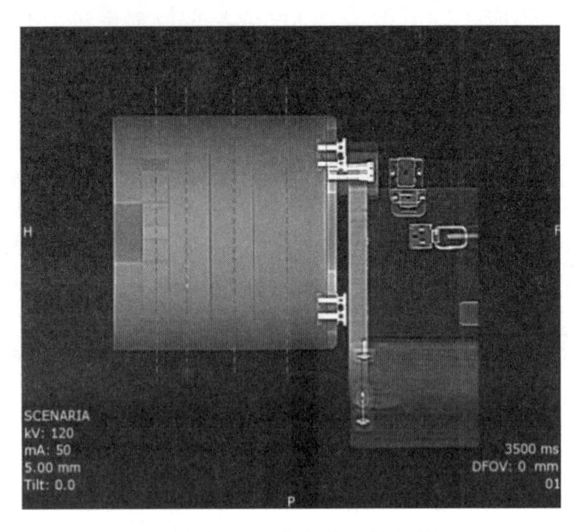

图 5-10 利用 CT 定位像定位扫描层面

(二) 定位光精度

定位光精度的检测方法在第三章已经做了详细介绍,本章仅给出用 Catphan 模体进行测量的示例。将模体正确摆位后,将激光定位灯定位于模体外表面第一个标记点,此时的扫描层面为 CTP 401 模块。CTP 401 模块中有 4 个斜置为 23°的细线,利用细线的图像来判断模体位置是否放置准确。如果图中四条细线标记物的位置沿图像中心是上下左右对称,则定位光准确,如图 5-11(a)所示。如果标记物沿顺时针或逆时针发生偏转,则说明定位光有偏离,如图 5-11(b)所示。此时应向前或向后调整模体,直至 4 个标记物位于对称位置。

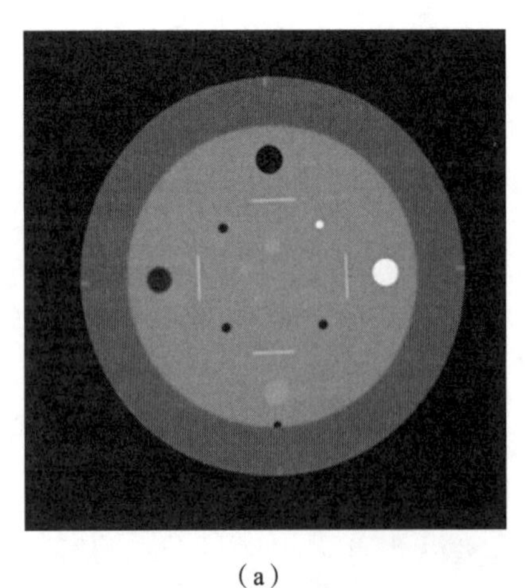

(a)

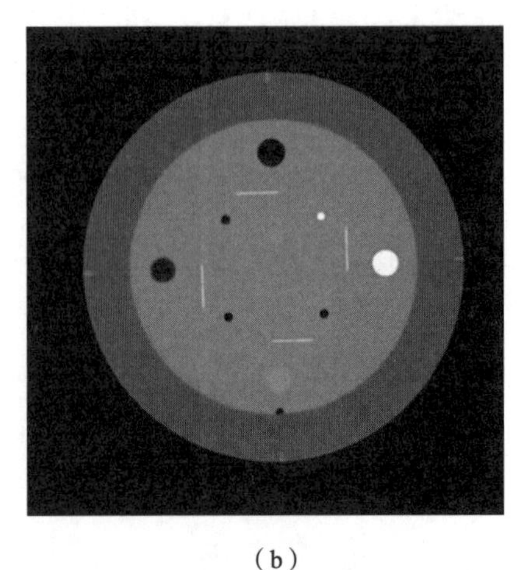

(b)

图 5-11 定位光精度测量结果

（三）水的CT值及其均匀性和噪声检测

水的CT值及其均匀性和噪声的检测可以同时进行。测量时使用均匀水模体进行测量。均匀性指的是均匀物质影像CT值的一致性。对此项检测产生影响的因子较多也较为复杂，但主要影响因子是重要部件以及部件之间设计的质量。例如，输出X射线的稳定性、扫描架旋转速度的整体均匀性、探测器单元光电转换的可靠度和稳定性，以及各通道数据采集系统的一致性。因此该项检测对于CT使用中的图像质量判断较为重要。

1. 检测步骤

(1) 采用内径为18 cm～22 cm的圆柱形均质水模体。使水模体圆柱轴线与扫描层面垂直并处于扫描野中心，对水模体中间层面进行扫描。

(2) 采用头部扫描条件进行扫描，且每次扫描的剂量$CTDI_w$应不大于50 mGy。

(3) 在图像中心选取直径约为测试模体图像直径10%的ROI，测量该ROI的平均CT值作为水CT值的测量值。

(4) 在图像中心选取直径约为测试模体图像直径40%的ROI，测量该ROI内CT值的标准偏差，该标准偏差除以对比度标尺作为噪声的测量值n，见公式(5-4)。

$$n=\frac{\sigma_{水}}{CT_{水}-CT_{空气}}\times 100\% \tag{5-4}$$

式中：

$\sigma_{水}$——水模体ROI中测量的标准偏差；

$CT_{水}$——水的CT值；

$CT_{空气}$——空气的CT值。

(5) 对于噪声的检测与评价应该在层厚为10 mm的情况下进行，对于层厚不能设置为10 mm的CT，可按公式(5-5)对噪声进行修正。

$$n_{10}=n_T\sqrt{\frac{T}{10}} \tag{5-5}$$

式中：

n_{10}——层厚为10 mm时的噪声；

n_T——实际层厚为T时噪声的测量值；

T——预设层厚，mm。

(6) 另外在图像圆周相当于钟表时针3点，6点，9点，12点的方向，距模体影像边缘约10 mm处，选取直径约为测试模体图像直径10%的ROI，分别测量这4个ROI的平均CT值，其中与图像中心ROI平均CT值的最大差值作为均匀性的测量值，见公式(5-6)。

$$CT_{均匀性}=\max_{i=2,3,4,5}\{M_1-M_i\} \tag{5-6}$$

式中：

M_1～M_5分别为图像中心3点，6点，9点，12点方向ROI的平均CT值。

2. 实例分析

下面以测量某CT的CT值均匀性和噪声为例对具体的检测方法加以描述。本例中对均匀水模体进行扫描，扫描条件为：120 kV，260 mA，5 mm 层厚。CT 值均匀性的检测如图 5-12(a)所示，分别在图像中心点，3 点，6 点，9 点及 12 点的 5 个位置勾画 ROI，并测量其平均 CT 值，实测结果见表 5-16。均匀性测量结果为 1.92 HU，水的 CT 值以中心 ROI 的平均 CT 值表示，为 −2.15 HU。图像噪声的测量如图 5-12(b)所示，ROI 的标准偏差为 3.17 HU，按照公式(5-4)计算得到图像噪声 n=0.317%，按照公式(5-5)计算，对噪声进行修正后，得到 n=0.224%。

表 5-16　均匀性和噪声的测量结果

ROI 位置	中心点	3 点	6 点	9 点	12 点
平均 CT 值/HU	−2.15	−0.23	−0.29	−0.44	−0.62
均匀性/HU	1.92				

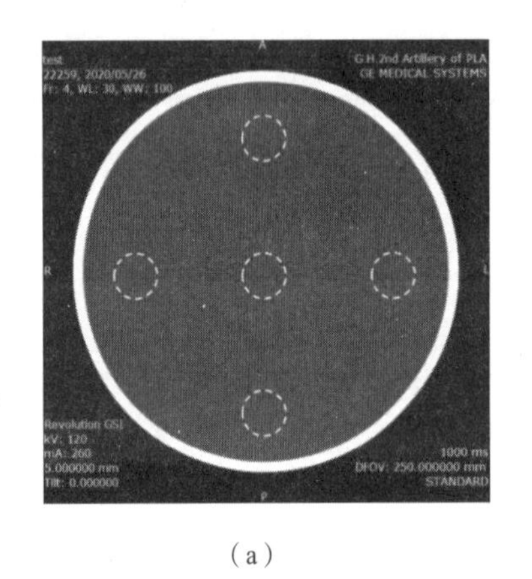

(a)

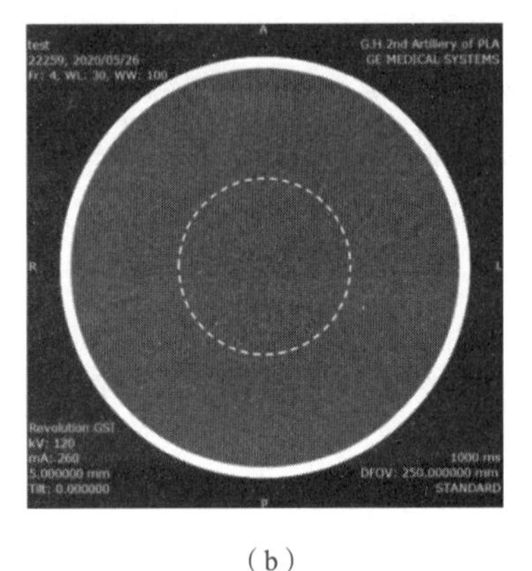

(b)

图 5-12　均匀性和噪声的检测

（四）高对比度分辨力（空间分辨力）

1. 利用高对比度分辨力模体检测法

用于直接观察图像进行评价的模体应具有周期性细节，这种周期性结构之间的间距应与单个周期性细节自身宽度相等，周期性细节的有效衰减系数与均质背景的有效衰减系数差异导致的 CT 值之差应大于 100 HU。

(1) 检测步骤为：

①将模体置于扫描野中心，并使圆柱轴线垂直于扫描层面。

②按照临床常用头部条件，设置薄层层厚，按标准重建模式进行断层扫描。每次扫描的剂量 $CTDI_w$ 应不大于 50 mGy。

③根据模体说明书调整图像观察条件或达到观察者所认为的细节最清晰状态，但窗位不得大于细节 CT 值和背景 CT 值之差。

④记录能分辨的最小周期性细节的尺寸或记录 MTF 曲线上 10%对应的空间频率值作为空间分辨力的测量值。

（2）实例分析

利用 Catphan 模体测量某 CT 的空间分辨力，选择空间分辨力模块作为扫描层面，该模块为不同尺寸的线对结构。选择临床常用头部扫描条件，分别选择标准重建和高分辨力重建进行扫描，得到的 CT 图像如图 5-13 所示，图(a)为标准重建(重建卷积核为“STANDARD”)的结果，能分辨的最小尺寸线对为 7 lp/cm，见图中椭圆形区域，图(b)为高分辨力重建的结果(重建卷积核为“EDGE”)，能分辨的最小尺寸线对为 13 lp/cm，见图中椭圆形区域。

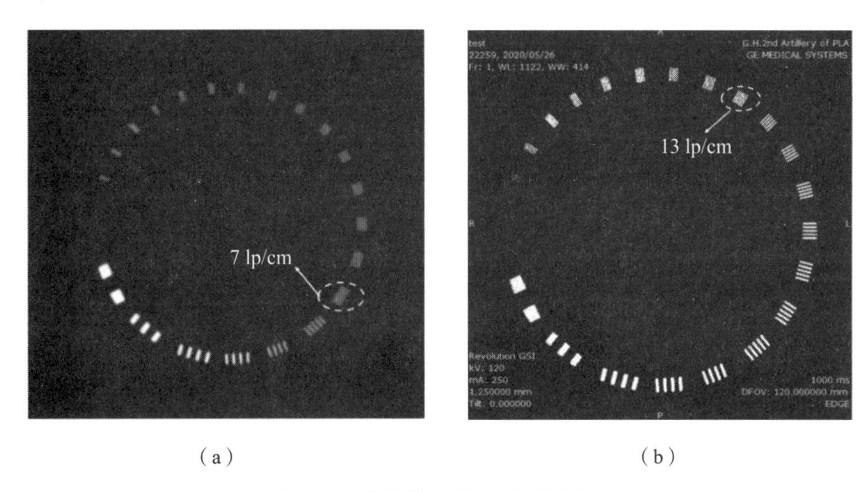

（a） （b）

图 5-13 高对比度分辨力检测结果

2. MTF 测量法

采用可通过直接观察图像进行评价的模体的方法，或使用通过计算 MTF 评价高对比分辨力，计算 MTF 的模体描述及其对应的高对比分辨力的测量方法参照 GB/T 19042.5。具体如下：

（1）测量步骤

①MTF 测量应使用一条适当尺寸的高对比金属丝或金属小球，装置于一个衰减较小的材料当中，以保证高信噪比。

②应使用 CT 随机文件中规定的扫描条件进行扫描。应选择典型的头部和体部扫描条件，以及可获得最高空间分辨力的扫描模式。

③将金属丝平行于 CT 旋转轴放置，应使用足够小的重建视野进行目标重建，以保证测量结果不受像素大小的限制。

（2）实例分析

利用 Catphan 模体测量某 CT 的 MTF，选择空间分辨力模块作为扫描层面，该模块中包含一个直径为 0.28 mm 的钨金属小球。选择临床常用头部扫描条件进行扫描。本实例的扫描条件为：120 kV，200 mAs，10 mm 层厚，并利用 50 mm 的视野进行目标重建，得到的 CT 图像如图 5-14 所示。利用专用软件对金属小球的 CT 图像进行分析，得到 PSF 和 MTF 曲线，如图 5-15 所示。从 MTF 曲线中得到 50% 的 MTF 为 5.6 lp/cm，10% 的 MTF 为9.7 lp/cm。

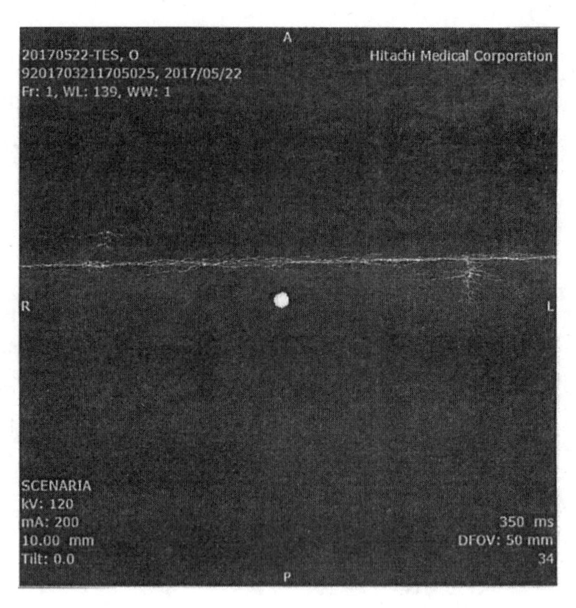

图 5-14　对 0.28 mm 金属球进行目标重建的 CT 图像

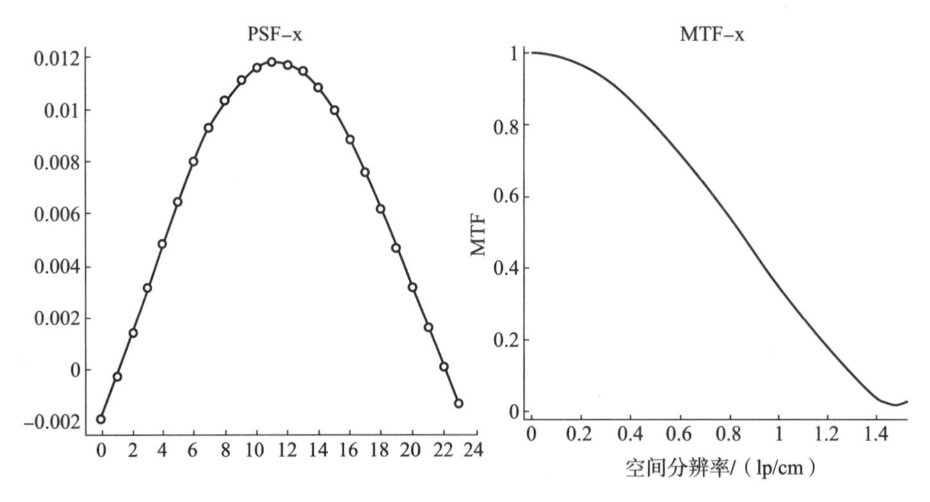

图 5-15　MTF 检测结果

（五）重建层厚偏差

层厚也称为纵向空间分辨力，一般用层灵敏度分布曲线的 FWHM 来表示。层厚的测量有多种不同的测量方法，接下来按照 WS 519 规定的检测方法进行介绍。

1. 检测步骤

(1) 用于轴向扫描层厚偏差测量的模体内嵌有与均质背景成高对比的标记物，标记物具有确定的几何位置，通过其几何位置能够反映成像重建层厚。

(2) 将模体轴线与扫描层面垂直，置于 CT 扫描野中心并固定。

(3) 采用临床常用头部曝光条件和临床常用的标称重建层厚进行单次轴向扫描。

(4) 根据模体说明书中观察条件调整影像窗宽、窗位，并记录，获得重建层厚的测量值。

(5) 在恰当的窗宽、窗位条件下，测量标记物附近背景的 CT 值，即为 $CT_{背景}$；调整窗宽至最小，改变窗位，直到标记物影像恰好完全消失，记录此时的 CT 值，即为 CT_{max}。则 CT 值的半高为上述两个 CT 值之和的一半，记为 CT_{hm}，然后再重新调整窗位至 CT_{hm}，测量此时标记物的长度，即 FWHM，再利用标记物的固定几何关系，计算得到重建层厚的测量值。

2. 实例分析

利用 Catphan 模体对某 CT 的重建层厚偏差进行检测。首先，按照之前的测量前准备过程将模体摆放于 CT 视野中心，并使用激光定位灯将 CTP401 模块定位于扫描区域的中间。并设置扫描条件为：120 kV，200 mAs，10 mm 层厚。扫描得到 CT 图像如图 5-16 所示。Catphan 模体中的标记物为 4 条金属细丝，金属丝分别位于 CT 图像的上、下、左、右四个位置。选择一个金属丝标记物，测量其附近的背景 CT 值为 91.47 HU，调整窗宽至最小，改变窗位，直到标记物影像恰好完全消失，记录此时的窗位为 179 HU，CT 值的半宽 CT_{hm} 为 135 HU，重新调整窗位至 CT_{hm}，测量此时标记物的长度，即 $L_{FWHM}=22.46$ mm。Catphan 模体中，金属细丝与扫描平面的角度 θ 为 23°，利用该几何关系，按照公式(5-7)计算得到重建层厚的测量值为 9.43 mm，层厚偏差为 −0.57 mm。4 个标记物的测量结果见表 5-17。

$$L_{实际层厚}=\tan\theta\times L_{FWHM} \tag{5-7}$$

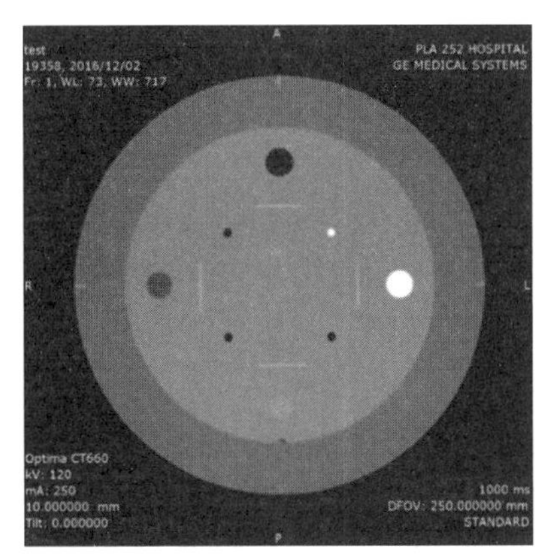

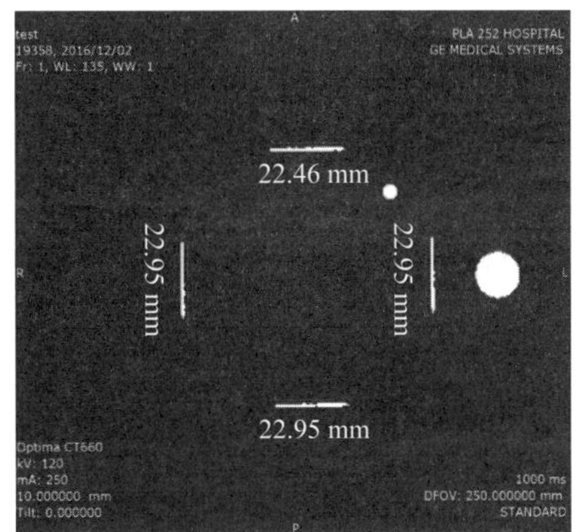

图 5-16　重建层厚偏差检测

表 5-17　重建层厚偏差测量结果

ROI 位置	上	下	左	右
$CT_{背景}$/HU	91.47	92.91	92.73	94.74
临界窗位/HU	179	173	173	182
CT_{max}/HU	135.24	132.96	132.87	138.37
L_{FWHM}/mm	22.46	22.95	22.95	22.95
$L_{层厚}$/mm	9.43	9.64	9.64	9.64
层厚偏差/mm	−0.57	−0.36	−0.36	−0.36

（六）低对比度可探测能力（低对比度分辨力）

低对比度可探测能力是指CT从背景中区分一个低对比度物体的能力，通常也称为低对比度分辨力。WS 519和JJG 961中规定了利用低对比度分辨力模体进行测量的方法和步骤。GB/T 19025中提出可以利用统计学方法进行低对比度分辨力的检测。下面结合标准对两种方法的检测过程分别进行介绍。

1. 利用低对比度分辨力模体进行检测

检测步骤如下：

(1) 模体采用的细节直径大小通常在2 mm～10 mm，与背景所成对比度在0.3%～2%，且最小直径不得大于2.5 mm，最小对比度不得大于0.6%。

(2) 将模体置于扫描野中心，并使其轴线垂直于扫描层面。

(3) 按照临床常用头部轴向扫描条件设置扫描条件，选择标准重建模式，设置层厚为10 mm，达不到10 mm时选择最接近10 mm的层厚，每次扫描的剂量$CTDI_w$应不大于50 mGy，尽量接近50 mGy。

(4) 根据模体说明书调整图像观察条件或达到观察者所认为的细节最清晰状态。

(5) 记录每种标称对比度的细节所能观察到的最小直径，然后与标称对比度相乘，以不同标称对比度细节乘积的平均值作为低对比可探测能力的检测值。

2. 检测实例

利用Catphan模体对某CT的低对比度分辨力进行检测。首先，按照之前的测量前准备过程将模体摆放于CT视野中心，并使用激光定位灯将CTP 515模块定位于扫描区域的中间。设置扫描条件为：120 kV，200 mAs，10 mm层厚。扫描得到CT图像如图5-17所示。分别记录下此时每组对比度图像所能观察到的最小细节直径。本例中，1.0%，0.5%，0.3%三组对比度图像能观察到的最小直径尺寸分别为2 mm，3 mm和4 mm，对应的低对比度分辨力分别为2 mm，1.5 mm，1.2 mm，求平均值得到低对比度分辨力的检测值为1.6 mm。

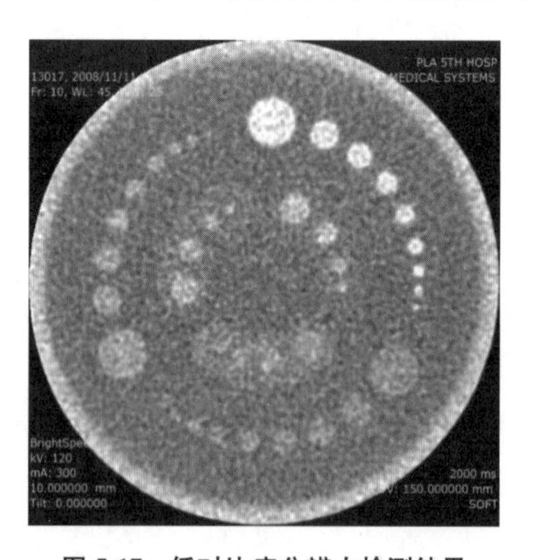

图5-17 低对比度分辨力检测结果

3. 利用统计学方法进行检测

利用统计学方法进行低对比度分辨力的检测不受不同模体的设计和检测人员肉眼观察

的差异的影响，结果更加客观。关于该检测方法的详细描述参见第三章。

4. 实例分析

设置典型头部扫描条件，对均匀水模体进行扫描，利用软件对图像进行分析，可以得到低对比度分辨力的检测结果，如图5-18所示。从图中可以看出，不同对比度的目标，能识别的目标物体的尺寸是不同的，对于0.53%的对比度，可以识别2 mm的目标物体。

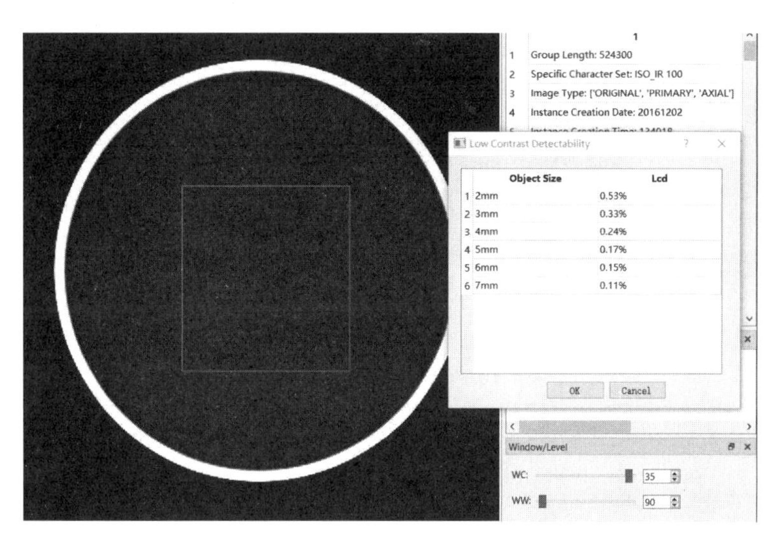

图5-18 利用统计学分析检测低对比度分辨力

（七）CT值线性

CT值线性是指CT值与成像物体的X射线衰减系数(μ)之间的线性对应关系。采用嵌有3种以上不同CT值模块的模体，且模块CT值之差均应大于100 HU。

1. 检测步骤

(1) 采用模体说明书指定扫描条件或分别使用临床常用头部和体部扫描条件扫描。

(2) 在不同模块中心选取直径约为模块直径80%的ROI，测量其平均CT值。

(3) 按照模体说明书中标注的各种衰减模块在相应射线线质条件下的衰减系数和各模块的标称CT值，来计算各CT值模块中，标称CT值与测量所得该模块的平均CT值之差，差值最大者记为CT值线性的评价参数。

2. 实例分析

利用Catphan模体对某CT的CT值线性进行检测。Catphan模体中，CT值线性检测模块模体与层厚偏差的检测模块相同，均为CTP 401模块。首先，按照之前的检测前准备过程将模体摆放于CT视野中心，并使用激光定位灯将CTP 401模块定位于扫描区域的中间。设置扫描条件为：120 kV、200 mAs、10 mm层厚。扫描得到CT图像如图5-19所示，利用圆形ROI工具测量图像中不同物质的CT值。根据模体说明书给出的不同物质在70 keV的衰减系数μ值，计算得到其标称CT值，包括：①特氟隆为938 HU(类似于骨头)；②丙烯酸为113 HU；③低密度聚乙烯为−98 HU；④空气为−1000 HU；⑤水的值为0 HU。详细的测量结果见表5-18。

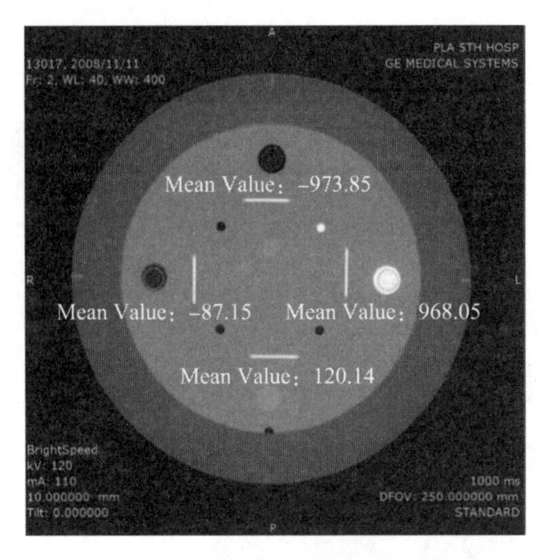

图 5-19　CT 值线性的检测图像

表 5-18　CT 值线性的检测结果

不同物质	特氟隆(Teflon)	丙烯酸(Acrylic)	低密度聚乙烯(LDPE)	空气	水
X 射线衰减系数/cm^{-1}	0.374	0.215	0.174	0	0.193
标称 CT 值/HU	937.82	113.99	−98.45	−1000	0
实测 CT 值/HU	968.05	120.14	−87.15	−973.85	0.25
偏差/HU	30.23	6.15	11.3	26.15	0.25

三、诊断床定位精度的检测

诊断床定位精度的检测比较简单，用有效长度不小于 300 mm 的直尺测量即可。测量步骤如下：

(1) 诊断床负重 70 kg 左右，分别在扫描床的固定部分和移动部分上做出标记。可以分别在固定部分和移动部分上粘贴上胶带，然后用记号笔在同一位置做标记，如图 5-20 所示。

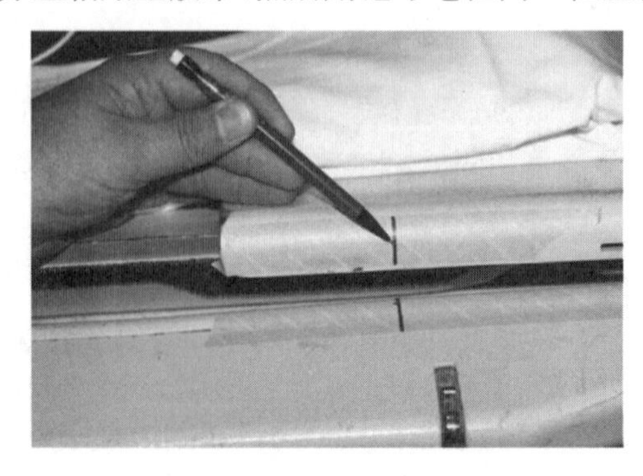

图 5-20　诊断床定位精度的检测

(2) 设置诊断床进床 300 mm，用直尺测量床的固定部分和移动部分的标记点的距离。测量值与 300 mm 的偏差即为定位误差。

(3) 设置诊断床退床 300 mm，用直尺测量床的固定部分和移动部分的标记点的距离，即为归位误差。

第三节　检测记录及结果处理

一、检测记录

在进行检测时应有详尽的记录，CT 质量检测记录表格式见表 5-19。记录项目应包括被检设备信息、检查设备信息、检查项目、结果及结果的处理、检测时间和人员等信息。

表 5-19　CT 质量控制检测记录表

1　基本信息

受检单位		检测地点	
检测类别		生产厂家	
设备型号		出厂编号	
生产日期		启用日期	
检验依据			

2　检测设备

设备名称	设备型号	设备编号

3　环境条件

环境温度	℃	大气压强	kPa
相对湿度	%	电源电压/频率	V/Hz

4　检测项目及数据记录

4.1　剂量指数

4.1.1　头部剂量指数

扫描条件：管电压：　kV；　管电流：　mA；旋转时间：　s；

螺距因子（p）：　；　射线束宽度（$N \times T$）：　mm；

视野(FOV)：　mm；　层厚：　mm；

表 5-19(续)

单位:mGy

序号	中心	上$_{12}$	下$_6$	左$_9$	右$_3$	$CTDI_{vol}$
1						
2						
3						
平均值						

4.1.2 体部剂量指数

扫描条件:管电压: kV; 管电流: mA;旋转时间: s;

螺距因子 (p): ; 探测器宽度($N\times T$): mm;

视野(FOV): mm; 层厚: mm;

单位:mGy

序号	中心	上$_{12}$	下$_6$	左$_9$	右$_3$	$CTDI_{vol}$
1						
2						
3						
平均值						

4.2 定位光精度

第一次扫描4条斜线图像顺/逆时针偏离/完全对称;

将模体前进/后退 mm,第二次扫描4条斜线图像顺/逆时针偏离/完全对称;

将模体前进/后退 mm,第三次扫描4条斜线图像完全对称。

定位光精度为 mm。

4.3 重建层厚(s)偏差

层厚 mm	背景窗位	临界窗位	测量窗位	测量值/mm				偏差/%
				上$_{12}$	下$_6$	左$_9$	右$_3$	

4.4 CT值线性

目标物质	丙烯酸(Acrylic)	空气(Air)	聚四氟乙烯(Teflon)	低密度聚乙烯(LDPE)	外围空气
CT值/HU					
CT值线性					

4.5 诊断床定位精度

诊断床定位	标称值/mm	实测值/mm	误差/mm
进床			
退床			

表 5-19(续)

4.6 空间分辨力

层厚/mm	重建算法(卷积核)	分辨线对数/(lp/cm)

4.7 低对比度分辨力

$CT_{目标}$	$s_{目标}$	$CT_{背景}$	$SD_{背景}$	窗宽/窗位	对比度/%	最小可分辨目标直径/mm

4.8 均匀性和噪声

均匀性和噪声	中心	上	下	左	右
CT 值/HU					
SD					
均匀性/HU			噪声(%)		

4.9 水的CT值测量

水的 CT 值/HU	1	2	3	平均值

检测人： 检测日期：

审核人： 审核日期：

二、检测结果处理

检测合格的设备可以正常使用，检测中发现异常的设备应给出建议，并根据情况进行调校或维修。

第六章 CT的诊断质量管理及影像评价标准

CT 影像学检查的质量控制，包括从患者来到影像科申请检查登记，到技师为患者进行检查，到最后医师阅读 CT 影像信息并书写诊断报告的整个过程。从某种意义来说，CT 影像诊断质量是整个 CT 影像学检查最后的质量控制环节。CT 诊断质量的保证，必然涉及医师的诊断水平与责任，涉及科室的质量管理水平，同时还需要有完善的诊断流程和影像信息阅读及报告规范。如此，才能在日常繁忙的影像学诊断中，保持良好的诊断水平。本章对 CT 诊断质量管理进行简介，并介绍 CT 影像质量评价标准。

第一节 CT 诊断质量管理

放射影像学发展到今天，已经形成了由数字 X 射线成像，DSA、CT、MRI 诊断，以及介入性放射学为一体的多种技术的影像学。这些检查通过数字化和网络化为影像学科及临床学科提供了诊断技术。影像技术发展的本身，就已经大大提高了影像诊断的质量，包括多元化影像检查技术、影像形态学与功能学并用等，将影像诊断水平提高到一个全新的高度。在这种情况下，如何提高影像技术质量，规范检查技术，保证患者检查安全并获得有效的临床应用，就是现代放射科管理者以及从事放射医学的工作人员需要考虑的问题。

美国质量管理专家戴明博士提出了企业全面质量管理所应遵循的科学程序，即 PDCA 循环，又称戴明环。近年来，PDCA 循环逐步引进到医院管理中，给医院科学管理带来了新的理念，并取得了良好的效果。PDCA 循环包括 4 个环节，分别是：P(plan)即计划，包括方针和目标的确定以及活动计划的制订；D(do)即执行，就是具体运作，实现计划中的内容；C(check)即检查，就是要总结执行计划的结果，分析哪些工作做对了，哪些做错了，明确效果，找出问题；A(action)即处置，对总结检查所得到的结果进行处理，成功的经验应该加以肯定，并提升为标准化，或制定成指南，以便以后工作时遵循，对于失败教训进行总结，避免再犯同样的错误。对于没有解决的问题，应放到下一个 PDCA 循环中去解决，使 PDCA 循环不停地周而复始运转，从而不断地提高诊疗水平。

放射诊断的 PDCA 循环如图 6-1 所示，其质量保证是指为提供一种适当的保证措施而采取的一系列有计划和有系统的活动，从而保证某一装置、系统或某一部件的性能能够更好地为放射诊断实践服务。对一台 CT 的满意的性能是指能产生一致性好的高质量的图像和减少患者和工作人员的受照剂量，实际上意味着这台设备在整个诊断过程中处于优化的状态。

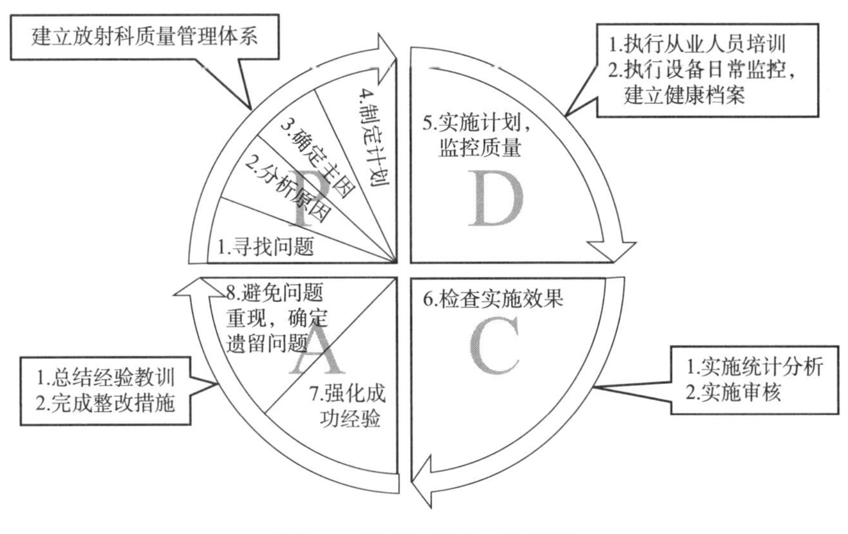

图6-1　放射诊断PDCA循环

从PDCA循环上看，提高影像诊断质量，保证影像检查安全，使患者得到有效的影像学检查是我们追求的目标。为了达到这个目标，科室质量控制领导小组及其成员，首先要清楚当前影像质量控制工作的要素，了解通过解决哪些问题可以提高质量控制质量。也就是说，影像诊断质量控制要从影像设备、从业人员资质、检查技术质量、诊断质量等4个方面监管入手。之后着手做好质量控制的计划，并付诸行动，切实从影像设备、从业人员资质、检查技术质量、诊断质量各个环节上做好每一项工作。关于CT设备的质量控制，在前面章节已经叙述，要组织工程技术人员、技师对科室的CT设备进行经常性周期性的检测、检修、保养维护、定期测试，每天使用前进行校正，完善各种设备使用记录、保养维护记录等，保证设备处于正常运行状态，使用完好率达到90%以上。关于放射科从业人员及其资质的要求，必须是医学院校毕业并经过专业培训，身体健康，定期接受职业健康体检并获得由主管部门颁发的健康合格证方可上岗。在工作中严格掌握检查适应证和禁忌证，严格执行操作规范；加强对工作人员及患者辐射防护；掌握对危重患者及药物过敏患者抢救技术及技能，保证影像学检查的安全。关于影像学技术质量控制，要抓好各种检查技术操作规范，加强检查技术中扫描、图像处理、图像评价等各个环节监控。关于诊断质量控制，需要不断提高医师的专业诊断水平和解决临床问题的能力，坚持常规的读片制度，发挥集体智慧，提高诊断的准确性，强调阅片诊断“双审核”制度，保证阅片诊断质量。通过抓好上述各个环节工作，在一定时期，一般在1个月、3个月、6个月、1年后分别进行工作分析，评鉴诊断质量控制效果，分析影像检查质量缺陷的原因，并加以整改落实，同时做好活动记录，这样就完成了一个PDCA循环。针对上一个循环中还没有做到的事情或做不好的事情，将在下一个循环中解决。PDCA循环可以认为是影像诊断质量控制管理的大循环，在这个大循环中，影像设备、从业人员资质、检查技术质量、诊断质量各个环节又可以是一个小循环，小循环的问题也同样按照PDCA循环进行管理与监控，小循环的问题解决了，也就为大循环成功起到了保障作用。这就是PDCA循环中小循环套大循环的说法。如果说，科室的所有设备运行良好，又拥有合格的、掌握先进的影像学技术的高素质专业人才，并且所有影响检测技术达标、规范，影像诊断质量一定能够得到提高，这就是我们开展影像诊断质量控制的目的所在。

第二节　CT的影像评价标准

一、诊断要求

(1) 各部位组织层次分明：

脑部灰质、白质能清晰区分，可分辨出≤1 cm的病灶(不含钙化及出血灶)；胸部能区分分段支气管，腹部肾上腺清晰可辨，脊柱神经根可清楚看到。

(2) 病灶显示清晰，诊断明确。

二、体位要求

准确的摄影体位和视野大小，包括上下左右边缘、部位及ROI的显示。

1. 部位

脑部：视野20 cm～25 cm，层数≥9。

胸部：视野30 cm～50 cm，层数≥15。

腹部：视野30 cm～50 cm，层数≥12。

脊柱：视野≤20 cm，层数≥3(1个椎间盘)或≥4(1个椎体)，颈椎扫描4个椎间盘，胸、腰椎扫描3个椎间盘。

平扫发现病灶，应加扫增强(或报告建议)，测量病灶大小和增强前后CT值，必要时加扫薄层。如疑颅脑外伤或鞍区病变应观察骨窗。

2. 摄片要求

患者数据中必须包括检查时间、检查编号、医院名称、患者姓名、窗宽和窗位、检查序列，以及扫描管电压、管电流等。

各部位的图像显示具有全科室统一的窗位和窗宽要求。脊柱、颅脑外伤或鞍区病变加摄骨窗，肺窗，纵隔窗分开拍摄。

摄片要求如下：

(1) 摄片应满足临床医师阅片需要，确保清晰显示病变部位。

(2) 技术操作无划痕、无水迹、无指纹、无漏光、无静电阴影。

(3) 数字图像无X射线管或探测器等影像设备原因伪影。

3. 密度要求

(1) 基础灰雾密度值：$D\leqslant 0.25$。

(2) 诊断区域的密度值：$0.25<D\leqslant 2.0$。

(3) 空曝光区的密度值：$D\geqslant 2.4$。

(4) 在窗位和窗宽分别为−500和1500时，无明显噪声或伪影，水的CT值应在−5～+10之间。

三、评片标准

1. 第一部分

临床影像质量评价分为两个部分，第一部分为使用常规临床协议进行扫描而获得的人体各部位临床图像的影像质量评价，第二部分为使用与扫描直接相关的高级功能而获得的临床图像的影像质量评价。临床诊断显示屏的分辨力要求不低于2 M。评估图像质量时应采用李克特(Likert)1～5分制量表。

第一部分中的常规临床协议覆盖头颈部、胸部、腹部、骨与关节、冠脉5个部位，以上5个部位的临床影像质量的评价应采用李克特1～5分制量表，具体评价标准如下：

影像质量评估等级分为：

5分：图像质量优秀，可用于诊断，非常满意；4分：图像质量良好，可用于诊断，满意；3分：图像质量有瑕疵，不影响诊断，一般；2分：图像质量欠佳，影响诊断，欠满意；1分：图像质量差，不能诊断，不满意。5分表示其部位各解剖结构图像均质量优秀；诸多解剖结构中只要有一个图像质量良好即评为4分，如有图像质量低于良好，评分低于4分，即以各结构中图像质量最差的为评分依据；3分以每个解剖部位不影响诊断为判断标准；2分以影响诊断为判断标准。每个部位判断中，以差者为准。

各部位所包含的具体部位如下：

——头颈部：包括颅脑、五官及颈部；

——胸部：包括肺及纵隔；

——腹部：包括腹部、盆腔(男性盆腔、女性盆腔)；

——骨与关节：包括脊柱、四肢及关节；

——冠脉。

各部位影像质量具体评价标准如下：

(1) 头颈部

头颈部图像质量评价标准见表6-1。

表6-1　头颈部图像质量评价标准

部位	整体评分	图像质量评价标准
头颈部	5分(图像质量优秀，可用于诊断，非常满意)	颅脑：脑灰质边界清晰，对比度很好；脑室、颅骨内外板、基底神经节、脑积液腔隙显示清晰； 副鼻窦：副鼻窦壁显示清晰； 颞骨：听小骨、内耳、乳突气房显示清晰； 眼眶：眼眶壁、视神经管显示清晰； 颈部：颈部软组织层次分明，甲状腺、气管、食道显示清晰； 增强：主要动静脉血管轮廓显示清晰，对比度很好； 图像密度均匀； 未见伪影

表 6-1(续)

部位	整体评分	图像质量评价标准
头颈部	4分(图像质量良好,可用于诊断,满意)	颅脑:脑灰质边界较清晰,对比良好;脑室、颅骨内外板、基底神经节、脑积液腔隙显示较清晰; 副鼻窦:副鼻窦壁显示较清晰; 颞骨:听小骨、内耳、乳突气房显示较清晰; 眼眶:眼眶壁清晰,视神经管显示较清晰; 颈部:颈部软组织层次较分明,甲状腺、气管、食道显示较清晰; 增强:主要动静脉血管轮廓显示较清晰; 图像密度较均匀; 轻度伪影
	3分(图像质量有瑕疵,不影响诊断,一般)	颅脑:脑灰质边界尚清,对比度尚可;脑室、颅骨内外板、基底神经节、脑积液腔隙显示尚可; 副鼻窦:副鼻窦壁显示尚清; 颞骨:听小骨、内耳、乳突气房可见; 眼眶:眼眶壁、视神经管显示尚可; 颈部:颈部软组织层次可见,甲状腺、气管、食道可见; 增强:主要动静脉血管轮廓显示尚清,对比度一般; 图像密度欠均匀; 有伪影
	2分(图像质量欠佳,影响诊断,欠满意)	颅脑:脑灰质边界欠清,对比较差;脑室、颅骨内外板骨、基底神经节、脑积液腔隙显示欠清; 副鼻窦:副鼻窦壁显示欠清; 颞骨:听小骨、内耳、乳突气房欠清; 眼眶:眼眶壁、视神经管显示欠清; 颈部:颈部软组织层次较差,甲状腺、气管、食道显示欠清; 增强:主要动静脉血管轮廓显示欠清; 图像密度均匀性较差; 可见较多伪影
	1分(图像质量差,不能诊断,不满意)	颅脑:脑灰质边界不清;脑室、颅骨内外板、基底神经节、脑积液腔隙不清; 副鼻窦:副鼻窦壁不清; 颞骨:听小骨、内耳、乳突气房不清; 眼眶:眼眶壁、视神经管不清; 颈部:颈部软组织层次差,甲状腺、气管、食道不清; 增强:主要动静脉血管轮廓不清; 图像密度均匀性差; 可见明显伪影

(2) 胸部

胸部图像质量评价标准见表 6-2。

表 6-2　胸部图像质量评价标准

部位	整体评分	图像质量评价标准
胸部	5分(图像质量优秀,可用于诊断,非常满意)	肺:肺实质清晰,肺叶和肺段、血管支气管束结构清晰; 纵隔:结构轮廓清晰,血管、心脏、气管、食管结构清晰; 胸壁:软组织层次清晰,对比很好; 增强:主要动静脉血管轮廓显示清晰; 图像密度均匀; 未见伪影
	4分(图像质量良好,可用于诊断,满意)	肺:肺实质较清晰,肺叶和肺段、血管支气管束结构较清晰; 纵隔:结构轮廓较清晰,血管、心脏、气管、食管结构较清晰; 胸壁:软组织层次较清晰,对比良好; 增强:主要动静脉血管轮廓显示较清晰; 图像密度较均匀; 轻度伪影
	3分(图像质量有瑕疵,不影响诊断,一般)	肺:肺实质尚清晰,肺叶和肺段、血管支气管束结构尚清晰; 纵隔:结构轮廓尚清晰,血管、心脏、气管、食管结构尚清晰; 胸壁:软组织层次尚清晰,对比度尚可; 增强:主要动静脉血管轮廓显示尚清晰; 图像密度尚均匀; 有伪影
	2分(图像质量欠佳,影响诊断,欠满意)	肺:肺实质欠清晰,肺叶和肺段、血管支气管束结构欠清; 纵隔:结构轮廓欠清,血管、心脏、气管、食管结构欠清; 胸壁:软组织层次欠清,对比较差; 增强:主要动静脉血管轮廓显示欠清; 图像密度欠均匀; 较多伪影
	1分(图像质量差,不能诊断,不满意)	肺:肺实质不清晰,肺叶和肺段、血管支气管束结构不清; 纵隔:结构轮廓不清,血管、心脏、气管、食管结构不清; 胸壁:软组织层次不清,对比差; 增强:主要动静脉血管轮廓显示不清; 图像密度不均匀; 明显伪影

(3) 腹部

腹部图像质量评价标准见表 6-3。

表 6-3 腹部图像质量评价标准

部位	整体评分	图像质量评价标准
腹部	5 分(图像质量优秀,可用于诊断,非常满意)	腹部:腹部脏器轮廓清晰,肝脏、胆囊、胰腺、脾脏、肾脏、输尿管、胃肠道、脂肪间隙结构清晰; 男性盆腔:前列腺、膀胱结构清晰; 女性盆腔:子宫、膀胱结构清晰; 增强:实质脏器结构显示清晰,主要动静脉血管轮廓显示清晰; 图像密度均匀; 未见伪影
	4 分(图像质量良好,可用于诊断,满意)	腹部:腹部脏器轮廓显示良好,肝脏、胆囊、胰腺、脾脏、肾脏、输尿管、胃肠道、脂肪间隙结构显示良好; 男性盆腔:前列腺、膀胱结构显示良好; 女性盆腔:子宫、膀胱结构显示良好; 增强:实质脏器结构显示良好,主要动静脉血管显示良好; 图像密度较均匀; 轻度伪影
	3 分(图像质量有瑕疵,不影响诊断,一般)	腹部:腹部脏器轮廓对比尚可,肝脏、胆囊、胰腺、脾脏、肾脏、输尿管、胃肠道、脂肪间隙结构显示尚可; 男性盆腔:前列腺、膀胱结构显示尚可; 女性盆腔:子宫、膀胱结构显示尚可; 增强:实质脏器结构显示尚可,主要动静脉血管轮廓显示尚可; 图像密度均匀度一般; 有伪影
	2 分(图像质量欠佳,影响诊断,欠满意)	腹部:腹部脏器轮廓显示较差,肝脏、胆囊、胰腺、脾脏、肾脏、输尿管、胃肠道、脂肪间隙结构显示较差; 男性盆腔:前列腺、膀胱结构显示较差; 女性盆腔:子宫、膀胱结构显示较差; 增强:实质脏器结构显示较差,主要动静脉血管轮廓显示较差; 图像密度均匀度较差; 较明显伪影
	1 分(图像质量差,不能诊断,不满意)	腹部:腹部脏器轮廓显示差,肝脏、胆囊、胰腺、脾脏、肾脏、输尿管、胃肠道、脂肪间隙结构显示差; 男性盆腔:前列腺、膀胱结构显示差; 女性盆腔:子宫、膀胱结构显示差; 增强:实质脏器结构显示差,主要动静脉血管轮廓显示差; 图像密度不均匀; 明显伪影

(4) 骨与关节

骨与关节图像质量评价标准见表 6-4。

表 6-4　骨与关节图像质量评价标准

部位	整体评分	图像质量评价标准
骨与关节	5 分（图像质量优秀，可用于诊断，非常满意）	椎体：骨皮质、骨松质、骨小梁结构显示清晰，椎小关节、椎管侧隐窝显示清晰，脊柱周围软组织显示清晰、层次分明； 椎间盘：椎间盘、神经根、椎管侧隐窝显示清晰； 关节：骨皮质、骨松质、骨小梁结构显示清晰，关节周围软组织（关节囊、肌间隙、韧带）层次分明、显示清晰； 增强：实质组织显示清晰，主要动静脉血管显示清晰； 图像密度均匀； 未见伪影
	4 分（图像质量良好，可用于诊断，满意）	椎体：骨皮质、骨松质、骨小梁结构显示良好，椎小关节、椎管侧隐窝显示良好，脊柱周围软组织显示良好、层次较分明； 椎间盘：椎间盘、神经根、椎管侧隐窝显示良好； 关节：骨皮质、骨松质、骨小梁结构显示良好，关节周围软组织（关节囊、肌间隙、韧带）层次较分明、显示良好； 增强：实质组织显示良好，主要动静脉血管显示良好； 图像密度较均匀； 轻度伪影
	3 分（图像质量有瑕疵，不影响诊断，一般）	椎体：骨皮质、骨松质、骨小梁结构显示尚可，椎小关节、椎管侧隐窝显示尚可，脊柱周围软组织显示尚可、层次尚分明； 椎间盘：椎间盘、神经根、椎管侧隐窝显示尚可； 关节：骨皮质、骨松质、骨小梁结构显示尚可，关节周围软组织（关节囊、肌间隙、韧带）层次尚分明、显示尚可； 增强：实质组织显示尚可，主要动静脉血管显示尚可； 图像密度均匀度尚可； 有伪影
	2 分（图像质量欠佳，影响诊断，欠满意）	椎体：骨皮质、骨松质、骨小梁结构显示欠差，椎小关节、椎管侧隐窝显示欠差，脊柱周围软组织显示欠差、层次欠清； 椎间盘：椎间盘、神经根、椎管侧隐窝显示欠差； 关节：骨皮质、骨松质、骨小梁结构显示欠差，关节周围软组织（关节囊、肌间隙、韧带）层次欠清、显示欠清； 增强：实质组织显示欠清，主要动静脉血管欠清； 图像密度均匀度较差； 较明显伪影
	1 分（图像质量差，不能诊断，不满意）	椎体：骨皮质、骨松质、骨小梁结构显示差，椎小关节、椎管侧隐窝显示差，脊柱周围软组织显示差、层次不清； 椎间盘：椎间盘、神经根、椎管侧隐窝显示不清； 关节：骨皮质、骨松质、骨小梁结构显示不清，关节周围软组织（关节囊、肌间隙、韧带）层次不清、显示不清； 增强：实质组织显示不清，主要动静脉血管显示不清； 图像密度不均匀； 明显伪影

(5) 冠脉

冠脉图像质量评价标准见表6-5。

表6-5 冠脉图像质量评价标准

部位	整体评分	图像质量评价标准
冠脉	5分(图像质量优秀,可用于诊断,非常满意)	血管轮廓显示清晰;血管连续性无中断;血管密度均匀度好;无伪影;至少80%段(13段)为可评估段
	4分(图像质量良好,可用于诊断,满意)	血管轮廓显示良好;血管连续有一两个节段错层或中断;血管密度均匀度良好;轻度伪影;至少60%段(10段)为可评估段
	3分(图像质量有瑕疵,不影响诊断,一般)	血管轮廓尚清;血管连续有三至五个节段错层或中断;血管密度均匀度尚可;有伪影;至少50%段(8段)为可评估段
	2分(图像质量欠佳,影响诊断,欠满意)	血管轮廓显示欠清;50%以上节段血管有连续性错层或中断;血管密度均匀度较差;较多伪影;50%以上节段(8段)为不可评估段
	1分(图像质量差,不能诊断,不满意)	血管轮廓显示不清;多数(60%)血管节段有连续性错层或中断;血管密度均匀性差;明显伪影;至少80%段(13段)为不可评估段
说明		冠脉图像评估以美国心脏学会(American heart association,AHA)定义的段为基本评价单位,图像质量的评估仅针对可评估段。可评估段应排除由于非设备原因引起的图像质量不佳,如病变所致的不显影、患者的不配合及对比剂本身所致结果,但必须在CRF表中记录

2. 第二部分

临床影像质量评价中第二部分包括的与扫描直接相关的高级功能有:迭代降噪功能、剂量调制功能、全迭代重建功能、去金属伪影功能、灌注扫描功能、能谱扫描功能。

高级功能的影像质量评估等级分为:

5分:图像质量优秀,可用于诊断,非常满意;4分:图像质量良好,可用于诊断,满意;3分:图像质量有瑕疵,不影响诊断,一般;2分:图像质量欠佳,影响诊断,欠满意;1分:图像质量差,不能诊断,不满意。5分表示其高级功能作用于图像的各指标均质量优秀;诸多图像指标中只要有一个图像质量良好即评为4分,如有图像质量低于良好,评分低于4分,即以各图像指标中质量最差的为评分依据;3分以每个图像指标不影响诊断为判断标准;2分以影响诊断为判断标准。每个高级功能判断中,以差者为准。

各高级功能所产生的临床影像质量评价标准如下:

(1) 迭代降噪功能

迭代降噪功能图像质量评价标准见表6-6。

表 6-6　迭代降噪功能图像质量评价标准

部位	评价得分	评价标准描述
头颈部、胸部、腹部、骨与关节、冠脉	5 分(图像质量优秀，可用于诊断，非常满意)	噪声程度小，未见伪影
	4 分(图像质量良好，可用于诊断，满意)	噪声程度较小，有轻度伪影
	3 分(图像质量有瑕疵，不影响诊断，一般)	噪声程度一般，有伪影
	2 分(图像质量欠佳，影响诊断，欠满意)	噪声程度较大，有较明显伪影
	1 分(图像质量差，不能诊断，不满意)	噪声程度无法接受，有明显伪影

(2) 剂量调制功能

剂量调制功能图像质量评价标准见表 6-7。

表 6-7　剂量调制功能图像质量评价标准

部位	评价得分	评价标准描述
头颈部、胸部、腹部、骨与关节、冠脉	5 分(图像质量优秀，可用于诊断，非常满意)	噪声程度小，图像非常均匀，未见伪影
	4 分(图像质量良好，可用于诊断，满意)	噪声程度较小，图像均匀，有轻度伪影
	3 分(图像质量有瑕疵，不影响诊断，一般)	噪声程度一般，图像欠均匀，有伪影
	2 分(图像质量欠佳，影响诊断，欠满意)	噪声程度较大，图像不均匀，有较明显伪影
	1 分(图像质量差，不能诊断，不满意)	噪声程度无法接受，图像非常不均匀，有明显伪影

(3) 全迭代重建功能

全迭代重建功能的图像质量评价标准与剂量调制功能的图像质量评价标准一致。

(4) 去金属伪影功能

去金属伪影功能图像质量评价标准见表 6-8。

表 6-8　去金属伪影功能图像质量评价标准

部位	评价得分	评价标准描述
头颈部、胸部、腹部、骨与关节、冠脉	5 分(图像质量优秀，可用于诊断，非常满意)	对金属伪影有明显的抑制效果，处理后的图像可明显增加诊断信息
	4 分(图像质量良好，可用于诊断，满意)	对金属伪影有抑制效果，处理后的图像可增加诊断信息
	3 分(图像质量有瑕疵，不影响诊断，一般)	对金属伪影无抑制效果，处理后的图像无诊断信息的增减
	2 分(图像质量欠佳，影响诊断，欠满意)	对金属伪影无抑制效果，处理后的图像存在较少的对原有诊断信息的破坏(如引入伪影等)
	1 分(图像质量差，不能诊断，不满意)	对金属伪影无抑制效果，处理后的图像存在明显地对原有诊断信息的破坏(如引入伪影等)

(5) 灌注扫描功能

灌注扫描功能图像质量评价标准见表 6-9。

表 6-9 灌注扫描功能图像质量评价标准

部位	评价得分	评价标准描述
头颈部、胸部、腹部	5分(图像质量优秀,可用于诊断,非常满意)	灌注伪彩色阶差异非常明显,图像非常均匀,未见伪影
	4分(图像质量良好,可用于诊断,满意)	灌注伪彩色阶差异明显,图像均匀,有轻度伪影
	3分(图像质量有瑕疵,不影响诊断,一般)	灌注伪彩色阶差异一般,图像欠均匀,有伪影
	2分(图像质量欠佳,影响诊断,欠满意)	灌注伪彩色阶差异较不明显,图像不均匀,有较明显伪影
	1分(图像质量差,不能诊断,不满意)	灌注伪彩色阶差异不明显,图像非常不均匀,有明显伪影

(6) 能谱扫描功能

能谱扫描功能图像质量评价标准见表 6-10。

表 6-10 能谱扫描功能图像质量评价标准

部位	评价得分	评价标准描述
头颈部、胸部、腹部、骨与关节	5分(图像质量优秀,可用于诊断,非常满意)	图像非常均匀,未见伪影,图像中包含非常丰富的诊断信息
	4分(图像质量良好,可用于诊断,满意)	图像均匀,有轻度伪影,图像中包含丰富的诊断信息
	3分(图像质量有瑕疵,不影响诊断,一般)	图像欠均匀,有伪影,图像中包含一般的诊断信息
	2分(图像质量欠佳,影响诊断,欠满意)	图像不均匀,有较明显伪影,图像中包含较少的诊断信息
	1分(图像质量差,不能诊断,不满意)	图像非常不均匀,有明显伪影,图像中不包含任何诊断信息

附　录

CT 质量控制检测常用术语中英文对照表

英文	中文	缩略语
acrylic	丙烯酸	
air calibration	空气校正	
algebraic reconstruction technique	代数重建法	ART
American College of Radiology	美国放射学会	ACR
anglar modulation	角度调制	
attenuation coefficient	衰减系数	
auto exposure control	自动曝光控制	AEC
axial scan	轴向扫描	
beam-hardening	射束硬化	
bowtie filter	蝴蝶结形过滤器	
calibration	校准	
Center for Devices and Radiological Health	美国放射卫生中心	CDRH
collimation	准直	
computed tomography	X 射线计算机体层摄影设备	CT
CT dose index	CT 剂量指数	CTDI
CT number	CT 值	
volume CTDI	容积 CT 剂量指数	CTDIvol
$CTDI_{free\text{-}in\text{-}air}$	自由空气 CT 剂量指数	
data acquisition system	数据采集系统	DAS
delrin	聚甲醛	
detector quantum efficiency	量子探测效率	DQE
digital signal processing	数字信号处理	DSP
display field of view	显示视野	DFOV
dose length product	剂量长度乘积	DLP

(续)

英文	中文	缩略语
dual source CT scanner	双源CT	DSCT
earth leakage current	对地漏电流	
edge spread function	边缘扩展函数	ESF
effective dose	有效剂量	
effective slice thickness	有效层厚	
electrometer	剂量计	
electron beam CT	电子束CT	EBCT
enclosure leakage current	外壳漏电流	
equilibrium dose	平衡剂量	Deq
field of view	视野	FOV
filtered back projection	滤波反投影	FBP
Food and Drug Administration	美国食品药品监督管理局	FDA
full width at half maximum	半高宽	FWHM
full width at tenth maximum	十分之一高宽	FWTM
half value layer	半值层	HVL
Hounsfield's dark space	亨氏暗区	
image artifact	图像伪影	
imaged slice thickness	成像层厚	
imaging performance assessment of CT scanners	CT图像质量评价组织	ImPACT
International Commission Radiological Units	国际辐射单位与测量委员会	ICRU
International Electrotechnical Commission	国际电工委员会	IEC
involuntary motion	非自主运动	
iterative least square technique	迭代最小二乘法	ILST
iterative reconstruction	迭代重建	
Lambert-Beer law	朗伯-比尔定律	
line spread function	线扩展函数	LSF
linear window	线形窗	
low density polyethylene	低密度聚乙烯	LDPE
low contrast detectbility	低对比度可探测能力	LCD

（续）

英文	中文	缩略语
low contrast resolution	低对比度分辨力	
matrix	矩阵	
maximum intensity projection	最大密度投影	MIP
metal streak artifact	金属条纹伪影	
metal-oxide-semiconductor field-effect transistor	固体半导体场效应管	MOSFET
misregistration	配准不良	
modulated transfer function	调制传递函数	MTF
monoenergetic	单能	
multidetector CT	多排螺旋 CT	MDCT
multiplanar reformat	多平面重建	MPR
multiple-scan average dose	多层扫描平均剂量	MSAD
multislice CT	多层螺旋 CT	MSCT
National Committee on Radiation Protection	美国国家辐射防护委员会	NCRP
National Radiological Protection Board	英国国家辐射防护局	NRPB
noise	噪声	
nosie power spectrum	噪声功率谱	NPS
ordered-subset EM	排序子集最大期望	OSEM
overranging	超范围扫描	
partial volume artifacts	部分容积伪影	
partial volume effect	部分容积效应	
patient auxiliary current	患者辅助电流	
patient leakage current	患者漏电流	
pitch factor	螺距因子	
pixel	像素	
point spread function	点扩展函数	PSF
polymethyl methacrylate	聚甲基丙烯酸甲酯	PMMA
polystyrene	聚苯乙烯	PS
post-patient collimation	后准直	
pre-patient collimation	前准直	

(续)

英文	中文	缩略语
protectively earth	保护接地	
quality assurance	质量保证	QA
Quality Assurance Committee	质量保证委员会	QAC
quality control	质量控制	QC
range of interest	感兴趣区	ROI
rebin	重排	
scan field of view	扫描视野	SFOV
Simultaneous Iterative Reconstruction Technique	联立迭代重建法	SIRT
slice thickness	层厚	
slice-sensitivity profile	层灵敏度曲线	SSP
slip ring	滑环	
Society of Motion Picture and Television Engineers	电视工程师协会	SMPTE
spatial resolution	空间分辨力	
spiral CT /helical CT	螺旋 CT	
targeted reconstruction	目标重建	
Telfon	特氟隆	
test phantom	测试模体	
The American Association of Physicists in Medicine	美国医学物理学会	AAPM
the penumbra area	半影区域	
the umbra area	本影区域	
thermo luminescent dosemeter	热释光剂量计	TLD
tube current modulation	管电流调制	TCM
volume of interest	体积感兴趣区	VOI
volume rendering	容积渲染	VR
voluntary motion	自主运动	
voxel	体素	
warm up	预热	
weighted CTDI	加权 CT 剂量指数	CTDIw
window level	窗位	WL
window setting	窗口设置	
window width	窗宽	WW
z-overscanning	z 方向过扫描	

参考文献

[1] 汤乐民，包志华.医学成像的物理原理[M].北京：科学出版社，2012.

[2] 余晓锷，卢广生.CT 设备原理、结构与质量保证[M].北京：科学出版社，2005.

[3] Hu H.Multi-slice helical CT：scan and reconstruction[J].MED PHYS，1999.26.

[4] 徐桓，孙钢.医用诊断 X 射线机质量控制检测技术[M].北京：中国质检出版社，2012.

[5] 杨昭鹏.医疗设备质量检测与校准[M].北京：人民卫生出版社，2017.

[6] Jiang H.Computed Tomography Principles，Design，Artifacts，and Recent Advances，2nd Edition[M].Wiley，2009.

[7] Hsieh J，张朝宗，郭志平，et al.计算机断层成像技术：原理技术伪像和进展[M].北京：科学出版社，2006.

[8] Singh R，Wu W，Wang G，et al.Artificial intelligence in image reconstruction：The change is here[J].Physica Medica，2020.79：113-125.

[9] Dillon C，III W B，Clements J，et al.Computed Tomography Quality Control Manual[R].American college of radiology，2017.

[10] 钱建国.上海市大型医疗设备维护保养质量检查报告[C].厦门：中华医学会医学工程学分会全国学术年会，2015.

[11] Seeram E.Computed tomography：physical principles，clinical applications，and quality control[M].Elsevier Health Sciences，2015.

[12] Carey J P.ICRU Report No.87：Radiation dose and image-quality assessment in computed tomography[J].Journal of the Icru，2012.12(1)：1.

[13] Dixon R L.A new look at CT dose measurement：Beyond CTDI[J].Medical Physics，2003.30(6).

[14] Dixon，RL. Restructuring CT dosimetry-A realistic strategy for the future requiem for the pencil chamber[J].Medical Physics，2006.

[15] 石明国.医学影像设备学[M].北京：高等教育出版社，2008.

[16] 国家药品监督管理局．医用电气设备：第 2-44 部分　X 射线计算机体层摄影设备的基本安全和基本性能专用要求：GB 9706.244—2020[S].北京：中国标准出版社，2020：12.

[17] 郭洪涛.医用辐射源[M].北京：中国计量出版社，2009.

[18] Boone J M.The trouble with CTDI 100[J].Medical Physics，2007.34(4)：1364-1371.

[19] Dixon R L.AAPM Report NO.111 Comprehensive methodology for the evaluation of radiation dose in x-ray computed tomography[R].College Park，MD：American Association of

Physicists in Medicine,2010.

[20] Boone,John M.Dose spread functions in computed tomography:A Monte Carlo study[J].Medical Physics,2009.36(10):4547-4554.

[21] Bakalyar D M,Chair E A,Boedeker K L.AAPM REPORT NO.200 The Design and Use of the ICRU/AAPM CT Radiation Dosimetry Phantom:An Implementation of AAPM Report 111[R].Alexandria:American Association of Physicists in Medicine,2020.

[22] Molen V D,Aart J,GELEIJOS,et al.Overranging in multisection CT:quantification and relative contribution to dose—comparison of four 16-section CT scanners[J].Radiology,2007.242(1):208-216.

[23] Cody,McNitt-Gray.CT image quality and patient dose.Definitions,methods and trade-offs.[C].RSNA Categorical course in diagnostic radiology physics:from invisible to visible-the science and practice of x-ray imaging and radiation dose optimization.

[24] Tzedakis A,Damilakis J,Perisinakis K,et al.Influence of z overscanning on normalized effective doses calculated for pediatric patients undergoing multidetector CT examinations[J].Medical Physics,2007.34(4):1163-1175.

[25] Toth T,Ge Z,Daly M P.The influence of patient centering on CT dose and image noise[J].Medical Physics,2007.34(7):3093-3101.

[26] Bushberg J T,Seibert J A,Edwin M.Leidholdt J,et al.The Essential Physics of the Medical Imaging,3rd ed[M].Philadelphia:Lippincott Williams & Wilkins,2012.

[27] 全国医用电器标准技术委员会医用X线设备及用具分技术委员会.X射线计算机体层摄影设备通用技术条件:YY/T 0310—2015 [S].北京:中国标准出版社,2015.

[28] Bushong S,Bushong S J,Stewart C.Radiologic science for technologists[J].Radiology,1982.207(10):310-310.

[29] 中华人民共和国国家卫生健康委员会.X射线计算机体层摄影装置质量控制检测规范:WS 519—2019[S].北京:中国标准出版社,2019.

[30] Pahn G,Skornitzke S,Schlemmer H P,et al.Toward standardized quantitative image quality(IQ)assessment in computed tomography(CT):A comprehensive framework for automated and comparative IQ analysis based on ICRU Report 87[J].Phys Med,2016.32(1):104-115.

[31] Boedeker K L,McNitt-Gray M F.Application of the noise power spectrum in modern diagnostic MDCT:part II.Noise power spectra and signal to noise[J].Phys Med Biol,2007.52(14):4047-4061.

[32] Riederer S J,Pelc N J,Chesler D A.The noise power spectrum in computed X-ray tomography[J].Physics in Medicine & Biology,1978.23(3):446-454.

[33] Baek J,Pelc N J.Local and global 3D noise power spectrum in cone-beam CT system with FDK reconstruction[J].Medical Physics,2011.38(4).

[34] Solomon J B,Christianson O,Samei E.Quantitative comparison of noise texture across CT scanners from different manufacturers[J].MED PHYS,2012.39(10):6048-6055.

[35] Glover G H,Pelc N J.An algorithm for the reduction of metal clip artifacts in CT reconstructions[J].Medical Physics,1981.8.

[36] Fishman E K,Magid D,Robertson D D,et al.Metallic hip implants:CT with multiplanar reconstruction[J].Radiology,1986.160(3):675-681.

[37] Shepp L A,Hilal S K,Schulz R A.The tuning fork artifact in computerized tomography[J].Computer Graphics and Image Processing,1979.10(1979):246-255.

[38] Kruger R L,McCollough C H,Zink F E.Measurement of half-value layer in x-ray CT:a comparison of two noninvasive techniques[J].MED PHYS,2000.27(8):1915-1919.

[39] Boone J M,Seibert J A.An accurate method for computer-generating tungsten anode x-ray spectra from 30 to 140 kV[J].MED PHYS,1997.24(11):1661-1670.

[40] Heggie J,Kay J K,Lee W K.Importance in optimization of multi-slice computed tomography scan protocols[J].Australasian Radiology,2006.50(3).

[41] Kalra M K,Maher M M,Toth T L,et al.Techniques and applications of automatic tube current modulation for CT[J].Radiology,2004.233(3):649.

[42] Samei E,Bakalyar D,Boedeker K L,et al.AAPM REPORT NO.200 Performance Evaluation of Computed Tomography Systems[R]. Alexandria: American Association of Physicists in Medicine,2019.

[43] 全国医用电器标准化技术委员会.医用电气设备:第 1 部分　安全通用要求:GB 9706.1—2007[S].北京:中国标准出版社,2008:2.

[44] 全国电离辐射计量技术委员会.医用诊断螺旋计算机断层摄影装置(CT)X 射线辐射源检定规程:JJG 961—2017 [S].北京:中国标准出版社,2018:4.

[45] 中华人民共和国卫生部. X 射线计算机断层摄影装置质量保证检测规范:GB 17589—2011 [S].北京:中国标准出版社,2012:3.

[46] 全国医用 X 线设备及用具标准化分技术委员会医用成像部门的评价及例行试验:第 3-5 部分　X 射线计算机体层摄影设备　成像性能验收试验:GB/T 19042.5—2006[S].北京:中国标准出版社,2007:1.

[47] IEC 61223-3-5:2019 Evaluation and routine testing in medical imaging departments-Part 3-5:Acceptance tests and and constancy tests-Imaging performance of computed tomography X-ray equipment[S].